高职高专计算机规划教材

C 教程

郑阿奇　丁有和　主编

电子工业出版社

Publishing House of Electronics Industry

北京·BEIJING

内 容 简 介

本书介绍 C 语言及其程序设计，包括教程部分共 12 章、实验 11 个和综合应用实习。介绍内容循序渐进；实用教程部分一般是在讲解内容后紧跟示例；章节中的练习用于快速训练当前章节内容；综合实例是对本章内容的综合；上机实验指导部分有利于学生先入门，然后自己操作和编程练习。

本书可作为高职高专有关课程教材，也可供广大学习 C++语言的人员参考使用。本套教程可免费下载教学课件、教程、习题和上机实验指导中的源程序。

图书在版编目（CIP）数据

C 教程 / 郑阿奇主编 . —北京：电子工业出版社，2010.3
高职高专计算机规划教材
ISBN 978-7-121-10467-1

Ⅰ. C… Ⅱ. 郑… Ⅲ. C 语言－程序设计－高等学校：技术学校－教材 Ⅳ. TP312

中国版本图书馆 CIP 数据核字（2009）第 034981 号

责任编辑：赵云峰 特约编辑：张荣琴
印　　刷：北京市李史山胶印厂
装　　订：
出版发行：电子工业出版社
　　　　　北京市海淀区万寿路 173 信箱　邮编：100036
开　　本：787×1 092　1/16　印张：21.5　字数：551 千字
印　　次：2010 年 3 月第 1 次印刷
印　　数：4 000 册　定价：33.00 元

前　言

C 语言是高职高专许多专业必须开设的课程，随着学校招生规模的扩大，C 语言的教学出现了一些新情况，要求 C 语言的教材也要适应这种变化。为了编写出适合高职高专有特色的 C 语言教材，我们首先对目前市场上高职高专的 C++教材进行深入分析，找出主要特点、存在问题，对如何让学生理解并且在此基础上解决应用问题，如何方便教师教学进行了专门研究，在继承**实用教程系列**的成功经验的基础上，专门针对高职高专的教学情况，编写了此书。

本书有如下特点：

（1）内容介绍循序渐进，学生好学、教师好教。介绍问题的方式尽可能图形化，解释问题尽可能说到位，让学生学习相对轻松一些。

（2）**实用教程**部分一般是在讲解内容后紧跟示例，凡标有【例 Ex_Xxx】均是一个完整的程序，且都上机调试通过。每章有小的**综合实例**。章节中的**练习**用于快速训练当前章节内容，每章中的**习题**精而适用，主要训练本章及其以前的内容。

（3）**上机实验指导**部分通过具体实验引导读者进行操作和编程（先领进门），最后提出问题思考和在学习的基础上让读者自己进行操作和编程练习。**综合应用实习**可根据教学需要，选择任一个或多个数据结构和模型完成。

（4）实验 1 熟悉 Visual C++ 6.0 开发环境，并能掌握修正代码语法错误的基本方法，为完成后面的实验创造条件。实验 7 在学习结构化程序的设计部分之后掌握系统调试功能，这样就可以在开发环境下完成比较大的任务。

本书虽然以 Visual C++ 6.0 作为学习环境。但是为了适应不同学校使用不同的开发环境，本书对少数不同环境下可能出现的不同结果做了说明；同时对仍然可能使用的 Turbo C 2.0 开发环境在附录中做了简单介绍。因而读者在其他开发环境中学习本书没有什么障碍。

本书不仅适合 C 课程教学，也非常适合需要掌握 C 语言的用户学习和参考。只要阅读本书，结合上机实验指导进行操作练习，就能在较短的时间内掌握 C 语言及其编程技术。

本教程由电子工业出版社的教学服务平台（http://www.hxedu.com.cn）为读者提供服务，可免费下载教学课件、实例源文件等资料。

本书由南京师范大学郑阿奇、丁有和主编。参加本书编写的还有陈瀚、郑进、陶卫冬、邓拼搏、严大牛、卢海艇、韩翠青、王海娇、刘博宇、周怡明、吴明祥、刘毅、孙德荣等。还有一些同志对本书的编写提供了许多帮助，在此一并表示感谢！

由于作者水平有限，不当之处在所难免，恳请读者批评指正。

编　者
2010 年 1 月

目　录

第一部分　教程

第1章　C语言概述

　　1967年，英国剑桥大学的Martin Richards开发了BCPL语言（Basic Combined Programming Language，基本组合编程语言）；1970年，Ken Thompson在继承BCPL语言许多优点的基础上开发了实用的B语言；1972年，贝尔实验室的Dennis M.Ritchie在B语言的基础上，进行了进一步的充实和完善，他取了BCPL的第2个字母作为该语言的名字，这就是C语言。1983年，美国国家标准研究所（American National Standards Institute，ANSI）为C语言制定了第一个ANSI标准，称为ANSI C。1987年美国国家标准研究所又公布了新的C语言标准，称为87 ANSI C，这个标准在1989年提出并在1990年被国际标准化组织（International Organization for Standardization，ISO）采用，称为ANSI/ISO Standard C（即ISO/IEC 9899:1990，称为C89或C90）。1994年之后，ISO出版了C90的技术勘误文档，更正了一些错误，并在1995年通过了一份C90的技术补充，对C90进行了细小的扩充，经过扩充后的ISO C被称为C95。1999年，ANSI/ISO又通过了最新版本的C语言标准和技术勘误文档，即目前最新、最权威的C99标准。

1.1　C程序设计

1.1.1　C程序设计过程

　　C程序设计的一般过程分为算法设计、程序设计、编译、连接、执行等阶段。

　　（1）算法设计。算法设计阶段是对需要解决的具体问题进行研究分析，找到解决问题的方法，并采用某种方式描述出来，为程序设计打下良好基础。

　　（2）程序设计。程序设计阶段是根据描述的解决问题的算法，按照程序设计语言的规则编写程序。程序设计语言有很多种，C语言是其中的一种。本书介绍C语言程序设计。

　　（3）编辑。编辑阶段是使用一个文本编辑器编辑C语言程序文件，并将其保存为文件扩展名为“.c”的文件。

　　（4）编译、连接。编译、连接阶段是使用C语言编写**源程序**（称为源代码）。由于计算机只能识别和执行由0和1组成的二进制指令（称为**机器代码**），因而C源程序是不能被计算机直接执行的，必须转换成机器代码才能被计算机执行。这个转换过程就是编译器对源代码进行编译和连接的过程。

　　编译是首先检查源程序的每一条语句是否有错误，当发现错误时，就在屏幕上显示错误的位置和错误类型信息。此时要再次调用编辑器进行查错并修改。然后再进行编译，直到排除所有的错误。正确的源程序文件经过编译后，就会在磁盘上生成同名的目标文件（扩展名为".obj"）。

市场上有很多用于编译的工具称为编译器（编译工具），例如：Turbo C 2.0，Turbo C++ 3.0，Dev –C++，C++Builder，Visual C++ 6.0。

连接是将目标文件和库函数等连接在一起形成一个扩展名为".exe"的可执行文件。如果函数名称写错或漏写包含库函数的头文件，则可能出现提示错误的信息，从而获得程序错误提示信息。

什么是库函数？我们在编写 C 语言程序时经常需要使用如三角函数、指数函数、对数函数、输入、打印等，系统已经把实现这些功能的程序编好了放在库文件中，这样，在程序中只要以相应的函数名直接使用就可以了。所以，在编译完成后需要将系统库文件中当前使用的库函数对应的实现代码加入到可执行文件中，这个过程就是"连接"。

（5）执行。可执行文件可以直接在操作系统下运行。若执行程序后达到预期的目的，则 C 程序的开发工作到此完成，否则需要找到原因（这个过程称为"调试"），进一步修改源程序，重复"**编辑→编译、连接→运行**"的过程，直到取得正确结果为止。

实际上，上述这一过程还可用图 1.1 来表示。

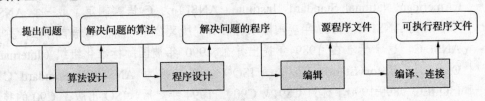

图 1.1　C 程序创建、编译和执行

下面通过一个简单的例子来说明 C 语言程序的上述步骤。

问题提出：输入圆的半径值 *r*，计算圆的面积 *area*，然后输出计算结果。

算法描述如下：

第 1 步　申请两个存储单元分别用 r 和 area 表示，用来存放数据；

第 2 步　读入圆的半径值，存入 r 中；

第 3 步　求圆的面积，将值存入 area 中，输出 area 的值。

根据算法，进行 C 语言程序设计，C 程序源代码（**Ex_Sim.c**）如下：

```c
/* 一个简单的 C 程序 */
#include <stdio.h>
#include <conio.h>
int main()
{
    double r, area;                      /* 定义变量 */
    printf("输入圆的半径：");            /* 输出提示信息 */
    scanf("%lf", &r );                   /* 获取从键盘中输入 r 的值 */
    area = 3.14159 * r * r;              /* 计算面积 */
    printf("圆的面积为：%f\n", area);    /* 输出面积 */
    return 0;                            /* 指定返回值 */
}
```

一旦有了源代码，就可以对其进行**编辑、编译、连接**和**运行测试维护**等步骤。

1.1.2　Visual C++环境 C 程序开发过程

Visual C++是 Microsoft 公司推出的目前使用极为广泛的基于 Windows 平台的可视化编程环境。Visual C++ 6.0 版本功能强大、灵活性好、完全可扩展并具有强有力的 Internet 支持，是目前较为流行的 C/C++语言集成开发环境（即编辑、编译、连接和运行一体，其中包括调试）。

由于 Visual C++对 C/C++应用程序是采用文件夹的方式来管理的，即一个 C 程序的所有源代码、编译的中间代码、连接的可执行文件等内容均放置在与程序同名的文件夹及其"debug"（调试）或"release"（发行）子文件夹中。因此，在用 Visual C++进行应用程序开发时，一般先要创建一个工作文件夹，以便集中管理和查找。

下面以前面的简单 C 程序为例来说明在 Visual C++ 6.0 SP6（汉化版）中创建、编译、连接和运行的一般过程。

1．创建工作文件夹

创建 Visual C++ 6.0 的工作文件夹，其路径可为"D:\C 程序"，以后所有创建的 C++程序都将保存在此文件夹下。在文件夹"D:\C 程序"下再创建一个子文件夹"第 1 章"用于存放第 1 章中的 C 程序；第 2 章程序就存放在子文件夹"第 2 章"中，依次类推。

2．启动 Visual C++ 6.0

选择"开始"→"程序"→"Microsoft Visual Studio 6.0"→"Microsoft Visual C++ 6.0"命令，运行 Visual C++ 6.0。第一次运行时，将显示如图 1.2 所示的"每日提示"对话框。单击"下一条"按钮，可看到有关各种操作的提示。如果在"启动时显示提示"复选框中单击鼠标，去除复选框的选中标记"✔"，那么下一次运行 Visual C++ 6.0 将不再出现此对话框。单击"关闭"按钮关闭此对话框，进入 Visual C++ 6.0 开发环境。

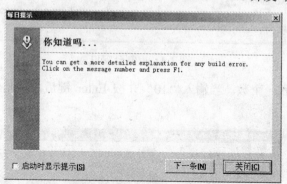

图 1.2　"每日提示"对话框

3．添加 C 程序

（1）单击标准工具栏 上的"新建"按钮，打开一个新的文档窗口，在这个窗口中输入前面 Ex_Sim.c 中的 C 程序代码，如图 1.3 所示。

（2）选择"文件"→"保存"菜单命令或按快捷键 Ctrl+S 或单击标准工具栏的按钮，弹出"保存为"文件对话框。将文件定位到"D:\C 程序\第 1 章"文件夹中并保存，文件名指定为"Ex_SimV.c"（注意扩展名".c"不能省略）。

此时在文档窗口中所有代码的颜色都将发生改变，这是 Visual C++ 6.0 的文本编辑器所具有的语法颜色功能，绿色表示**注释**，蓝色表示**关键字**等。

图 1.3　在 Visual C++ 6.0 开发窗口中输入代码

4. 编译和运行

（1）单击编译工具条 ![工具条] 上的生成工具按钮 ![按钮] 或直接按快捷键 F7，系统会弹出一个对话框，询问是否为该程序创建默认的活动工作区间文件夹，单击"是"按钮，系统开始对 Ex_SimV.c 进行编译、连接，同时在输出窗口中显示有关信息，如果出现如下信息：

> **Ex_SimV.exe-0 error(s), 0 warning(s)**

就表示可执行文件 Ex_SimV.exe 已经正确无误地生成了。

（2）单击编译工具条 ![工具条] 上的运行工具按钮 ![按钮] 或直接按快捷键 Ctrl+F5，就可以运行刚刚生成的 Ex_SimV.exe 了，结果弹出控制台窗口（其属性已被修改过，可能与读者计算机上看到的外观有所不同），如图 1.4 所示。

图 1.4　控制台窗口

此时等待用户输入一个数。当输入"10"并按 Enter 键后，控制台窗口显示如图 1.5 所示。

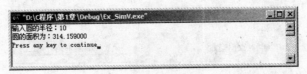

图 1.5　进入控制台窗口

其中，"Press any key to continue"是 Visual C++自动加上去的，表示 Ex_SimV 运行后，按任意键将返回到 Visual C++开发环境，这就是 C 程序最一般的创建、编连和运行过程。

1.2　C 程序结构

可见，为与其他语言相区别，C 程序源文件通常是以".c"为扩展名的。在 C 语言中，程序一般由编译预处理指令、数据或数据结构定义以及若干个函数组成。下面就如图 1.6 所示的程序代码来分析 C 程序的组成和结构。

```
1  /*[例Ex_Sim.c] 一个简单的C程序*/
2  #include <stdio.h>
3  #include <conio.h>
4  int main()
5  {
6      double r, area;                        /* 定义变量 */
7      printf("输入圆的半径：");               /* 输出提示信息 */
8      scanf("%lf", &r );                     /* 获取从键盘中输入r的值 */
9      area = 3.14159 * r * r;                /* 计算面积 */
10     printf("圆的面积为：%f\n", area);        /* 输出面积 */
11     getch();
12     return 0;                              /* 指定返回值 */
13 }
14
```

图 1.6　Ex_Sim.c 的程序代码

1.2.1　main 函数

代码中，main 表示**主函数**。由于无论 main 函数在整个程序中处于什么位置，每一个程序执行时都必须从 main 开始，因此每一个 C 程序或由多个源文件组成的 C 项目都必须包含一个且只能有一个 main 函数。

在 main 函数代码中，"int main()" 称为 main 函数的**函数头**（函数首部）。函数头下面是用一对花括号"{"和"}"括起来的部分，称为 main 函数的**函数体**。函数体中包括若干条语句（**按书写次序依次顺序执行**），每一条语句都用分号"；"结束，它是语句的一部分。函数名 main 的前面有一个 int，它表示 main **函数的类型**是整型，须在函数体中使用关键字 return 将其后面的值作为函数的返回值。由于 return 语句运行后，函数体内部 return 后面的语句不再被执行，因此 return 语句一般写在函数体的最后。

在 main 函数体中，各行语句的含义如下：

第 1 条（**行号 6**）语句用来定义两个双精度实型（double）变量 r 和 area。即向编译系统申请开辟两块用于**存取**双精度实型数据的内存空间，变量名 r 和 area 分别是这两个内存空间的名称或标识。

第 2 条（**行号 7**）语句调用在 stdio.h 中定义的库函数 printf 用来**输出**（C 语言本身并不提供输出操作），双引号中的内容是 printf 的格式字符串，可含有由%引导的格式，其功能是按格式字符串的含义将结果输出到屏幕上。

第 3 条（**行号 8**）语句调用在 stdio.h 中定义的库函数 scanf 进行**输入**（C 语言本身并不提供输入操作），双引号中的内容是 scanf 的格式字符串，用来将用户输入的内容按格式字符串中指定的格式保存到后面的变量 r 所在的内存中，&r 是取变量 r 的内存地址。当程序运行到此句时，程序暂停，等待用户输入。若输入 10，则 scanf 根据"%lf"就将 10 这个数据按双精度实型的格式存储到由 r 命名的那个内存空间中。简单地说，此时变量 r 的值为 10.000000。

第 4 条（**行号 9**）语句是一条赋值语句，它先计算赋值运算符"="右边的表达式"3.14159 * r * r"，然后将计算出的结果存储到由 area 命名的内存空间中。这就是说，此时变量 area 的值为 314.159000。

第 5 条（**行号 10**）语句和第 2 条语句一样都是调用库函数 printf 进行**输出**，与第 2 条语句不同的是，printf 的格式字符串包含一个由%引导的格式"%f"，它的作用是使 printf 函数中的第 2 个参数（逗号后面的参数）area 中存储的值 314.159000 以浮点形式填充在格式字符串中的"%f"位置处，这样字符串"**圆的面积为：%f**"就变成了"**圆的面积为：314.159000**"。另外，printf 的格式字符串的最后还有一个"\n"，它的含义不是字符"n"的含义，而是在此处按 Enter 键换行，这样的字符称为**转义字符**。

第 6 条（**行号 11**）语句是一条库函数调用语句。为了能像 Visual C++ 6.0 那样可以看到最后的结果，若使用其他 C 语言开发工具，则一般应在程序代码中的最后一句"return 0;"之前加上一句代码："getch();"。getch 是一个在 conio.h 头文件中定义的库函数（以后会讨论），用来获取当前单个字符（不用按 Enter 键确认）。这样，当程序执行到此句代码时，就会等待用户的键盘输入，按任意键（除 Shift 键，Alt 键和 Ctrl 键之外）即可返回。

最后一条语句的含义前面已做过说明，这里不再重复。于是程序的结果为

> 输入圆的半径：10 ↵
>
> 圆的面积为：314.159000

 　　在以后的 C 程序运行结果中，本书不再完整显示其控制台窗口，仅将控制台窗口中运行结果部分裁剪下来列出，并加以单线阴影边框。另外，凡有下画线的数据表示是通过键盘输入，书中出现的"↵"表示按一下 Enter 键，**本书做此约定**。

事实上，C 程序的基本结构就是函数，所以有时又称 C 是**函数式语言**。而语句则是 C 程序的基本单位，具有独立的程序功能。在书写时，一行可以写上多条语句，也可以一条语句分几行书写，但每条语句都必须以分号"；"结束。语句和语句之间，行与行之间都可以有多个或多行空格。

1.2.2　头文件的包含

在如图 1.6 所示的 Ex_Sim.c 源程序中，**行号 2** 和**行号 3** 的代码是 C 文件包含（#include）的编译指令，称为**预处理指令**。#include 后面的 stdio.h 和 conio.h 是 C 编译器自带的文件，称为 **C 库文件**。其中，stdio.h 定义了标准输入/输出的相关数据及其操作（在英文中，标准译为 standard，输入/输出译为 input/output，这样就解释了 stdio.h 的含义），而 conio.h 则定义了与控制台（console，con）相关的输入/输出操作。由于程序用到了输入/输出库函数 printf 和 scanf 以及控制台键盘操作函数 getch。因而需要用#include 将 stdio.h 和 conio.h 合并到程序中，又由于它们总是被放置在源程序文件的起始处，所以这些库文件被称为**头文件**（Header File）。事实上，C 编译器自带了许多这样的头文件，每个头文件都支持一组特定的"工具"，用于实现基本输入/输出、数值计算、字符串处理等方面的操作。

在 C 语言中，头文件包含有两种格式。一种是将文件名用尖括号"<>"括起来，用来包含那些由编译系统提供的并放在指定子文件夹中的头文件，称为**标准方式**。另一种是将文件名用双引号括起来的方式，称为**用户方式**。以这种方式，系统先在用户当前工作文件夹中查找要包含的文件，若找不到再按标准方式查找（即再按尖括号的方式查找）。一般来说，用尖括号的方式来包含编译器自带的头文件；用双引号来包含用户自己编写的头文件，以节省查找时间。

1.2.3　注释

在前面的源程序中，"/*……*/"之间的内容都是用来注释的，它的目的只是为了提高程序的可读性，对编译和运行并不起作用。正是因为这一点，所以注释的内容既可以用汉字来表示，也可以用英文来说明，只要便于理解就行。

一般来说，注释应在编程的过程中同时进行，不要指望程序编制完成后再补写注释。那样只会多花好几倍的时间，更为严重的是，时间久了甚至会读不懂自己写的程序。

需要说明的是

（1）"/*……*/"可用来实现多行的注释，它使编译器将由"/*"开头到"*/"结尾之间

所有内容均视为注释，称为**块注释**。块注释（"/*……*/"）的注解方式可以出现在程序中的任何位置，包括在语句或表达式之间。

（2）ANSI/ISO C90 还支持由"//"引导的注释方式，它使编译器将"//"开始一直到行尾的内容作为注释，称为**行注释**。Visual C++支持此注释方式，但 Turbo C 2.0 不支持。

习题 1

一、选择题

1. 以下叙述中正确的是（　　）。

A. C 语言的源程序不必通过编译就可以直接运行

B. C 语言中的函数不可以进行单独编译

C. C 源程序经编译形成的二进制代码可以直接运行

D. C 语言中的每条可执行语句最终都将被转换成二进制的机器指令

2. 以下叙述中正确的是（　　）。

A. C 程序中注释部分可以出现在程序中任何合适的地方

B. 花括号"{"和"}"只能用做函数体的定界符

C. 构成 C 程序的基本单位是函数，所有函数名都可以由用户命名

D. 分号是 C 语句之间的分隔符，不是语句的一部分

3. 以下说法中，正确的是（　　）。

A. C 语言程序总是从第一个定义的函数开始执行

B. C 语言程序总是从 main 函数开始执行

C. C 语言程序中的 main 函数必须放在程序的开始部分

D. 一个 C 函数中只允许有一对花括号

二、判断题

1. 一个 C 程序的执行总是从该程序的 main 函数开始，在 main 函数最后结束。（　　）

2. main 函数必须写在一个 C 程序的最前面。（　　）

3. 一个 C 程序可以包含若干个函数。（　　）

4. C 程序的注释部分可以出现在程序的任何位置，它对程序的编译和运行不起任何作用。但是可以增强程序的可读性。（　　）

5. C 程序的注释只能是一行。（　　）

6. C 程序的注释不能是中文文字信息。（　　）

三、编程题

参照本章示例，编写一个 C 程序：输入圆的半径，输出其周长。

算法提示：

① 申请两个存储单元分别用 r 和 l 表示，用来存放数据。

② 读入圆的半径值，存入 r 中。

③ 求圆的周长，将值存入 l 中，输出 l 的值。

第 2 章　数据及其运算

程序中的数据必须依附其内存空间方可操作，每个数据在内存中存储的格式以及所占的内存空间的大小取决于它的数据类型。在 C 语言中，被处理的数据可用 **3 种类型**的格式来存储：一是不含小数的数，称为**整数**，它使用机器数的补码来描述；二是带有小数的数，称为**实数**，用浮点格式来存储；三是非数值数据，如字符、字符串、汉字等，用各自的编码来表示。数据还可分为**变量**和**常量**两种，它们贯穿整个程序，是刚开始涉及程序设计时所必须要掌握的内容。

另一方面，**运算符**和**表达式**是 C 语言中实现数据操作的两个重要组成部分。**表达式**是由变量、常量（常数）、函数等通过一个或多个运算符组合而成的式子，式中的变量、常量（常数）、函数等都是运算符的运算对象，称为**操作数**。根据运算符使用的操作数的个数，可将运算符分为**单目、双目和三目运算符**。

2.1　数据的表示方法

计算机的存储系统由内存和外存组成。内存又可分为 RAM（随机存储器）和 ROM（只读存储器）。RAM 内存用于暂时存放运行的程序和所需数据，一旦关闭电源或发生断电，其中的程序和数据就会丢失。为了便于管理，通常将 8 位（bit）组成一个基本的内存单元，称为 1 字节（Byte）。也就是说，一个基本内存单元的大小是 1 字节。为了便于内存单元的访问，计算机系统还为每一个内存单元分配了一个相对固定的编码，这个编码就是内存单元的内部"地址"。

在介绍 C 语言的数据类型之前，有必要在这里先来讨论数据的表示方法。

2.1.1　进制的概念

前面说过，计算机内部的信息在内存中都是以二进制形式存放的。那么，什么是进制呢？

1．进制的表示

在计数中，将数字符号按序排列成数位，并遵照某种由低位到高位进位的方法进行计数，来表示数值的方式，称为**进位计数制**，简称**进制**。比如，日常生活使用最多的是十进位计数制，简称**十进制**，就是按照"逢十进一"的原则进行计数的。进制的表示主要包含 3 个基本要素：**数位、基数和位权**。

数位是指数码在一个数中所处的位置。

基数是指在某种进位计数制中，每个数位上所能使用的数码的个数，例如，十进位计数制中，每个数位上可以使用的数码为 0，1，2，3，…，9 十个数码，即基数为 10。

位权是一个固定值，是指在某种进位计数制中，每个数位上的数码所代表的数值的大小，等于在这个数位上的数码乘上一个固定的数值，这个固定的数值就是这种进位计数制中该数位上的**位权**，即基数的幂次方。数码所处的位置不同，代表数的大小也不同。各位上的权的定义为：小数点左边，从右向左分别是基数的 0 次方，1 次方，……，n 次方；小数点右边，从左向右分别是基数的-1 次方，-2 次方，……，$-n$ 次方。

2．十进制

十进位计数制简称**十进制**，有 10 个不同的数码符号：0，1，2，3，4，5，6，7，8，9。每个数码符号根据它在这个数中所处的位置（数位），按"逢十进一"来决定其实际数值，即各数位的位权是以 10 为底的幂次方。例如：

$$(273.15)_{10}=2\times10^2+7\times10^1+3\times10^0+1\times10^{-1}+5\times10^{-2}$$

3．二进制

二进位计数制简称**二进制**，有两个不同的数码符号：0，1。每个数码符号根据它在这个数中所处的位置（数位），按"逢二进一"来决定其实际数值，即各数位的位权是以 2 为底的幂次方。例如：

$$(11001.01)_2=1\times2^4+1\times2^3+0\times2^2+0\times2^1+1\times2^0+0\times2^{-1}+1\times2^{-2}=(25.25)_{10}$$

4．八进制

八进位计数制简称**八进制**，有 8 个不同的数码符号：0，1，2，3，4，5，6，7。每个数码符号根据它在这个数中所处的位置（数位），按"逢八进一"来决定其实际数值，即各数位的位权是以 8 为底的幂次方。例如：

$$(162.4)_8=1\times8^2+6\times8^1+2\times8^0+4\times8^{-1}=(114.5)_{10}$$

5．十六进制

十六进位计数制简称**十六进制**，有 16 个不同的数码符号：0，1，2，3，4，5，6，7，8，9，A，B，C，D，E，F。其中，A，B，C，D，E，F 分别表示十进制中的 10，11，12，13，14 和 15。在十六进制中，每个数码符号根据它在这个数中所处的位置（数位），按"逢十六进一"来决定其实际数值，即各数位的位权是以 16 为底的幂次方。例如：

$$(2BC.48)_{16}=2\times16^2+B\times16^1+C\times16^0+4\times16^{-1}+8\times16^{-2}=(700.28125)_{10}$$

总结以上 4 种进位计数制，可以将它们的特点概括为：每一种计数制都有一个固定的基数，每一个数位可取基数中的不同数值；每一种计数制都有自己的位权，并且遵循"逢基数进一"的原则。

2.1.2 原码、反码和补码

在计算机内部，所有的信息都要用二进制数来表示，这个二进制数就称为**机器数**。不考虑正、负的机器数称为**无符号数**。考虑正、负的机器数称为**有符号数**。为了在计算机中正确地表示有符号数，通常规定最高位为符号位，并用 **0 表示正**，用 **1 表示负**，余下各位表示数值。这种把符号数字化，并和数值位一起编码的办法，很好地解决了带符号数的表示方法及其计算问题。对于整数来说，常用的有原码、反码、补码 3 种。

1．原码

机器数本身就是原码表示法。例如：若位长为 8，数值 125 的原码表示法为 $(01111101)_2$；因为 125 转化成二进制数为 $(1111101)_2$，占 7 位，最高位是符号位，正数用 0 表示，如图 2.1 所示（图中每一格表示 1 位）。

类似地，数值-125 的原码表示则应为 $(\underline{1}1111101)_2$，因为最高位是符号位，负数用 1 表示。

图 2.1　125 的原码表示法（8 位）

2. 反码

正数的反码就是它的原码，负数的反码是将除符号位以外的各位**取反**得到的。例如：

[125]反=[125]原=01111101　　　[-125]原=11111101　　　[-125]反=10000010

3. 补码

正数的补码就是它的原码，负数的补码是将它的反码在末位加 1 得到的。例如：

[125]补=[125]原=01111101

[-125]原=11111101　　　　[-125]反=10000010　　　　[-125]补=10000011

需要说明的是，对于整数来说，在计算机内都是用补码来存储的。

2.1.3　非数值信息的编码

计算机除了用于数值计算之外，还要进行大量的文字信息处理，也就是要对各种文字信息的符号进行表达。这些非数值数据在计算机内中采用这样的方法表示：

（1）使用由若干位组成的二进制数来表示一个符号；

（2）一个二进制数只能与一个符号唯一对应，即符号集内所有的二进制数不能相同。

这样，二进制数的位数将取决于符号集的规模。例如：128 个符号的符号集需要 7 位二进制数；256 个符号的符号集则需要 8 位的二进制数，这就是**字符编码**。下面介绍几种常见的编码。

1. ASCII 码

ASCII（American Standard Code for Information Interchange）码是**美国标准信息交换代码**的简称，用于给西文字符编码。这种编码由 7 位二进制数组合而成，可以表示 128 个字符，目前在国际上广泛流行。

ASCII 码是 7 位二进制编码，而计算机的基本存储单位是字节（Byte），1 字节包含 8 个二进制位（bit）。因此，ASCII 码的机内码要在最高位补一个 0。后来，IBM 公司把 ASCII 码的位数增加 1 位，用 8 位二进制数构成一个字符编码，共有 256 个符号。扩展后的 ASCII 码除了原先的 128 个字符之外，又增加了一些常用的科学符号和表格线条。附录 B 中表 B.1 和表 B.2 分别列出了 ASCII 码字符集的基本字符和扩展字符。

2. 汉字编码 GB 2312—80

我国国家标准总局于 1981 年颁布了《中华人民共和国国家标准信息交换用汉字编码》（GB 2312—80）。该标准收录了汉字、图形、符号等共 7445 个，并根据汉字的常用程度确定了一级和二级汉字字符集。这么多的汉字都必须用不同的二进制数表示，1 字节显然不够，所以采用了称为 **GB 码**的编码方式。字符集中的任何一个汉字或符号都用两个 7 位二进制数表示，在计算机中占 2 字节，并将每个字节的最高位常常置为 1。

3. ISO/IEC 10646，Unicode 编码

ISO/IEC 10646 即通用多 8 位编码字符集（Universal Multiple-Octet Coded Character Set，UCS）的国际标准，用于世界上各种语言、符号的数字形式的表示、传输、交换、处理、存储输入及展现。它与 Unicode 组织的 Unicode 编码（统一的字符编码标准，采用双字节对字符进行编码）完全兼容。

显然，计算机对于 ASCII、汉字等非数值数据，是用其二进制编码来存储的。

2.2　基本数据类型

为了能将程序中指定的数据精确地用相应的内存单元来存储和操作，C 语言内部预定义了一些数据类型，这些类型称为**基本数据类型**，其名称是内部预定义的关键字，不能另做他用，且全部是小写字母。同时，为了在程序中能直接访问内存单元，C 语言还提供了**指针类型**。除此之外，C 语言还允许用户根据基本数据类型和指针类型定义出更为复杂的数据类型，如数组、结构和联合等，用于多个或多项数据的描述。总之，C 语言中的数据类型可分为**基本类型**、**构造类型**和**指针类型** 3 类，如图 2.2 所示。

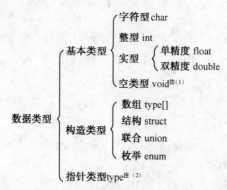

注：（1）void 又称无值类型，用于描述没有返回值的函数以及通用指针类型

　　（2）图中的 type 是指任意一个 C 语言合法的数据类型

图 2.2　C 语言的数据类型

这里，首先介绍 C 语言的基本类型，其他类型在以后的章节中陆续介绍。

2.2.1　整型

C 语言中，用于**基本整型**定义的关键字是 int，对于 ANSI C 来说，它表示 int 型**整数**的二进制码在计算机中是用 2 字节（16 位）的连续内存单元来存储的。按照整数的机内格式，最高位用做符号位（正数为 0，负数为 1），其余各位为数据位。这样，int 类型所指定的内存可以存储-32 768～+32 767 范围的整数，或者说，int 整型表示的数值范围为 -32 768～+32 767。

事实上，为了更好地控制整数的范围和存储空间，C 语言还允许用 short（短型）、long（长型）、signed（有符号）和 unsigned（无符号）关键字来区分。

（1）当 short 修饰 int 时，称为**短整型**，写成 short int，也可省略 int，直接写成 short。在大多数计算机上，short 表示 2 字节，即 16 位长。默认时，short 的最高位是符号位，这样它能表示-32 768～+32 767 范围的整数。

（2）当 long 修饰 int 时，称为**长整型**，写成 long int，也可省略 int，直接写成 long。在大多数计算机上，long 表示 4 字节，即 32 位长。默认时，long 的最高位也是符号位，这样它能表示 -2 147 483 648～+2 147 483 647 范围的整数。

可见，short，int 和 long 可以分别表示不同位长的整数，如图 2.3 所示。注意，Visual C++ 6.0 所

图 2.3　不同整型的存储空间的大小

支持的整型 int 为 4 字节，即 32 位（图中的虚框已标明）。

（3）当 unsigned 修饰 short，int 和 long 时，它强制使它们的符号位（最高位）也用做数据位，并与其他位一起来表示整数。这样，它们所表示的整数的最小值是 0，即**只能表示正整数**。例如，unsigned short 表示的整数范围是 0～65 535。

（4）当 signed 修饰 short，int，long 和 long long（此类型为 C99 标准补充）时，由于默认时 short，int 和 long 都是有符号的，因而此时 signed 可以省略。例如，signed int 可省略为 int。

需要说明的是：在 C 语言中，unsigned int 可省略为 unsigned，而 signed int 既可省略为 int，也可省略为 signed。

2.2.2 实型

实型又可称为**浮点型**。在 C 语言中，用于表示实型的类型名关键字有：float，double 和 long double。需要说明的是：**ANSI C** 并未规定具体的每一种实型的位长、精度和数值范围。但在大多数计算机中：

（1）float 是**单精度实型**，用 32 位（4 字节）来表示，其有效位数为 6～7 位，数值范围约为 $-3.4 \times 10^{38} \sim +3.4 \times 10^{38}$。

（2）double 是**双精度实型**，用 64 位（8 字节）来表示，其有效位数为 15～16 位，数值范围约为 $-1.7 \times 10^{308} \sim +1.7 \times 10^{308}$。

（3）long double 是**长双精度实型**，可用 64 位（8 字节）、80 位（10 字节）或 128 位（16 字节）来表示，**具体位长取决于 C 编译器对其支持情况**，如图 2.4 所示（每个方格代表 1 字节，实线方格表示大多数编译器支持的字节数，虚框表示可以增加的字节数）。

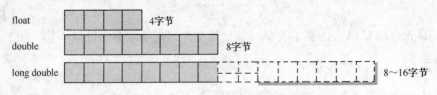

图 2.4　不同实型的存储空间的大小

2.2.3 字符型

在 C 语言中，char 字符类型用于表示 ASCII 编码的字符，即用来存储字符的 ASCII 编码，它有 3 种不同的类型：char，unsigned char 和 signed char。

一般来说，用 char 存储小整数时，可根据需要添加 unsigned 或 signed 修饰，unsigned char 可看做是 0～255 的正整数，signed char 可看做是 -128～127 的小整数。若用 char 存储字符，则不需要任何修饰。对于没有任何修饰的 char 来说，char 究竟有没有符号，取决于不同编译器的处理方式。事实上，大多数编译器（如 Visual C++ 6.0）都将没有任何修饰的 char 型默认为 signed char。

2.2.4 实际位长

在数据操作中，有时由于不知道 C 语言中的基本数据类型的实际位长，从而使数据溢出而导致计算结果的错误。因此，常需要使用下面的程序来测试。

```
#include <stdio.h>
#include <conio.h>
int main()
{
    printf( "char          ------- %d byte\n", sizeof(char) );
    printf( "short         ------- %d bytes\n", sizeof(short) );
    printf( "int           ------- %d bytes\n", sizeof(int) );
    printf( "long          ------- %d bytes\n", sizeof(long) );
    printf( "float         ------- %d bytes\n", sizeof(float) );
    printf( "double        ------- %d bytes\n", sizeof(double) );
    printf( "long double   ------- %d bytes\n", sizeof(long double) );
    return 0;                      /* 指定返回值 */
}
```

分析和说明：

（1）程序中，stdio.h 头文件定义的 printf 库函数是一个带格式的输出函数，由一对双引号括起来的字符串，称为**格式字符串**，其中的"%d"是将第 2 个实际参数(sizeof(…))的值按十进制来填充到格式字符串中的"%d"位置处，然后输出到屏幕中。

（2）sizeof 是 C 语言的一个运算符关键字，它的使用类似于一个函数，用来获取一个表达式、类型或数组等所占内存的字节数大小。

这样，该程序在 Visual C++ 6.0 中运行，其运行结果如下所示：

```
char          -------- 1 byte
short         -------- 2 byte
int           -------- 4 byte
long          -------- 4 byte
float         -------- 4 byte
double        -------- 8 byte
long double   -------- 8 byte
```

这里再来列出 ANSI C 中的各种基本数据类型、位长和范围，如表 2.1 所示。需要说明的是

（1）在表 2.1 的类型名中，方括号"[ ]"用来表示可以省略，**本书做此约定**。

（2）ANSI C 和 Visual C++ 6.0 在基本数据类型上的区别为：Visual C++ 6.0 中基本 int 类型的字节数默认为 4，long double 类型的字节数默认为 8，而 ANSI C 分别为 2 字节和 10 字节。

表 2.1 ANSI C 的基本数据类型

类 型 名	类型描述	位 长	范 围
char, signed char	有符号字符型	8	$-128 \sim 127$ 即$-2^7 \sim (2^7-1)$
unsigned char	无符号字符型	8	$0 \sim 255$ 即 $0 \sim (2^8-1)$
Short [int], signed short [int]	有符号短整型	16	$-32\,768 \sim 32\,767$ 即$-2^{15} \sim (2^{15}-1)$
unsigned short [int]	无符号短整型	16	$0 \sim 65\,535$ 即 $0 \sim (2^{16}-1)$
int, signed [int]	有符号整型	16	$-32\,768 \sim 32\,767$ 即$-2^{15} \sim (2^{15}-1)$
unsigned [int]	无符号整型	16	$0 \sim 65\,535$ 即 $0 \sim (2^{16}-1)$
long [int], signed long [int]	有符号长整型	32	$-2\,147\,483\,648 \sim 2\,147\,483\,647$ 即$-2^{31} \sim (2^{31}-1)$

类 型 名	类 型 描 述	位 长	范 围
unsigned long [int]	无符号长整型	32	$0 \sim 4\ 294\ 967\ 295$ 即 $0 \sim (2^{32}-1)$
long long [int], signed long long [int]	有符号超长整型	64	$-2^{63} \sim (2^{63}-1)$
unsigned long long [int]	无符号超长整型	64	$0 \sim (2^{32}-1)$
float	单精度实型	32	$6 \sim 7$ 位有效位, $-3.4 \times 10^{38} \sim +3.4 \times 10^{38}$
double	双精度实型	64	$15 \sim 16$ 位有效位, $-1.7 \times 10^{308} \sim +1.7 \times 10^{308}$
long double	长精度实型	80	$18 \sim 19$ 位有效位, $-1.2 \times 10^{4932} \sim +1.2 \times 10^{4932}$

2.3 内存和变量

在计算机内部，数据的存取操作都是通过所依附的连续多字节内存空间来进行的。但在程序中，如何来引用这些数据的内存空间呢？通过内存空间的首地址，是引用的一种方法。那么能否用一个标识符将其和一块内存空间绑定在一起呢？如果可以的话，该如何绑定呢？标识符又是如何命名的呢？

2.3.1 标识符

标识符（Identifiers）是独立的有效字符序列，是给程序中的一些程序元素（如变量、函数、数组等）所起的名字。在 C 语言中，一个合法的标识符应遵循下列规则：

（1）标识符由大小写英文字母、数字字符（0～9）和下画线组成，且第一个字符必须为字母或下画线，其后跟零个或多个字母、数字或下画线。例如，nLong, _, __（两个下画线），_123 都是合法的标识符。但标识符中不能有空格、标点符号、运算符或其他字符，例如，下面的标识符就是**不合法**的：

```
93Salary              /* 不能以数字开头 */
Peter.Ding            /* 不能使用小数点 */
Peter␣Ding            /* 不能有空格 */
#5f68                 /* 不能使用符号# */
r<d                   /* 不能使用运算符 */
Data$                 /* 不能使用字符$ */
A¥                    /* 不能使用汉字字符 */
A'                    /* 不能有单引号、双引号或其他标点符号 */
AÑ                    /* 不能有扩展字符 */
-A                    /* 不能将减号与下画线混用 */
"AB"                  /* 不能有双引号 */
```

（2）**C 语言中的大小写是敏感的**。也就是说，大写字母与小写字母分别代表不同的标识符。例如，data，Data，DaTa，DATA 等都是不同的标识符。尽管如此，也尽量不要将两个标识符定义成字母相同、大小写不同的标识符。

（3）**不能与关键字同名**。所谓关键字，是指由系统内部定义的，具有特殊含义和用途的标识符，程序中不能另做他用。以下是 32 个 ANSI C 关键字：

auto	break	case	char	const	continue
default	do	double	else	enum	extern
float	for	goto	if	int	long
register	return	short	signed	sizeof	static
struct	switch	typedef	union	unsigned	void
volatile	while				

需要说明的是：程序中定义的标识符除了不能与关键字同名外，还应不与系统库文件中预定义的标识符或库函数同名，如以前遇到的 printf, scanf 等；最好也不要与关键字相似或只是大小写区别，如 Int, Long 等，虽然这在 C 语言中是合法的，但在有的 C 编译器中可能会将 Int 和 Long 看做是 int 和 long 的别名，可见它们都是不好的标识符。再如，include，define 虽是合法的标识符，但它和预处理命令#include，#define 相似，也是不好的。

除了遵循上述规则外，标识符命名时还应考虑以下两点。

（1）**要考虑标识符的有效长度**。即组成标识符的字符个数不要太多，一般不能超过 32 个，因为有的编译系统只能识别前 32 个字符，也就是说前 32 个字符相同的两个不同标识符会被某些系统认为是同一个标识符。

（2）**要考虑标识符的易读性**。例如，a1b1，c1d 虽然是合法的标识符，但却是不好的标识符，因为它不能让人理解它们所代表的含义。在定义标识符时，若能做到"见名知义"就能达到提高易读性的目的。

2.3.2　变量和变量定义

有了标识符的规则，就可以为程序中的变量起一个名称。那么，什么是变量呢？变量是如何使用的呢？

1. 变量的含义

变量，顾名思义，是指其值是可以改变的量。但在 C 语言中，变量的含义还不止这些。

前面已提及，程序中的数据是通过内存来操作的。但由于不同的编译系统为同一个数据所开辟的内存的地址不一定相同，因此为了方便编程人员使用，允许通过一个标识符来标识所使用的内存空间。这个标识符在程序中称为**变量的名称**。为了能精确地反映这个内存空间的大小，变量还必须要有**数据类型**，数据类型同时还反映这个内存空间存取的是怎样的数据以及数据值的范围。

可见，与数学中的变量概念有着本质的不同，程序中的变量是计算机内部的某块内存空间在程序中的标识。在程序中，使用变量就是使用该变量所绑定的内存空间。那么变量名和内存空间是如何绑定的呢？这就需要在程序中对变量进行定义。

2. 变量的定义

C 语言在定义变量时先写数据类型，然后是变量名，数据类型和变量名之间必须用一个或多个空格来分隔，最后以分号来结尾，即如下列格式的变量定义语句：

> <数据类型>　<变量名 1>[，<变量名 2>，…];

 　　凡格式中出现的尖括号"< >"，表示括号中的内容必须是指定的，若为方括号"[ ]"，则括号中的内容是可选的，**本书做此约定。**

数据类型告诉编译器要为由**变量名**指定的变量分配多少字节的内存空间，以及变量中要存取的是什么类型的数据。例如：

```
double        x;                          /* 双精度实型变量 */
```

一旦编译，系统就会自动将 x 这个标识符和 10 字节（以 ANSI C 为准）的连续内存空间相绑定，直到 x 生存期结束为止。也可以说，上述定义编译后，系统就会为 x 变量根据其类型（double）开辟 10 字节的内存空间。或者说，x 占用了 10 字节的连续内存空间，存取的数据类型是 double 型，称之为**双精度实型变量**。再如：

```
float y;                                  /* 单精度实型变量 */
```

则 y 占用了 4 字节的连续内存空间，存取的数据类型是 float 型，称之为**单精度实型变量**。此后，变量 x，y 就分别对应于各自的内存空间，换句话说，开辟的那块 8 字节的内存空间就称为 x，另一块 4 字节的内存空间就称为 y。又如：

```
int    nNum1;                             /* 整型变量 */
int    nNum2;                             /* 整型变量 */
int    nNum3;                             /* 整型变量 */
```

则在 ANSI C 中，nNum1，nNum2，nNum3 分别占用 2 字节的存储空间，其存取的数据类型是 int 型，称之为**整型变量**。由于它们都是同一类型的变量，因此为使代码简洁，可将同类型的变量定义在 1 行语句中。不过，同类型的变量名要用逗号 "," 分隔（逗号前后可以有 0 个或多个空格）。例如，这 3 个整型变量可这样定义（注意：只有最后一个变量 nNum3 的后面才有分号）：

```
int    nNum1，nNum2，nNum3;
```

需要说明：

（1）除了上述整型变量、实型变量外，还可有字符型变量，即用 char 定义的变量，这些都是基本数据类型变量。实际上，只要是合法的数据类型，均可以用来定义变量。例如：

```
unsigned short    x, y, z;                /* 无符号短整型变量 */
long double       pi;                     /* 长双精度实型变量 */
```

（2）变量是有作用范围的，称为变量的**作用域**（以后会讨论）。C 语言规定：在同一个作用域中，不能有两个或以上相同的标识符（变量名）。例如：

```
float x, y, z;                            /* 单精度实型变量 */
int   x;                                  /* 错误，变量 x 重复定义 */
float y;                                  /* 错误，变量 y 重复定义 */
```

3. 定义位置

在 C 语言中，对变量定义的位置还有下列一些规定。

（1）在由左花括号 "{" 和右花括号 "}" 构成的**函数体或语句块**中，变量定义语句必须出现在函数体或语句块中的最前面，且变量定义语句的前面不能存在其他非变量定义语句或非说明语句。例如：

```
int main()
{
    int    a;                             /* 合法 */
    int    x;                             /* 合法 */
    x = 8;                                /* 赋值语句 */
    int    y;                             /* 不合法，前面出现非变量定义语句 */
    {
        int    c;                         /* 合法 */
```

```
        …
    }
    …
    return 0;
}
```

（2）可以在 main 函数外定义变量（称为**全局变量**，以后还会讨论），定义的位置虽没限定，但一定要遵循先定义后使用的原则。

2.3.3 变量赋值和初始化

变量一旦定义后，就可以通过引用变量来进行赋值等操作。所谓引用变量，就是使用变量名来引用变量的内存空间。由于**变量是内存空间的一个标识**，因此对变量的操作也是对其内存空间的操作。例如：

```
int    x,  y;
x = 8;                      /* 给 x 赋值 */
y = x;                      /* 将 x 的值赋给 y */
```

"x = 8;" 和 "y = x;" 都是变量的赋值操作，"=" 是赋值运算符。由于变量名 x 和 y 是它们的内存空间的标识符（名称），因此，"x = 8;" 是将运算符 "=" 右边的数据 8 存储到左边变量 x 的内存空间中。而 "y = x;" 这一操作则包括两个过程：先获取 x 的内存空间中存储的值（此时为 8），然后将该值存储到 y 的内存空间中。其操作过程可用图 2.5 来表示。

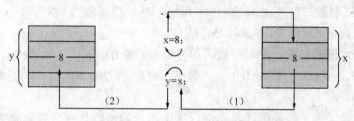

图 2.5 "x = 8; " 和 "y = x;" 赋值操作

当首次引用一个变量时，变量必须要有一个确定的值，这个值就是变量的**初值**。在 C 语言中，可用下列方法给变量赋初值。

（1）在变量定义后，使用赋值语句来赋初值。如前面的 "x = 8;" 和 "y = x;"，使 x 和 y 的初值都为 8。

（2）在变量定义的同时赋给变量初值，这一过程称为**变量初始化，此时的 "=" 不是赋值运算符，而是初始化的特征符**。例如：

```
int    nNum1 = 3;          /* 指定 nNum1 为整型变量，初值为 3 */
double    x = 1.28;         /* 指定 x 为双精度实变量，初值为 1.28 */
```

（3）也可以在多个变量的定义语句中单独对某个变量进行初始化，如：

```
int     nNum1,  nNum2 = 3,  nNum3;
```

表示 nNum1, nNum2，nNum3 为整型变量，但只有 nNum2 的初值为 3。

> 注意：一个没有初值的变量并不表示它所在的内存空间没有数值，而是取决于编译器为其开辟内存空间时的处理方式，它可能是系统**默认值**或是该内存空间以前操作后留下的数值，称为**无效值**。

总之，C 语言中的变量是某个内存空间的标识，它通常有 3 个基本要素：C 合法的变量名、变量的数据类型和变量的数值；在变量使用之前，必须先对它进行定义。

2.4 常量

常量是在程序运行过程中值不发生改变的数据。

在 C 程序中，为了能给变量直接赋初值或用数值参与运算，经常需要使用由各种数码组成的不同进制的数据（如整数、实数等）以及字符、字符串等，这类数据通常能直接从其字面形式即可判别其类型，称为**字面常量**，或称为**直接量**。如 1，20，0，-6 为**整数**，1.2，-3.5 为**实数**，'a'，'b'为**字符**，"C 语言"为**字符串**等。

还有一种情况是 C 程序中可能会多次使用同一个数值，比如常数π，与其每次书写时都写上 3.141 592 65，不如用一个标识符来代替该数值，即标识符常量，有时又称为**符号常量**。由于标识符总比数值常量本身更具意义，因而在程序中使用标识符常量不仅可以提高程序的可读性，而且在代码中修改常量也极为方便，并有助于预防程序出错。

下面来介绍各种不同类型的常量。

2.4.1 整数

整数，即没有小数点的数，由于可以有不同进制，因而为了让编译器能识别，需要按下列规则来书写：

（1）对于**十进制整数**，直接书写其数码，如 34，128 等。

（2）对于**八进制整数**，在书写数码前要以数字 0 开头，如 045，即（45）$_8$，表示八进制数 45，等于十进制数 37；-023，即（-23）$_8$，表示八进制数-23，等于十进制数-19。注意：八进制的数码是 0，1，2，3，4，5，6，7。

（3）对于**十六进制整数**，在书写数码前要以 0x 或 0X 开头，如 0x7B，即（7B）$_{16}$，等于十进制的 123，-0X1a，即（-1a）$_{16}$，等于十进制的-26。注意：十六进制的数码是 0～9，A～F（a～f）。

需要说明的是，为了能使编译器知道程序中指定的整数是一个具体的整数类型，还可在一个整数中添加类型后缀（它们是由类型名的首字母构成的），其规则如下：

（1）以 L 或其小写字母 l 作为后缀的整数表示**长整型**（long）整数，如 78L，496l，0X23L，023l 等都是合法的长整数。

（2）以 U 或 u 作为后缀的整数表示**无符号**（unsigned）整数，如 2100U，6u，0X91U，023u 等都是合法的无符号整数。

（3）以 U（或 u）和 L（或小写字母 l）的组合作为后缀的整数表示**无符号长整型**（unsigned long）整数，如 23UL，23ul，23LU，23lu，23Ul，23uL 等都是合法的无符号长整数。

（4）默认时，如果一个整数没有添加后缀，则可能是 int 或 long 类型，这取决于该整数的大小。

2.4.2 实数

实数即浮点数，为了让编译器能识别它们，在书写时应遵循下列规则：

（1）对于**十进制实数**，由于它们在形式上和十进制整数的区别是**小数点**，因此在书写实数时必须有且仅有一个小数点，但不允许出现单独一个小数点。例如，0.12，.12，1.2，12.0，12.，0.0 都是合法的实数。

（2）对于**指数形式的实数**，为了能区别十进制整数和实数，C 语言引入特征符 E 或 e，用来表示科学计数法中的 10，并强调 E 或 e 后面的指数必须是整数。例如，$1.2×10^9$，则应写成 1.2e9 或 1.2E9。由于引入特征符 E 或 e 后，指数形式的实数在书写格式上已与十进制整数和实数不一致了，故特征符 E 或 e 前面的数字是否有小数点并不重要，但 E 或 e 前面必须有数字，否则以 E 或 e 字母开始的实数会被编译器优先识别成一个合法的标识符。简单地说，**字母 E 或 e 前必须有数字，且 E 或 e 后面的指数必须是整数**。

同样，若要指定实数的具体类型，还必须在实数后面指定类型后缀符：

（1）F 或 f 后缀来表示**单精度浮点数**（float）。例如，1.2f，1.2E5f 等都是合法的单精度浮点数。

（2）指定 L 或小写字母 l 后缀来表示**长双精度浮点数**（long double），若没有后缀，则表示默认的**双精度浮点数**（double）。例如，1.2L 是合法的长双精度浮点数，而 1.2 默认是 double 型。

注意： 在书写各种形式的整数或实数时（包括后缀），整个常量中不能出现空格，否则将因空格是词法中的分界符而导致编译器对词义的解释出现不同的结果。例如，1.2␣f，编译器会解释成 "1.2" 和 "f" 这两个词，从而使 "f" 标识符因未先定义而变成不合法的。

> 由于阅读时，书中的空格难以看出，故用符号 ␣ 表示一个空格，**本书做此约定**。

2.4.3 字符常量和转义字符

在 C 语言中，用一对单引号来作为区分字符与整数、实数的特征符。这就是说，用一对单引号括起来的字符称为**字符常量**或直接称为**字符**，如 'B'，'b'，'%'，'␣' 等都是合法的字符，但若只有一对单引号' '，一般作为空字符处理。需要说明：

（1）字符在计算机内是将其编码值以整型格式来存储的，由于大小写字母的编码值不同，因此是两个不同的字符。例如，'B' 和 'b' 是两个不同的字符。

（2）由一对单引号指定的字符通常是指单字节字符，例如 'AB'，'语'，'12' 等都不合法。

（3）由于在程序代码中，编码值大于 127 的扩展 ASCII 码字符无法直接输入，为了能使用这些字符，C 语言允许通过使用 "\" 引导符，并指定 1~3 位八进制数或 X（包括小写 x）后跟 1~2 位十六进制数来表示相应编码值的字符。例如，'\101' 和 '\x41' 都是表示编码值为 65 的字符 'A'；若为 '\0'，则表示 ASCII 码值为 0 的字符，这样的字符称为**空字符**。

在 C 语言中，含有 "\" 引导符的字符还有很多，例如，前面程序中的 '\n'，它代表按 Enter 键换行，而不是表示字母 n。这种将反斜杠 "\" 后面的字符转换成另外意义的方法称为**转义表示法**，'\n' 称为**转义字符**。"\" 称为**转义字符引导符**，单独使用没有任何意义。若要表示反斜杠字符，则应为 '\\'。表 2.2 列出了常用的转义字符。

表 2.2　常用转义字符

字 符 形 式	含　　义	ASCII 码值
\a	响铃（BEL）	07H
\b	退格（相当于按 BackSpace 键）（BS）	08H
\f	进纸（仅对打印机有效）（FF）	0CH
\n	换行（相当于按 Enter 键）（CR、LF）	0DH, 0AH
\r	回车（CR）	0DH
\t	水平制表（相当于按 Tab 键）（HT）	09H

字 符 形 式	含 义	ASCII 码值
\v	垂直制表（仅对打印机有效）（VT）	0BH
\'	单引号	27H
\"	双引号	22H
\\	反斜杠	5CH
\?	问号	3FH
\ooo	用 1 位、2 位或 3 位八进制数表示的字符	$(ooo)_8$
\xhh	用 1 位或 2 位十六进制数表示的字符	hhH

在这些转义字符中，除了前面表示相应编码值字符的作用外，有的是将 C 语言本身特征符转化成原来的一般字符含义，如'\''（单引号）、'\"'（双引号）、'\\'（反斜杠）和'\?'（问号）等；有的是用来转换成输出格式的操作（以后还会讨论），如'\r'（回车）和'\t'（水平制表）等。需要强调：

（1）不是每个以转义法表示的字符都是有效的转义字符，当 C 编译器无法识别时，就会将该转义字符解释为原来的字符。例如：'\A'和'\N'等虽都是形式上合法的转义字符，但却都不能被 C 编译器识别，此时'\A'就是'A'，'\N'就是'N'。

（2）注意 0，'0'和'\0'的区别：0 表示整数，'0'表示数字 0 字符。'\0'表示 ASCII 码值为 0 的字符。

2.4.4 字符串常量

在 C 语言中，**字符串常量**是由一对**双引号**括起来的字符序列，简称**字符串**。字符串常量中除一般字符外，还可以包含空格、转义序列符或汉字等其他字符。例如：

"Hello, World!\n"

"C 语言"

等都是合法的**字符串常量**。字符串常量包含的字符个数称为**字符串长度**。若仅有一对双引号" "，则这样的字符串常量的长度为 0，称为**空字符串**。

 书中表示字符串的一对双引号" "是汉字字符，在程序代码中是不可以的，它们只能用"来表示；类似地，一对单引号' '也是汉字字符，在程序代码中也只能用'表示。

显然，在字面常量中，**双引号**是字符串常量用于区分其他数值常量的特征符，如果需要在字符串中出现双引号，则必须用转义字符'\"'来替换表示。例如：

"Please press \"F1\"to help!"

这个字符串被解释为

Please press "F1" to help!

要注意**字符串的机内格式**与整型、实型和字符型等数据类型有着本质的区别。对于数值来说，其数据类型确定了它所占内存空间的大小。也就是说，当操作这些数值时，它们所需的内存空间的大小也是确定的。而字符串则不然，由于不同的字符串所包含的字符个数不一样（每个 ANSI 字符都要占 1 字节），因而不同字符串所需的内存空间的大小也各不相同。正因为如此，C 语言才没有也无法有字符串的基本数据类型。

那么怎样才能确定字符串操作时所需内存空间的大小，并保证字符串在内存空间中存取的正确性呢？

不同高级语言对上述问题的解决有着不同的方式，C 语言采用以 **null 为结尾的方式**。其中 null 是指空字符，等价于'\0'，即值为 0 的字符。也就是说，C 语言对于字符串存储操作，是将字符串中的字符依次存放在内存空间，并在其后再存入一个'\0'字符。同时将'\0'字符作为字符串所占内存空间的结束标志，称为字符串的**结束符**。当字符串从内存空间中依次提取时，首先判断取出的字符是否为结束符，若是，则字符串提取结束，从而保证了字符串存取的正确性。

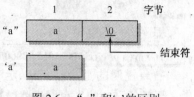

图 2.6 "a"和'a'的区别

可见，字符'a'和字符串"a"有着本质区别：存储时，字符'a'仅占 1 字节，"a"则占 2 字节，因为"a"除了字符 a 需要 1 字节外，字符串结束符'\0'还需 1 字节，如图 2.6 所示。

需要说明：

（1）由于 C 语言字符串的存储格式是以'\0'为结尾的，也就是说，若在字符串中指定'\0'，则这样的字符串的长度和字节大小各为多少呢？例如，"AB\CD\t\0\n"。

显然，当字符串存入内存时，系统会将其所包含的所有的字符连同结束符'\0'一起依次存放，每个 ASCII 字符占 1 字节，需要 8 字节的内存空间，如图 2.7 所示。但提取时，由于先遇到第一个'\0'字符，C 语言就会将其视为结束标志，提取出来的字符串是第一个'\0'前的字符序列，即"AB\CD\t"，显然该字符串的长度（字符个数）为 5。

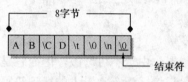

图 2.7 字符串存储

（2）要注意字符串"AB\CD\t\0\n"中的转义特征符'\'，它必须与后跟的字符构成转义字符，而不论构成的转义字符是否是有效的转义字符。例如，字符串中的'\C'就是一个字符，千万不要将'\'和'C'看做两个字符。

2.4.5 标识符常量

与变量相似，标识符常量在使用前同样需要先进行声明。在 C 语言中，标识符常量包括 const 修饰的只读变量、#define 定义的常量及 enum 类型的枚举常量等 3 种形式。考虑到以后还要对 enum 类型的枚举常量进一步讨论，故这里仅讨论#define 定义的标识符常量以及 const 修饰的只读变量。

1. #define 标识符常量

在 C 语言中，允许程序用编译预处理指令#define 来定义一个标识符常量。例如：

```
#define    PI  3.14159265
```

这条指令的格式是#define 后面跟一个标识符，再跟一串字符，中间用空格隔开。由于它不是 C 语言的语句，因此**行尾没有分号**。

在程序编译时，编译器**首先**将程序代码中所有"PI"这个词用"3.14159265"来**替换**，然后再进行代码编译，故将#define 称为**编译预处理指令**。#define 又称为**宏定义命令**，上述定义的 PI 称为**宏名**。

【例 Ex_PI.c】 用#define 定义符号常量

```
#include <stdio.h>
#include <conio.h>
#define    PI  3.14159
int main()
{
```

```
        double r = 100.0, area;
        area = PI * r * r;
        printf( "The area of circle is %lf\n",   area );
        return 0;
    }
```

程序运行的结果如下：

The area of circle is 31415.900000

需要说明的是，#define 定义的常量不是真正的标识符常量，因为在编译预处理完成后，标识符 PI 的生命期也就结束了，不再属于程序中的元素名称。而且，编译器本身不会对标识符后面的内容进行任何语法检查，仅仅在程序中与标识符进行简单替换。例如：

        #define   PI   3.141MNP+59

虽是一个合法的定义，但它此时已经失去了一个标识符常量的作用。正因为如此，ANSI/ISO C 建议标识符常量都使用 const 来定义，**而不使用#define**。

另外，#define 作为预处理命令，还有一些较为复杂的应用，以后还会进一步讨论。

2. const 只读变量

在定义变量时，可以使用关键字 const 来修饰，这样的变量是只读的，即变量所绑定的内存空间中的内容是不可修改的，但在程序中对其可以读取数据。由于不可修改，因而它是一个标识符**常量**，且在定义时必须初始化。需要说明的是，通常将标识符常量中的标识符写成大写字母以与其他标识符相区别。例如：

        const float   PI = 3.14159265f;   /* 指定 f 使其类型相同，否则会有警告错误 */

因π字符不能作为 C 语言的标识符，因此这里用 PI 来表示。PI 被定义成一个 float 类型的只读变量，由于 float 变量只有存储 7 位有效位的精度，因此 PI 的实际值为 3.141593。

若将 PI 定义成 double，则全部接受上述数字。事实上，const 还可放在类型名之后，如下列语句：

        double   const   PI = 3.14159265;

这样，就可在程序中使用 PI 这个标识符常量来代替 3.14159265。例如，将例 Ex_PI.c 中的语句：

        #define   PI   3.14159

改为

        const double PI = 3.14159265;

2.5 算术运算

数值的算术运算是程序中最常见的，也是 C 语言最主要的应用之一。数学中，算术运算包括加、减、乘、除、乘方及开方等。但在 C 语言中，算术运算符只能实现四则运算的最基本功能，对于乘方和开方却没有专门的运算符，它们一般是通过头文件 math.h 中定义的 pow（求幂）、sqrt（求平方根）等库函数来实现（见附录 C）。

2.5.1 算术运算符

由操作数和算术运算符构成的**算术表达式**常用于数值运算，与数学中的代数表达式相对应。在 C 语言中，最常用的算术运算符是加、减、乘、除和求余运算符，它们都是双目运算符，所谓**双目运算符**，或称**二元运算符**，是指这样的运算符需要两个操作数。例如，6-8，6 和 8 都是 "-" 运算符的操作数，由于是两个操作数，因而 "-" 运算符是双目运算符。

除此之外，算术运算符还有**单目**的正、负运算符，所谓**单目运算符**，或称**一元运算符**，是指这样的运算符仅需要 1 个操作数。例如，-4 中的**负运算符** "-" 就是一个单目运算符，4 是它的操作数。类似地，在 C 语言中，算术运算符有：

+	正号运算符，如+4, +1.23 等
-	负号运算符，如-4, -1.23 等
*	乘法运算符，如 6*8, 1.4*3.56 等
/	除法运算符，如 6/8, 1.4/3.56 等
%	模运算符或求余运算符，如 40%11 等
+	加法运算符，如 6+8, 1.4+3.56 等
-	减法运算符，如 6-8, 1.4-3.56 等

那么，C 语言的算术运算和数学中的算术运算有什么区别呢？下面就正号、除法、求余这几个运算符来讨论。

1. 正号运算符（+）

由于正号运算符并不改变操作数的符号，因而正号运算符是没有什么实际意义的，仅为语法而设定。例如，+ -8 就是-8；+a 就是 a，但+a 是一个表达式，而 a 却是一个变量。

2. 除法运算符（/）

两个整数相除，结果为整数，如 7/5 的结果为 1，它会将小数部分去掉，而不是四舍五入；若除数和被除数中有一个是实数，则进行实数除法，结果是实型。如 7/5.0, 7.0/5, 7.0/5.0 的结果都是 1.4。之所以是这样的结果是因为 C 语言有类型自动转换机制（后面会讨论）。

3. 求余运算符（%）

求余运算（%）是指求**左操作数**（运算符左边的操作数）被**右操作数**（运算符右边的操作数）整除后的余数，或指求被除数整除后的余数。例如，7%4 是求 7 被 4 整除后的余数，结果是 3；40%5 是求 40 被 5 整除后的余数，结果是 0。

需要说明：

（1）求余结果的符号与被除数（**左操作数**）的符号相同，而不论除数（**右操作数**）是正还是负。例如，-7%4、-7%-4 的结果都是-3；7%-4 的结果是 3；特殊地，-7%7 或-7%-7 或 7/-7 的结果都是 0（因为 0 没有正、负之分，因此-0 和+0 的补码都是一样的）。

（2）在算术运算符中，只有求余运算的两个操作数要求都是**整型值**，含有实数的求余运算在 C 语言中是无效的。

（3）合理利用 "/" 和 "%" 运算符可以得到一个数的位数值。例如，下面的程序是将一个正的十进制的 3 位数变成逆序的 3 位数，例如将 123 变成 321。

【例 Ex_Rev.c】 正 3 位数的逆序转换

```c
#include <stdio.h>
#include <conio.h>
int    main()
{
    unsigned short    a, b1, b2, b3, b;
```

```
            scanf( "%d", &a );
            b1 = a / 100;                      /* 求百位上的数值 */
            b2 = (a % 100) / 10;               /* 求十位上的数值 */
            b3 = a % 10;                       /* 求个位上的数值 */
            b  = 100 * b3 + 10 * b2 + b1;
            printf( "the reverse of %d is %d\n", a, b);
            return 0;
      }
```

代码中，b1 是取百位上的数值，例如，若 a = 123，则 123/100 = 1；b2 是取十位上的数值，若 a = 123，则 a%100 的结果便是 23，23/10=2，即得到十位上的数为 2；同样，通过 a%10 可以得到个位上的数。程序的运行结果如下：

> **123↵**
>
> **the reverse of 123 is 321**

事实上，除了上述运算外，C 语言的其他算术运算符和数学运算的概念及运算方法也都是一致的，但需要注意算术运算中的数值类型、运算次序和表达式的值和类型等一些问题。

2.5.2　数值类型转换

在由双目运算符构成或由多个运算符构造的混合表达式中，由于存在两个或两个以上的操作数，当这些操作数的数据类型不一致时，就会出现这样的问题：表达式最终是什么样的结果？其结果值究竟是什么类型？例如，对于除法运算符，若有 7/5，因 7 和 5 都是整数（整型），因而最后运算的结果应为整数 1；类似地，若有 5/7，则结果应为整数 0。若有 7.0/5.0，因 7.0 和 5.0 都是 double 型实数，因而最后运算的结果也应为 double 型实数 1.4；但若有 7.0/5 或 7/5.0，即其中一个操作数是实数，另一个是整数，则表达式结果的类型是什么呢？

为了保证数值运算结果的准确性，当运算符的多个操作数的数据类型不一致时，C 语言编译器会自动将**低类型**的操作数向**高类型**进行转换，称为类型的**自动转换**。这里，类型的**高**与**低**，是指类型所能表示的最大数值的大小程度。例如，char 型允许数据的最大值为 127，而 short 型允许数据的最大值为 32 767。这样，对于 char 和 short 来说，short 就是高类型，而 char 就是低类型。

一般来说，由低类型向高类型转换是不会丢失有效的数据位的，可见这种类型转换是安全的转换。如图 2.8 所示箭头方向表示转换方向。

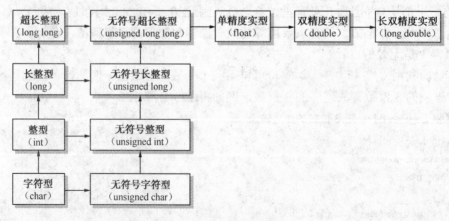

图 2.8　类型转换的顺序

显然，按图 2.8 中的自动转换顺序，则 7.0/5 或 7/5.0 相当于 7.0/5.0，其结果是 double 实数 1.4。需要强调：

（1）同类型的有符号自动转换为无符号。由于这种转换的结果与实际运算结果不一致，所以有的编译器（如 Visual C++ 6.0）就会出现相应的**警告错误**。警告错误虽不影响编译的顺利通过，但对于编程者来说，仍应引起足够重视。特别要注意，当负数自动转换为无符号时，由于负数补码的最高位（符号位）是 1，符号位被视为数据位，从而使负数变成一个很大的正数。例如，−6+1u 的结果却是 65 531（ANSI C 结果），这是因为−6 的补码（16 位）是（1111 1111 1111 1010）$_2$，转换成无符号时，−6 就变成了 65 530，从而导致最后的结果是 65 531。

（2）当字符型自动转换成其他类型时，实质上是将其编码值进行转换。换一句话说，当字符参与算术运算时，实质上就是其编码值在参与运算。例如，'a'+ 20，则其结果为 117，即用于运算的是字符'a'的编码值 97。

可见，自动转换是 C 语言编译器对多个类型不一致的操作数进行的默认处理。这种默认处理方式有时并不是程序所指定的结果，这时就指定在程序中对操作数（或表达式的值）进行**强制转换**，即在操作数或表达式的左边加上要转换成的合法的类型名，且类型名两边加上圆括号"（）"，格式如下：

〈类型名〉〈操作数〉
〈类型名〉（〈表达式〉）

例如，在 8/(int)3.1 中，(int)3.1 是将 double 型实数 3.1 强制转换成整数 3，这样原来的表达式就变成了 8/3，结果为整数 2。

再比如，若有 8 / (int)(3.0 + 2.1)，则(int)(3.0 + 2.1)是将表达式 3.0 + 2.1 的结果（double 型实数 5.1）强制转换成整型，即为整数 5，这样，原来的表达式就变成了 8/5，结果为整数 1。

注意：

（1）使用类型的强制转换时，类型名两边必须加上左括号和右括号，当被强制转换的操作数是表达式时，表达式的两边也要加上圆括号，如(int)(3.0 + 2.1)。

（2）若强制转换的类型比操作数或表达式的类型要高，则这种强制转换是安全的，否则是不安全的，因为会丢失数据。如(int)3.8，结果为 3，丢失 0.8。

（3）在程序中要合理地使用强制转换。例如，7/5，两个操作数的类型都是整数，结果为 1。若要想得到的结果为 1.4，那么，(double)7 / 5、7 /(double)5 和(double)7 /(double)5 都是可以的，但(double)(7/5)是不行的，因为它对 7/5 这个表达式的值（为 1）进行(double)类型的强制转换，结果是 1.0。

2.5.3　优先级和结合性

在由多个运算符构造的混合表达式中，表达式的运算次序显得格外重要，因为这将影响其最后的运算结果。例如，2+3*4，究竟是先运算 2+3，还是先运算 3*4 呢？

为了解决这个问题，C 语言首先规定了各个运算符的**优先等级**，并用相对的数值来反映优先等级的高低，数值越小，优先级越高，数值相同，优先级相同，如附录 A 所示。这里只列出算术运算符的优先级，如表 2.3 所示。

表 2.3　算术运算符的优先级和结合性

优先级	运算符	描述	目数	结合性
2	+	正号运算符	单目	从右至左
	-	负号运算符		
3	*	乘法	双目	从左至右
	/	除法		
	%	取余		
4	+	加法		
	-	减法		

从表中可以看出，在算术运算符中，**单目运算符的优先级最高，其次是乘、除和求余，最后是加、减**。这就是说，对于 2+3*4 来说，由于"*"的优先级比"+"高，故先运算 3*4，结果为 12，再运算 2+12，结果为 14。所以，在一个包含多种算术运算的混合运算中，先乘除后加减的运算规则是由运算符的优先级来保证的。

但当有：4%3*2，由于运算符"%"和"*"的优先等级数值都是 3，即优先级相同。那么此时究竟是先运算 4%3，还是先运算 3*2 呢？

C 语言规定，优先级相同的运算符按它们的**结合性**来进行处理。所谓**运算符的结合性**是指运算符和操作数的结合方式，它有**从左至右**和**从右至左**两种。**从左至右**的结合，简称**左结合**，是指操作数先与其左边的运算符相结合，再与右边的运算符结合；而**自右至左**的结合，简称**右结合**，次序刚好相反，它将操作数先与其右侧的运算符相结合。

需要说明：

（1）上述左结合和右结合的定义仅仅是从其字面的含义而给出的。实际上，运算符的结合性的使用必须满足这样的条件：**两个相同优先等级的运算符共用一个操作数**。

例如，在算术运算符中，除单目运算符外，其余算术运算符的结合性都是**从左至右**（参见表 2.3）。这样，由于 4%3*2 表达式中，运算符"%"和"*"共用一个操作数 3，因它们的结合性是左结合，因此 3 先与左边的运算符"%"相结合，亦即先运算 4%3，结果为 1，然后再与右边的运算符"*"相结合，即 1*2，结果为 2。

（2）若不满足结合性的使用条件，则具体的运算次序由编译器来决定。例如，2*3+4*5，究竟是先运算 2*3 还是先运算 4*5，由编译器来决定，即不同的编译器有不同的处理方式，但运算的结果通常都是相同的。

（3）若表达式由优先等级相同的运算符构成，例如，2 * 3 * 4 * 5 * 6，则运算的次序由编译器来决定。

在程序设计中，不同编译器对表达式处理方式的不一致是一种常见现象，一般情况下，这种不一致的现象不会改变它们的最终结果。若最终结果会改变，则这种情况必须在程序中通过修改代码来回避。

2.5.4　算术表达式的值和类型

由不同运算符构成的表达式的值和类型是不同的。对于算术表达式（由算术运算符构成的表达式）来说，**最后表达式的结果**总是表现为是**优先级最低**的那个运算符的表达式，其值的**类型**是该运算符可使用的操作数中**最高**的类型。

例如，10 + 'a' + 2*1.25 - 5.0/4L，则根据优先级和结合性，表达式的运算次序应为

（1）进行 2*1.25 的运算，因 1.25 是 double 型，故将 2 转换成 double 型，结果为 double

型的 2.5。这时表达式变为：10 + 'a' + 2.5 − 5.0/4L。

（2）进行 5.0/4L 的运算，因 5.0 是 double 型，故将长整型 4L 转换成 double 型，结果值为 1.25。这时表达式变为：10 + 'a' + 2.5 − 1.25。

（3）进行 10 + 'a' 的运算，因 10 是 int 型，故将'a'转换成 int 整数 97，运算结果为 107。这时表达式变为：107 + 2.5 − 1.25。

（4）整数 107 和 2.5 相加，因 2.5 是 double 型，故将整数 107 转换成 double 型，结果为 double 型，值为 109.5。这时表达式变为：109.5 − 1.25。

（5）进行 109.5 − 1.25 的运算，结果为 double 型的 108.25。

可见，上述算术表达式的最终结果表现为由优先级最低的 "−" 运算符构成的表达式 "109.5 − 1.25"，最后结果是它们的最高数据类型——double 型，值为 108.25。实际上，由于不同的编译器对表达式的优化有所不同，因此上述运算次序可能不一样，但结果一般应是相同的。

下面来看一个程序，试分析 printf 函数中的实参表达式 "x + a % 3 * (int)(x+y) % 2 / 4" 的值和类型。

【例 Ex_Express.c】 分析表达式的值和类型

```c
#include <stdio.h>
#include <conio.h>
int main()
{
    int     a = 7;
    float   x = 2.5, y = 4.7;
    printf( "%f\n", x + a % 3 * (int)(x+y) % 2 / 4 );
    return 0;
}
```

分析：

（1）上述代码中，变量 x 和 y 的初值分别设定为 double 型的 2.5 和 4.7，但由于变量 x 和 y 定义时指定的类型是 float，因此 x 和 y 的实际初值分别为 2.5f 和 4.7f。这种将高类型的数据用于低数据类型的变量初始化或赋值时，由于在转换过程中存在数据丢失的危险，因而较好的编译器在编译时都会给出相应的警告错误。

（2）有了 a，x 和 y 的初值后，表达式 x + a % 3 * (int)(x+y) % 2/4 就变成 2.5f + 7 % 3 * (int)(2.5f +4.7f) % 2/4，由于圆括号的运算优先等级最高，故先运算(2.5f +4.7f)，结果为 float 型数值 7.2f，然后运算(int) 7.2f，因为强制类型转换运算符的优先等级仅次于圆括号，结果为 int 型数值 7，这样表达式就变成 2.5f + 7 % 3 * 7 % 2/4。

（3）在表达式 2.5f + 7 % 3 * 7 % 2/4 中，由于运算符 "+" 的优先等级是最低的，所以应先运算 7 % 3 * 7 % 2/4，而这个式子中，运算符 "*"、"/" 和 "%" 的优先等级都是一样的，因而应按其 "从左至右" 的结合性来运算。但要注意，编译对程序代码中的语义、句义和词义的验证和识别一般总是按 "自上而下，从左至右" 的顺序来进行的。这就是说，表达式 7 % 3 * 7 % 2/4 首先被提取的应是 "7 % 3 * 7"，由于结合性是 "从左至右" 的，故先运算 7 % 3，结果为 1，表达式变成 1* 7 % 2 / 4，然后再提取、再运算，结果为 0。这样表达式 2.5f + 7 % 3 * 7 % 2 / 4 就成为 2.5f + 0。

程序的运行结果如下：

```
2.500000
```

2.5.5 代数式和表达式

数值计算是所有高级语言的最典型的应用之一。为了能让 C 程序进行数值计算，还必须将代数式写成 C 语言合法的表达式。例如，若有代数式：

$$\frac{1}{2}\left(ax+\frac{a+x}{4a}\right)$$

则相应的 C 语言的表达式应为

　　　1.0 / 2.0 * (a * x + (a + x) / (4.0 * a))

需要强调：

（1）**注意书写规范**。在使用运算符进行数值运算时，在**双目运算符**的两边与操作数之间一定要添加空格。若缺少空格，有时编译器会得出与我们的设想不同的结果。例如：

　　　–5*–6—7　　　　　　　　　　　　/* **不合法的表达式** */

和

　　　–5␣*␣␣–6␣␣–␣7

结果是不一样的，前者发生编译错误，而后者的结果是 37。但对于**单目运算符**来说，虽然也可以使其与操作数之间存在一个或多个空格，但最好与操作数写在一起。

（2）**注意加上圆括号**。在书写 C 语言的表达式时，应尽可能地、有意识地加上一些圆括号。这不仅能增强程序的可读性，而且，当对优先关系不确定时，加上圆括号是保证得到正确结果的最好方法，可见括号运算符"( )"的优先级几乎是最高的。例如，若有代数式：

$$\frac{3ae}{bc}$$

在代数式中，$3ae$ 和 bc 隐含了**乘**运算，这是代数式的一种约定。但在 C 语言中，这种约定是不允许的，相应的 C 语言的表达式应写成：

　　　(3.0 * a * e)/(b * c)

要注意圆括号"( )"中的左括号"("和右括号")"是成对出现的。

（3）**注意数据类型**。尽管在混合数据类型的运算中，C 编译器会将数据类型向表达式最高类型自动转换，但这种转换是有条件的。例如：

　　　1/2 * (3.0 + 4)

其结果为 0.0。这是因为编译器首先运算圆括号里的 3.0 + 4，由于 3.0 是 double 型实型，故结果也为 double 型，值为 3.4。此时表达式变为 1/2*3.4，按结合性应先运算 1/2，由于"/"运算符两侧的操作数都是整型，类型不会自动转换成 double，故其计算结果是整数 0，最后运算 0*3.4，由于 3.4 是 double 型，所以整个表达式的结果是 double 实数 0.0。

可见，只有当双目运算符两侧的操作数的类型不一致时，编译器才会对其进行类型的自动转换。为了保证计算结果的正确性，应尽可能地将操作数的类型写成表达式中的最高类型。即上述表达式应写成：

　　　1.0/2.0 * (3.0 + 4.0)

（4）**注意符号^**。数学中的符号^表示幂运算，而在 C 语言中，该符号表示位运算的**异或**操作，要注意它们的区别。例如，若有代数式：

　　　x^2 – e^5

则相应的 C 语言的表达式可写成：

　　　x * x – pow(2.718281828, 5.0)

或写成：

        $x * x - \exp(`5.0)$

pow 和 exp 都是在头文件 math.h 中定义的库函数。其中，库函数 pow 有两个参数 x，y，用来求其幂，即等于数学式 x^y。exp 函数用来进行以 e 为底的幂运算 e^x，x 是该库函数要指定的参数。

同时，作为技巧，对于数学式 x^2 或 x^3 等，应尽量使用连乘的形式（如 x*x 或 x*x*x），而不要调用库函数 pow，因为每次函数调用都要额外占用内存，且计算速度也比较慢。

2.6 赋值运算

在 C 语言中，赋值运算是使用赋值符 "=" 来操作的，它是使用最多的双目运算符之一。这里就**左值和右值**、**数值溢出**、**复合赋值**、**多重赋值**以及赋值过程中的**运算次序**等几个方面的内容来讨论。

2.6.1 左值和右值

赋值运算符 "=" 的作用是将赋值符右边操作数的值按左边的操作数的类型**存储**到左边的操作数所在的内存空间，显然，左边的操作数应是一个具有存储空间的变量。

例如，若有：

    const double PI = 0;   /* 这里的 "=" 是初值设定的特征符 */

    PI = 3.14159265;   /* **错误**：PI 不是一个左值 */

则在 Visual C++编译后，会出现错误提示："error C2166: l-value specifies const object"，意思是说，**左值**指定了一个常量类型（const）对象。再如：

    int a, b;

    a+b = 8;

编译后，会出现错误提示："error C2106: '=' : left operand must be l-value"，意思是说：赋值符 "=" 左边的操作数必须是**左值**。

> 严格来说，L-Value 中的 L 应该是 Locator（定位器）的意思。Locator 是早期语言 PL/1（由 IBM 在 20 世纪 60 年代中期研制）的概念，用于表示存储器或缓冲区中的一块特定的区域。"Locator Value" 即 "相应存储空间的值"。

那么，什么是 "左值" 呢？简单来说，出现在赋值运算符左边（Left）的操作数称为**左值**（L-Value，L 是 Left 的首字母），但它还必须满足下列两个条件：

（1）**必须是一个变量，不能是常量或表达式**。

（2）**变量的值必须可以改变**。

这就是说，用 const 定义的只读变量，由于它的值不能被改变，因此 const 变量不能作为左值。同样，表达式如 "a+b"、"−a"、"+a" 或 "a = b" 等都不能成为左值。

与左值相对的是**右值**，是出现在赋值运算符右边的操作数，它可以是函数、常量、变量以及表达式等，但右边的操作数必须可以进行**取值**操作或有具体的**值**。

2.6.2 数值截取和数值溢出

每一个合法的**表达式**在求值后都有一个确定的**值**和**类型**。赋值表达式的**值**是赋值符左边操作数的值，赋值表达式的类型是赋值符左边操作数的类型。简单地说，**赋值表达式的值和**

类型是左值的值和类型。例如：

```
float    fTemp;
fTemp = 18;                          /* fTemp 是左值，18 是右值 */
```

对实型变量 fTemp 赋值的表达式"fTemp = 18;"完成后，该赋值表达式的类型就是左值 fTemp 的类型 float，表达式的值经类型自动转换后变成 18.0f，即左值 fTemp 的值和类型。

显然，在赋值表达式中，当右值的数据类型低于左值的数据类型时，C 会自动进行数据类型的转换。如上面的 fTemp = 18。但若右值的数据类型高于左值的数据类型，且不超过左值的范围时，则 C 会自动进行**数值截取**。例如，若有"fTemp = 18.0;"，因为常量 18.0 被系统默认为 double 型，高于 fTemp 指定的 float 型，但 18.0 没有超出 float 型数值范围。因而此时编译后，会出现警告错误，但不会影响 fTemp 结果的正确性。

如果一个数值超出一个数据类型所能表示的数据范围时，则会出现**数值溢出**。数值溢出的一个典型的特例是当某数除以 0 时，编译器将报告错误并终止程序运行。而大多数情况下超出一个数据类型所能表示的数据范围的溢出在编译时往往不会报告错误，也不会引起程序终止，但会让运算结果产生偏差，在编程时需要特别小心。

【例 Ex_Over.c】   一个整型溢出的例子

```c
#include <stdio.h>
#include <conio.h>
int    main()
{
    short    nTotal, nNum1, nNum2;
    nNum1 = 1000;
    nNum2 = 1000;
    nTotal = nNum1*nNum2;
    printf( "%d\n", nTotal );
    return 0;
}
```

程序运行的结果如下：

16960

这个结果与我们想象中的 1 000 000 相差太远。这是因为，任何整型变量的值在计算机内部都是以二进制补码的形式来存储的，由于短整型数(short)为 16 位，最高位为符号位(正数为 0，负数为 1)，最大值为 32 767，nNum1*nNum2 的结果为 1 000 000，很显然超过了最大值，放入 nTotal 中，就必然产生高位溢出，也就是说，1 000 000 的二进制补码(1111 0100 0010 0100 0000)₂中只有靠右边的低 16 位(0100 0010 0100 0000)₂有效，由于符号位上是 0，所以结果是正的十进制数 16 960，如图 2.9 所示。

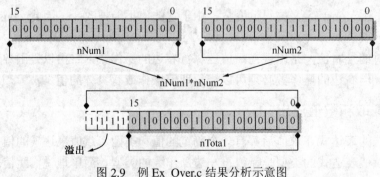

图 2.9   例 Ex_Over.c 结果分析示意图

再如：

```
short    n = -82895;
printf( "%d\n", nTotal );
```

结果为-17 359。这是因为根据-82 895 的大小，系统会默认它为长整型数（long，位长是 32 位），这样它的二进制补码就是(1111 1111 1111 1110 1011 1100 0011 0001)₂，当作为短整型（short，位长是 16 位）变量的初值时，只有靠右的低 16 位(1011 1100 0011 0001)₂有效。因符号位为 1，转化成原码时就变成(1100 0011 1100 1111)₂，即结果为-17 359，如图 2.10 所示。

解决数值溢出问题的最简单的方法是改变变量的数据类型。例如，将 short 类型改为整型（int）或长整型（long），或将整型改为实型等。例如：

```
long    n = -82895;
printf( "%d\n", nTotal );
```

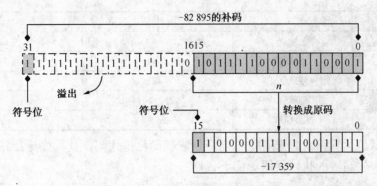

图 2.10　负整数的数值溢出

2.6.3　多重赋值

所谓**多重赋值**是指在一个赋值表达式中出现两个或更多的赋值符 "="，例如：

```
nNum1 = nNum2 = nNum3 = 100        /* 若结尾有分号 ";"，则表示是一条语句 */
```

习惯上，由于赋值符的结合性是**从右至左**的，因此上述表达式的赋值是这样的过程：首先对赋值表达式 nNum3 = 100 求值，即将 100 赋值给 nNum3，同时该赋值表达式的结果是其 nNum3 的值 100；然后将 nNum3 的值赋给 nNum2，这是第二个赋值表达式，该赋值表达式的结果是其左值 nNum2，值也为 100；最后将 nNum2 的值赋给 nNum1，整个表达式的结果是左值 nNum1。（由于这种习惯上的解释刚好与编译器内部解释的结果是一样的，所以这里沿用这种解释方式）

需要说明：

（1）上述运算次序不能人为地改变，否则由于表达式不能作为左值，因而会产生编译错误。例如：

```
(nNum1 = nNum2) = nNum3 = 100        /* 错误: 表达式 nNum1 = nNum2 不能作为左值*/
nNum1 = (nNum2 = nNum3 )= 100        /* 错误: 表达式 nNum2 = nNum3 不能作为左值*/
```

（2）赋值表达式几乎可以出现在程序中的任何地方，由于赋值运算符的等级比较低，因此这时的赋值表达式两边要加上圆括号。例如：

```
a = 7 + (b = 8)              /* 表达式值为 15，a 值为 15，b 值为 8 */
a = (c = 7 ) + ( b =.8)      /* 表达式值为 15，a 值为 15，c 值为 7，b 值为 8 */
```

（a＝6）＝（c＝7）＋（b＝8) /* 错误，（a＝6）是表达式，不能作为左值 */

2.6.4 复合赋值

在 C 语言中，规定了下列 10 种复合赋值运算符：

+=	加赋值	&=	位与赋值
−=	减赋值	|=	位或赋值
*=	乘赋值	^=	位异或赋值
/=	除赋值	<<=	左移位赋值
%=	求余赋值	>>=	右移位赋值

它们都是在赋值符"="之前加上其他运算符而构成的，其中的算术复合赋值运算符的含义如表 2.4 所示，其他复合赋值运算符的含义均与其相似。

表 2.4 复合赋值运算符

运 算 符	含 义	例 子	等 效 表 示
+=	加赋值	a += b	a = a + b
−=	减赋值	a −= b	a = a − b
*=	乘赋值	a *= b	a = a * b
/=	除赋值	a /= b	a = a / b
%=	求余赋值	nNum %= 8	nNum = nNum % 8

尽管复合赋值运算符看起来有些古怪，但它却简化了代码，使程序更加精练，更主要的是在编译时能产生高效的执行代码。需要说明：

（1）在复合赋值运算符之间不能有空格，例如，"+="不能写成"+␣="，否则编译时将提示出错信息。

（2）复合赋值运算符的优先级和赋值符的优先级一样，在 C 语言的所有运算符中只高于逗号运算符，而且复合赋值运算符的结合性也和赋值符一样，也是**从右至左**。为此，在组成复杂的表达式时要特别小心。例如：

　　　a *= b − 4/c + d

等效于：

　　　a = a * (b − 4/c + d)

而不等效于：

　　　a = a * b − 4/c + d

2.6.5 自增和自减

单目运算符自增（++）和自减（−−）为**左值**加 1 或减 1 提供了一种非常有效的方法，这里的左值可以字符型变量、整型变量、实型变量或其他合法类型的变量。下面就其一般使用方法、区别和注意事项等几个方面来讨论。

1．一般使用方法

自增（++）和自减（−−）都是单目（一元）运算符，它们的优先级较高，仅次于圆括号、下标等运算符，它们的结合性方向是**从右至左**。

自增（自减）运算符既可放在**左值**的左边也可以出现在**左值**的右边，分别称为**前缀**自增（自减）运算符和**后缀**自增（自减）运算符。例如：

```
int  i = 5;
i++;                          /* 合法：后缀自增，等效于 i = i + 1；或 i += 1; */
++i;                          /* 合法：前缀自增，等效于 i = i + 1；或 i += 1; */
i- -;                         /* 合法：后缀自减，等效于 i = i - 1；或 i - = 1; */
- -i;                         /* 合法：前缀自减，等效于 i = i - 1；或 i - = 1; */
5++; 或 ++5;                  /* 错误：5 是常量，不能作为左值 */
(i+1)++; 或++(i+1);           /* 错误：i+1 是表达式，不能作为左值 */
float   f1, f2 = 3.0f;
f1 = f2++;                    /* 合法：f1 的值为 3.0f，f2 的值为 4.0f */
(f1 = 5.0f)++;               /* 错误：f1 = 5.0f 是表达式，不能作为左值 */
```

2．前缀和后缀的区别

若前缀自增（自减）运算符和后缀自增（自减）运算符仅用于某个变量的增 1（减 1），则这两者是等价的。例如，若 a 的初值为 5，a++和++a 都将使 a 变成 6。但如果将这两个运算符和其他的运算符组合在一起，在求值次序上就会产生根本的不同：

● 如果用**前缀**自增（自减）运算符将一个变量增 1（减 1），则在将该变量增 1（减 1）后，用新的值在表达式中进行其他的运算。

● 如果用**后缀**自增（自减）运算符将一个变量增 1（减 1），则用该变量的原值在表达式进行其他的运算(如赋值)后，再将该变量增 1（减 1）。

例如：

```
a = 5;      b = ++a;           /* A：相当于 a = a + 1；  b = a; */
```

和

```
a = 5;      b = a++;           /* B：相当于 b = a；  a = a + 1; */
```

程序运行后，a 值的结果都是 6，但 b 的结果却不一样，前者（A）为 6，后者（B）为 5。

对于有前缀或后缀自增（自减）运算符的复合表达式，不同编译器的处理方式基本上是不一致的。若用自增（自减）运算符构成表达式，则越简单越好，最好是类似 "a++" 或 "++a" 这种表达式，以增强代码的可移植性。

2.7 sizeof 运算符

sizeof 是 C 语言中的单目运算符，优先级与后面要讨论的自增、自减运算符等相同，结合性**从右至左**。目的是返回操作数所占的内存空间大小（字节数），其格式如下：

> **sizeof(<表达式>)**
> **sizeof(<数据类型>)**

其中，**表达式**可以是常量、变量或其他表达式，**数据类型**必须是 C 语言合法的类型名。例如：

```
float f = 1.23f;
sizeof(f)                     /* 计算变量 f 所占内存的字节数，结果为 4 */
sizeof(float)                 /* 计算整型 float 所占内存的字节数，结果为 4 */
int a, b;
sizeof(a+b)                   /* 合法，计算表达式 a+b 的值所占内存的字节数 */
sizeof( 3 * 4 /5.0f )         /* 合法，计算 3 * 4 /5.0 的值所占内存的字节数，结果为 4 */
```

需要说明的是，由于同一类型的操作数在不同的计算机中占用的存储字节数可能不同，因此 sizeof 的结果有可能不一样。例如，sizeof(int)的值可能是 4，也可能是 2；ANSI C 结果为 2，而 Visual C++ 6.0 的结果为 4。

2.8 逗号运算符

逗号运算符 ","是**优先级最低**的运算符，它用于把多个表达式连接起来，构成一个逗号表达式，其结合性方向是**从左至右**。逗号表达式的一般形式为

> 表达式 1，表达式 2，表达式 3，…，表达式 *n*

在计算时，C 语言将从左至右逐个计算每个表达式，最终整个表达式的结果是最后计算的那个表达式的类型和值，即**表达式 *n* 的类型和值**。例如：

a = 1，b = a + 2，c = b + 3

该表达式依次从左至右计算，最后的类型和值为最后一个表达式 "c = b + 3"的类型和值，结果值为 6，类型为 c 的类型。

要注意逗号运算符 ","的优先级是最低的，必要时要注意加上圆括号，以使逗号表达式的运算次序先于其他表达式。例如：

j = (i = 12 , i + 8)

则整个表达式可解释为一个赋值表达式。圆括号中，i = 12 , i + 8 是逗号表达式，计算次序是先计算表达式 i = 12，然后再计算 i + 8。整个表达式的类型和值是左值 j 的类型和值（j 值为 20）。若不加上圆括号，则含义不一样。如下：

j = i = 12 , i + 8

显然，此时整个表达式只能解释为是一个逗号表达式，整个表达式的类型和值取决于 i+8 的类型和值。

2.9 位运算

位运算对操作数按其在计算机内表示的二进制数逐位地进行**逻辑运算**或**移位运算**，参与运算的操作数只能是**广义整型**（字符型或所有整型）**常量或变量**。

2.9.1 位逻辑运算

C 语言提供了 4 种位逻辑运算符：

~	按位求反，单目运算符
&	按位与，双目运算符
^	按位异或，双目运算符
|	按位或，双目运算符

除单目运算符 "按位求反（~）"以外，其余的位逻辑运算符都是双目的，且 "按位求反（~）"的优先级高于其余的位逻辑运算符，其余位逻辑运算符的优先级次序依次为："按位与（&）"、"按位异或（^）"和 "按位或（|）"。

1. 按位求反（~）

按位求反 "~"可将一个二进制数的每一位求反，即 0 变成 1，1 变成 0。例如，十六进制数 0x008A 按位求反后得 0xFF75，即~0x008A = 0xFF75，具体运算可以用下列式子表示：

$$(\sim) \quad \frac{0000\ 0000\ 1000\ 1010}{1111\ 1111\ 0111\ 0101} \quad \begin{matrix} 0x008A \\ 0xFF75 \end{matrix}$$

再如，十进制数 5 按位取反后得–6，具体运算可以用下列式子表示：

$$(\sim) \quad \frac{0000\ 0000\ 0000\ 0101}{1111\ 1111\ 1111\ 1010} \qquad \begin{array}{l} 5\ \text{的补码} \\ \\ -6\ \text{的补码} \end{array}$$

2. 按位与（&）

按位与"&"可将两个操作数的每个二进制位分别对应进行与操作。如果对应的两个二进制位都是"1"，则该位的"按位与"结果为"1"，否则为"0"。即 1&1 = 1, 1&0 = 0, 0&1 = 0, 0&0 = 0。例如，0x0019 & 0x0075 的结果是 0x0011。具体运算可以用下列式子表示：

```
      0000 0000 0001 1001      0x0019
( & ) 0000 0000 0111 0101      0x0075
      ─────────────────────
      0000 0000 0001 0001      0x0011
```

再如，7 & –5 的结果是 3，具体运算可以用下列式子表示：

```
      0000 0000 0000 0111      7 的补码
( & ) 1111 1111 1111 1011      –5 的补码
      ─────────────────────
      0000 0000 0000 0011      3 的补码
```

3. 按位或（｜）

按位或"｜"可将两个操作数的每个二进制位分别对应进行或操作。如果对应的两个二进制位都是"0"，则该位的"按位或"结果为"0"，否则为"1"。即 1｜1 = 1, 1｜0 = 1, 0｜1 = 1, 0｜0 = 0。例如，0x0019｜0x0075 的结果是 0x0011。具体运算可以用下列式子表示：

```
      0000 0000 0001 1001      0x0019
( ｜ ) 0000 0000 0111 0101      0x0075
      ─────────────────────
      0000 0000 0111 1101      0x003D
```

再如，7｜–5 的结果是–1，具体运算可以用下列式子表示：

```
      0000 0000 0000 0111      7 的补码
( ｜ ) 1111 1111 1111 1011      –5 的补码
      ─────────────────────
      1111 1111 1111 1111      –1 的补码
```

4. 按位异或（^）

按位异或"^"可将两个操作数的每个二进制位分别对应进行异或操作，相同为 0，不同为 1。即 1^1 = 0, 1^0 = 1, 0^1 = 1, 0^0 = 0。例如，0x0019 ^ 0x0075 的结果是 0x006C。具体运算可以用下列式子表示：

```
      0000 0000 0001 1001      0x0019
( ^ ) 0000 0000 0111 0101      0x0075
      ─────────────────────
      0000 0000 0110 1100      0x006C
```

再如，7 ^ –5 的结果是-4，具体运算可以用下列式子表示：

```
      0000 0000 0000 0111      7 的补码
( ^ ) 1111 1111 1111 1011      –5 的补码
      ─────────────────────
      1111 1111 1111 1100      –4 的补码
```

2.9.2 移位运算

C 语言提供了两种移位运算符：

<<	左移，双目运算符
>>	右移，双目运算符

左移运算符"<<"（两个<符号连写）可将左操作数的二进制值向左移动指定的位数，

它具有下列格式：

操作数<<移位的位数

左移后，低位补 0，移出的高位舍弃。例如：表达式 4<<2 的结果是 16（二进制数为 00010000），其中 4 是操作数，二进制数为 00000100，2 是左移的位数。

右移运算符">>"（两个>符号连写）可将左操作数的二进制值向右移动指定的位数，它的操作格式与"左移"相似，即具有下列格式：

操作数>>移位的位数

右移后，移出的低位舍弃。如果是无符号数则高位补 0；如果是有符号数，则高位补符号位（补 1）或补 0，不同的编译器对此有不同的处理方法，Turbo C 2.0 和 Visual C++ 6.0 均采用补符号位（补 1）的方法。例如，(-8)>>2，其移位过程如图 2.11 所示。

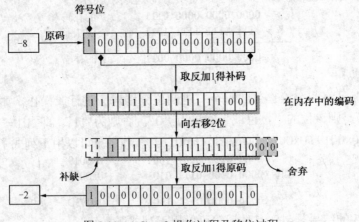

图 2.11　(-8)>>2 操作过程及移位过程

由于-8（16 位）的二进制补码是 1111 1111 1111 1000，当右移 2 位后变成 1111 1111 1111 1110，这是-2 的二进制补码，故该表达式的结果为-2。

需要说明的是，由于左移和右移运算速度比较快，因此在许多场合下用来替代乘以或除以 2 的 n 次方运算，n 为移位的位数。

2.10　综合实例：交换算法

所谓算法，简单地说，就是用程序来解决问题的方法和步骤。显然，交换算法就是研究解决如何交换的方法及其程序实现过程。事实上，程序这种处理问题的过程与日常生活中处理事情的过程是十分相似的，都是要按一定的步骤和相应的方法来处理的。例如，传统的邮寄一封信的过程可分为写信、写信封、贴邮票、投入信箱 4 步，这些步骤就可以看做是写信的算法。

在程序设计中，为了能准确地描述一个算法，常常可以用自然语言、程序语言和流程图等形式进行（以后还会讨论）。但对于简单的算法，用程序直接描述有时是最佳的。

交换是排序中经常要进行的操作之一，其目的是将两个变量的值互换。设有 int a = 10，b = 8；则交换的结果是 a = 8，而 b = 10。显然，若简单地令：

        a = b;
        b = a;

则是不行的。因为当 b 的值赋给 a 时，a 原来的值 10 变成了 b 的值 8，而再次执行"b = a"

时，b 的值是 a 的新值 8，而不是原来的 10。那么如何才能实现 a 值和 b 值的正确交换呢？

一般来说，实现交换的方法有 3 种：借用**临时变量**、借用**加减**运算和借用**异或**运算。

（1）借用**临时变量**。前面已讨论过：当将 b 的值赋给 a 时，a 原来的值就被新值刷新。为此，在赋值操作之前先用临时变量将其原来的值保存，这样就有：

```
int a = 10, b = 8, temp;        /* temp 用做临时变量 */
temp = a;                       /* 先将 a 原来的值保存 */
a = b;
b = temp;                       /* 将 a 原来的值赋给 b */
```

显然，为了保证数据的完好，temp 变量类型应与 a 和 b 的类型一致。从代码上看，temp，a 和 b 的赋值语句好似首尾相接，正因为如此，上述交换的赋值语句可以写在一行上。即

```
temp = a;        a = b;        b = temp;
```

事实上，若写成块结构的语句也是一样的（试比较与前面代码的区别）：

```
int a = 10, b = 8;              /* temp 用做临时变量 */
{                               /* 块的开始 */
int temp;
temp = a;        a = b;        b = temp;
}                               /* 块的结束 */
```

（2）借用**加减运算**。上述方法虽然简单，但要多定义一个变量，这就意味着需要更多的内存空间。为了避免使用临时变量，可借用**加减**或**异或**运算来达到交换的目的。先来看看下面的代码（A）：

```
int a = 10, b = 8;
b = a + b;              /* 将 a，b 的和存储到 b 中 */
a = b - a;              /* 此时 b-a 的结果是 b 的值 */
b = b - a;              /* 因 a 的值已是原来 b 的值，从而 b-a 的结果是原先 a 的值 */
```

代码中，首先借用加法运算将 a，b 值的**和**存储到 b 中，这是借用**加减**方法的关键。此时，b 变量的值为 18。当执行 "a = b - a;" 时，由于此时 "b - a" 中的 b=18，a=10，故 b - a 的结果为 8。而 8 是 b 原来的值，赋给 a 时，实质上就是将 b 的原来的值赋给了 a。巧妙的是下一句 "b = b - a;"，它也是将 b 设为 b-a 的值。而此时 "b - a" 中的 b=18，但此时 a 变成了 8（上一句的结果），故 b - a 的结果为 10。而 10 是 a 原来的值，赋给 b 时，实质上就是将 a 的原来的值赋给了 b，从而实现了 a 和 b 的交换。

当然，也可将 a，b 值的**和**存储到 a 中，但此时上面的代码就要变成（B）：

```
int a = 10, b = 8;
a = a + b;              /* 将 a,b 的和存储到 a 中 */
b = a - b;              /* 此时 a-b 的结果是 a 的值 */
a = a - b;              /* 因 b 的值已是原先 a 的值，从而 a-b 的结果是原先 b 的值 */
```

试分析 A 代码和 B 代码的区别，并总结借用加减运算实现交换算法的代码规律。

（3）借用**异或运算**。"异或" 运算符 "^" 是一种非常特别的位运算符，当用相同测试数对被测试数进行两次异或运算后，其结果仍为被测试数。例如，设被测试数的某二进制位为 0，则 (0^0) $^0 = 0$，$(0^1)^1 = 0$，也就是说，不管测试位的值是怎样的值，经过两次异或后

其结果仍保留被测试位的值。同样，$(1^{\wedge}0)^{\wedge}0 = 1$，$(1^{\wedge}1)^{\wedge}1 = 1$。借用"异或"的这种特性，可以实现 a 和 b 的交换，代码如下：

```
int a = 10, b = 8;
a = a ^ b;                    /* A */
b = a ^ b;                    /* B */
a = a ^ b;                    /* C */
```

列式验证，A 如下：

```
        0000 0000 0000 1010        a
(  ^  )  0000 0000 0000 1000       b
        0000 0000 0000 0010    结果 a = 2
```

B 如下：

```
        0000 0000 0000 1010        a
(  ^  )  0000 0000 0000 1000       b
        0000 0000 0000 1010    结果 b=10
```

C 如下：

```
        0000 0000 0000 1010        a
(  ^  )  0000 0000 0000 1010       b
        0000 0000 0000 1000    结果 a = 8
```

可见，上述代码可以使 a 和 b 的值能正确交换。事实上，异或运算只是比较两个操作数对应位是否不同，而与操作数左右位置无关，这就是说，b^a 和 a^b 的结果是一样的。这样，对于 A 语句来说，b=(a^b)^b=a^b^b=a，而对于 B 语句来说，a=(a^b)^a=(b^a)^a=b^a^a=b。

 若有 b = a ^ b; a = a ^ b; b = a ^ b; 则能否实现 a 和 b 的交换？为什么？若 a 和 b 是实型呢？

总之，在学习 C 语言的过程中，要理解数值的类型和运算符的操作方法、各种不同表达式的运算次序以及表达式的类型和值，要熟悉运算符的使用条件、结合性和优先级等。

在 C 语言程序中，变量中的数值可以通过 scanf 库函数从键盘来获取，也可以通过 printf 库函数将数据或表达式按一定的格式显示在屏幕中，第 3 章将要讨论。

习题 2

一、选择题

1. C 语言中允许的基本数据类型包括（　　）。

  A. 整型、实型、逻辑型　　　　　　B. 整型、实型、字符型

  C. 整型、字符型、逻辑型　　　　　D. 整型、实型、逻辑型、字符型

2. 在 C 语言中（以 16 位机为例），其基本数据类型的存储空间长度的排列顺序为（　　）。

  A. char < int < long int <= float < double

  B. char = int < long int <= float < double

  C. char < int < long int = float = double

  D. char = int = long int <= float < double

3. 下列 4 组（八进制或十六进制）常量中，正确的一组是（　　）。

A. 016　　0xbf　　017　　　　　B. 0abc　　017　　0xa

C. 010　　x11　　0x16　　　　　D. 0a12　　7FF　　−123

4. 下列 4 组整型常量中，合法的 1 组是（　　　）。

　　A. 160　　0xffff　　011　　　　　B. −0xcdf　　01a　　0xe

　　C. −01　　986012　　0668　　　　D. −0x48a　　2e5　　0x

5. 在 C 语言中，下列字符常量中合法的是（　　　）。

　　A. '\084'　　　　B. '\x43 '　　　　C. '\84'　　　　D. "\0'

6. 下列不正确的转义字符是（　　　）。

　　A. '\\'　　　　B. '\"'　　　　C. '074'　　　　D. '\0'

7. 当用#define　X　23.6f 定义后，下列叙述正确的是（　　　）。

　　A. X 是实型常数　　　　　　　　B. X 是实型常量

　　C. X 是一串字符　　　　　　　　D. X 是字符串常数

8. 当用 const int A = 9; 定义后，下列叙述正确的是（　　　）。

　　A. A 是整型常量　　　　　　　　B. A 是字符型常量

　　C. A 是整型变量　　　　　　　　D. A 是不定类型的常量

9. 若有"int i =9, j; j = i/2;"，则 j =（　　　）。

　　A. 4.5　　　　B. 4.500000　　　　C. 4　　　　　D. 5

10. 若有表达式"1 + 1.0 + 'a'"，则其结果是（　　　）类型的值。

　　A. int　　　　B. float　　　　C. char　　　　D. double

11. 若有"int a; a = 1 + 1.0 + 5/2;"，则 a 的值为（　　　）。

　　A. 4.500000　　B. 4　　　　C. 5　　　　　D. 4.000000

12. 下列运算符中，要求操作数必须是整数的是（　　　）。

　　A. /　　　　B. *　　　　C. %　　　　D. =

13. 以下不合法的赋值表达式是（　　　）。

　　A. y = 10　　B. y = a+b　　C. y++　　　D. y+x = 10

14. 与代数式 $\dfrac{x \times y}{u \times v}$ 不等价的 C 语言表达式是（　　　）。

　　A. x*y/u*v　　B. x*y/u/v　　C. x*y/(u*v)　　D. x/(u*v)*y

15. 若 int k=7, x=12; 则值为 3 的表达式是（　　　）。

　　A. x%=(k%=5)　　　　　　　　B. x%=(k−k%5)

　　C. x%=k−k%5　　　　　　　　D. (x%=k)−(k%=5)

16. 设变量 n 为 float 型，m 为 int 类型，则以下能实现将 n 中的数值保留小数点后两位，第 3 位进行四舍五入运算的表达式是（　　　）。

　　A. n=(n*100+0.5)/100.0　　　　B. m=n*100+0.5,n=m/100.0

　　C. n=n*100+0.5/100.0　　　　　D. n=(n/100+0.5)*100.0

17. 设以下变量均为 int 类型，则值不等于 7 的表达式是（　　　）。

　　A. (x=y=6,x+y,x+1)　　　　　B. (x=y=6,x+y,y+1)

　　C. (x=6,x+1,y=6,x+y)　　　　D. (y=6,y+1,x=y,x+1)

18. 若有"int a=1,b=2,c; c=a++ + b++;"，则 a,b,c 的值分别为（　　　）。

　　A. 1, 2, 3　　B. 2, 3, 5　　C. 2, 3, 4　　D. 2, 3, 3

19. 有如下程序，则输出的结果是（　　　）。

```
int x = 3, y = 3, z = 1;
printf("%d,%d\n", (++x, ++y), z + 2);
```

    A．3，4   B．4，2   C．4，3   D．3，3

20．sizeof(double)是（　　）。

    A．一个函数调用   B．一个双精度表达式

    C．一个整型表达式   D．一个不合法的表达式

21．若有以下程序段：

```
int x=20;
printf("%d\n",~x) ;
```

    则执行以上语句后的输出结果是（　　）。

    A．02   B．-20   C．-21   D．-11

22．以下叙述不正确的是（　　）。

    A．表达式 a&=b 等价于 a=a&b   B．表达式 a|=b 等价于 a=a|b

    C．表达式 a ~= b 等价于 a=a~b   D．表达式 a^=b 等价于 a=a^b

23．若有如下程序，则输出的结果是（　　）。

```
char a=5, b=3, c;
c = a^b>>2;
printf("%d,%d,%d\n", a, b, c);
```

    A．5，3，5   B．5，3，1   C．5，0，5   D．5，0，1

二、计算题

1．试将下列二进制数转换成十进制数。

    +101101.101，+1011，-10011，-01011

2．将下列十进制数转换成 8 位二进制数，再转换成八进制数和十六进制数。

    47，0.74，24.31，199

3．将下列十进制整数转换成 8 位二进制数原码和补码。

    20，-20，0，128

4．将下列十进制实数转换成 32 位单精度浮点格式。

    273.15，-9.8

5．设有"int x = 11;"则表达式(x++*1/3)的值为_____。

6．将 int 型变量 a 的低 8 位清 0，高 8 位不变的表达式可写成_____。

7．将 int 型变量 a 的低 8 位取反，高 8 位不变的表达式可写成_____。

三、简答题

1．下列常量的表示在 C 语言中是否合法？若不合法，指出原因；若合法，指出常量的数据类型。

    32767，   35u，   1.25e3.4，   3L，   0.0086e-32，   '\87'
    'a'，   '\'，   '①'，   '\96\45'，   .5，   5.

2．判断下列标识符的合法性，并说明理由。

    X.25   4foots   exam-1   Int   main
    Who_am_I   Large&Small   _Years   val(7)   2xy

3．下列变量说明中，哪些是不正确的？为什么？

    ① int m, n, x, y;   float x, z;

② char c1, c2;　　float a, b, c1;

四、编程题

1. 用 const 常量来代替圆周率 3.141 592 65，分别输入半径 40 和 928.335，求圆面积。要求先输出圆周率和半径，再输出其面积。试写出完整的程序。

2. 编程将两个 float 变量 x, y 的值交换。

3. 设 double 型变量 fData，值为 3.141 5，编程求出其整数部分和小数部分。

第 3 章 数据的输入/输出

在 C 语言中，输入/输出操作是根据"流"的机制来处理的。所谓**流**，是一个抽象的概念，数据从一个位置到另一个位置的流动，称之为**流**。当数据从键盘流入到程序中时，这样的流称为**输入流**，而当数据从程序中流向屏幕时，这样的流称为**输出流**。为了实现流的操作，C 的 stdio.h 头文件中定义了标准库函数 scanf 和 printf 用于流的格式输入/输出。

3.1 输出函数 printf 概述

随着操作系统的升级，早期文本模式的 DOS 系统已被现今图形模式的 Windows 所替代，以前的 DOS 输出设备"屏幕"概念也被替换成 Windows 下的控制台"窗口"概念。也就是说，Windows 下 C 程序中流的输出设备默认为控制台"窗口"。那么，怎样使用 C 中头文件 stdio.h 定义的库函数 printf 来输出信息呢？printf 中的格式又有什么作用呢？

3.1.1 库函数原型和调用

在 C 语言中，若在程序中调用库函数时，要将库函数定义的头文件通过#include 命令包含到程序中，这样程序中使用的库函数名才会是合法的标识符，且通过编译并连接时，C 系统还会将所用到的库函数的目标代码合并到源程序的目标代码中，形成可执行的 exe 文件。

可见，头文件是程序中使用 C 编译系统预定义库函数的一个接口文件。在头文件中，包含了可使用的预定义库函数的**函数原型**声明。所谓**函数原型声明**，又称**函数说明**，是用来标识函数的函数名称、返回类型以及该函数的**形式参数**（简称**形参**）的个数和类型的。这样，在程序调用时，就可根据库函数的原型声明，指定相对应类型的**实际参数**（简称**实参**），方便了程序中对库函数的调用。

但要注意的是，在调用这些库函数时，指定的实参数与库函数原型中的形参一一相匹配。例如，strlen 是在头文件 string.h 中定义的一个预定义库函数，用于获取字符串的长度，其函数原型如下：

    size_t   strlen(const char *s);

其中，函数名 strlen 前面的 size_t 是该函数的返回值类型，它是 unsigned int 类型的别名，参数 s 的类型是 const char *，它是字符串指针常量类型（以后还会讨论）。这样，在 strlen 实际调用时，可在形参 s 的位置处指定一个字符串常量或表示字符串的字符数组名或字符指针名等。当 strlen 执行后，返回字符串 s 中的字符个数。例如：strlen("AB\CD\t\0\n") 就是一个合法的 strlen 函数调用，执行后函数返回 5。

类似地，用于标准输出的库函数 printf 是在头文件 stdio.h 中声明的，它的函数原型如下：

    int printf(const char * format, [argument]···);

说明：

（1）形式参数 format 的类型是字符串指针常量类型 const char ＊，意味着在实际调用时该位置的实际参数应是一个字符串常量或是一个表示字符串的字符数组名或字符指针名等。

（2）"…"表示 argument 参数的个数和类型是可变的，称为**可变参数**或**变长参数**。它表示在实际调用时，该位置的实际参数既可以不指定，也可以是一个或多个参数，当需要指定多个实参时，这些参数之间要用逗号隔开。

（3）函数成功调用后，返回输出的字符个数若有错误，则返回一个负值。

例如，当不指定 argument 参数时，若有：

    printf("Kite, Kite!\n");
    printf("Fly to the sky!\n");

则输出的结果为

    Kite, Kite!
    Fly to the sky!

可见，format 指定的字符串就是输出到屏幕的内容。当然，库函数 printf 的功能远不止这些，因为 format 指定的字符串中还可以包含一个或多个**格式参数域**，所以库函数 printf 又称为**格式输出函数**。为叙述方便，将 format 指定的字符串称为**格式字串**，**本书做此约定**。

3.1.2 转义输出

在 printf 格式字串中，常常包含一些以 '\' 引导的特殊的**转义字符**（以前讨论过），用来控制 printf 在输出时的效果。这些**转义字符**实际上是模拟早期英文打字机的一些功能命令，若将控制台"窗口"看做是一张打印纸的话，则"窗口"的宽度就是打印纸可打印的宽度。由于早期的标准打印纸每行可打印 80 个字符，亦即 80 列，因此控制台"窗口"的宽度一般都为 80 个字符。为了更好地对齐行与行之间的字符，可将这 80 列分成 10 栏，每栏 8 个字符。这里每栏的栏首位置，又可称为 **Tab 位**。通常，默认打印总是从当前行的第 1 栏的第 1 个字符开始，即从行首开始。若按一次 Tab 键，则打印头跳至下一栏的首列，即跳至下一个 **Tab 位**。为了模拟 Tab 键的这种功能，C 语言允许在 printf 格式字串中使用'\t'（制表符）来实现。例如，有下列语句：

    printf("ab\tcd\n");

则先在第 1 行第 1 列输出 a，第 2 列输出 b，然后遇到'\t'，它的作用相当于按了一次 Tab 键，即跳到下一个水平制表位置。由于一个制表等于 8 列，因而下一个制表位置从第 9 列开始，所以在第 9 列输出 c，第 10 列输出 d，当遇到'\n'输出时，打印头换行，并移动到下一行（新行）的行首，结果如图 3.1 所示。

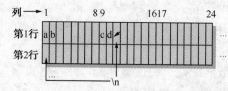

图 3.1　执行 printf（"ab\tcd\n"）的输出结果

类似地还有：

    \r   回车，返回当前行的行首
    \b   删除当前插入符前面的字符，相当按一次 Enter 键

3.1.3　格式参数域

printf 格式字串中除了转义字符外，还可有特殊的**格式参数域**。那么，什么是**格式参数域**呢？这里先来看以前出现过的代码：

```
double r, area;                    /* 定义变量 */
…
printf("圆的面积为：%f\n", area);
```

在 printf 函数**格式字串**"圆的面积为：%f\n"中，出现了与普通字符串不同的子串"%f"，它是由'%'符来引导的，这个子串就称为**格式参数域**，其中的"f"称为**基本类型转换符**。也就是说，每个**格式参数域**都是格式字串的一个子串，它从**引导符"%"**开始到**基本类型转换符**结束。例如：

```
printf("%d, %f\n", 10, 80.0f);
```

则格式字串"%d, %f\n"包含了两个格式参数域"%d"和"%f"。其中，"d"和"f"都是基本类型转换符。

需要说明：

（1）由于'%'是格式参数域的引导（开始）符，因而在格式字串中单独使用它是无意义的。同时，若要通过 printf 格式字串输出"%"符号，则应指定两个'%'字符以消除'%'符的引导作用，如下列代码：

```
printf("%%d100\n");
```

则输出的结果为：%d100

（2）格式字串中，除了格式参数域的内容"待定"外，其余字符（除转义字符外）均按普通字符原样输出。这样就可以在格式字串加上一些提示或说明的文字来加强输出的效果。例如：

```
printf("a = %d, b = %d", 8, 10);
```

则输出的结果为：a = 8, b = 10

3.1.4　域参匹配

一旦在格式字串中指定了格式参数域，就需要在 printf 函数的 argument 位置处指定实际参数来与之相匹配。例如：

```
printf("圆的面积为：%f\n", area);
```

则格式字串中的格式参数域"%f"与 argument 参数位置指定的 area 相匹配。再如：

```
printf("%d, %f\n", 10, 80.0f);
```

由于格式字串中指定了两个格式参数域"%d"和"%f"，那么在 argument 位置处就需要两个实际参数（参数之间用逗号隔开）先后与格式参数域相匹配。即 10 与"%d"相匹配，80.0f 与"%f"相匹配。

可见，格式参数域的参数匹配是一种**位置匹配**，即在格式字串中出现的第 n 个格式参数域与 argument 参数位置指定的第 n 个参数相匹配（$n=1,2,3,\cdots$）。

在匹配时，要注意以下两种特殊情况：

（1）若格式字串中指定了**格式参数域**，但后面的 argument 参数中却没有指定相应匹配的任何实际的参数，这种情况虽能在绝大多数编辑器中通过编译，但却是极其危险的。例如：

```
printf("圆的面积为：%f\n");
```

将会导致严重的运行错误，如运行意外中断、死机或计算机重启等。

（2）若格式字串中没有指定任何**格式参数域**，但后面的 argument 中却有实际的参数，这种情况是合法的。只不过，编译器将忽略后面所指定的参数。例如：

    printf("圆的面积为：\n", 314.159000);

中的 314.159000 将被忽略。这是可变参数函数调用的一种常见语法现象，但对于固定参数的函数调用来说，指定的实际参数和函数原型中说明的参数在个数和类型上应一一对应，否则无法通过编译。

另需说明的是，在 argument 中指定的匹配的实际参数除了常量外，还可以是变量或表达式，甚至是有返回值的函数调用等。例如：

    int a = 3, b = 20;
    printf("%d, %d", a+b, strlen("ab"));   /* A */

与第 1 个格式参数域"%d"匹配的是表达式 a+b，与第 2 个格式参数域"%d"匹配的是函数 strlen("ab")调用后返回的值。

3.2　数据的格式输出

事实上，printf 函数中的格式参数域就好比是嵌入在格式字串中的一个"域变量"，其实际的内容是将匹配的参数值按指定的格式转换成一个子串。例如：

    printf("%d, %d", 8, 10);

输出的结果为

    8, 10

可见，只有格式参数域的内容才会被转换后的子串所替换，而其余字符（除转义字符外）均按普通字符原样输出。那么，格式参数域的内容是怎么被转换后的子串替换的呢？转换的子串与格式参数域的格式又有什么关系呢？

3.2.1　基本类型格式

前面说过，凡格式字串中出现的"以引导符%开始的，以基本类型转换符结束"的子串都是**格式参数域**。那么，用于格式参数域子串的结尾的**基本类型转换符**究竟有哪些呢？

1．基本类型转换符

在 C 程序中，经常要用到整型（integer）、实型（浮点型，float）、字符型（char）和字符串（string）型等 4 种类型的数据。其中，整型还可有十进制（decimal）、八进制（octal）和十六进制（hex），实型又有小数点格式和指数格式。为了能在格式参数域中表征上述数据类型，ANSI C 语言规定了如表 3.1 所示的基本类型转换符。

表 3.1　基本类型转换符

基本类型转换符		对应的类型名	说　明
整型	d, i	int, signed [int]	表示十进制的有符号整型
	u	unsigned [int]	表示十进制的无符号整型
	o（小写字母 o）	unsigned [int]	表示八进制的无符号整型
	x（小写字母）	unsigned [int]	表示十六进制的无符号整型，对于 10～15 的数使用小写的 a～f 来表示
	X（大写字母）	unsigned [int]	表示十六进制的无符号整型，对于 10～15 的数使用小写的 A～F 来表示

基本类型转换符		对应的类型名	说　　明
浮点型	e	float, double	小写形成的e格式，即科学记数法（指数形式）中的e是小写的
	E	float, double	大写形成的E格式，即科学记数法（指数形式）中的E是大写的
	f	float, double	小数形式的实型格式
	g	float, double	去掉e格式和小数格式中数字后面没有意义的0
	G	float, double	去掉E格式和小数格式中数字后面没有意义的0
c（小写字母）		Char	表示单个字符
s（小写字母）		字符串	表示字符串

需要说明：

（1）由于基本类型转换符是格式参数域子串的结束符，因此一个格式参数域只能有一个基本类型转换符，若同时出现两个或以上的基本类型转换符，则只有第1个有效。例如：

```
printf("%ui\n", 100);
```

则输出的结果是100i而不是100，即有效的格式参数域子串为"%u"，i成了普通字符。

（2）尽管表中基本类型转换符 d 和 i 的含义是一样，但 d 强调整型的进制是十进制（**d**ecimal），而 i 强调数据的类型是整型（**i**nteger）。

2. 类型转换的本质

由引导符%和基本类型转换符可以构成最简单形式的格式参数域。例如%d，%o 和%x 等。那么它们是如何转换的呢？

当 printf 函数执行时，它首先判断格式字串中是否存在格式参数域，如果有，就在 argument 参数中提取匹配的参数值，然后将参数值按格式参数域中指定的格式转换成实际输出的字符序列，即实际输出的子串，并替换格式参数域的内容，最后输出格式字串中的内容。

可见，对于有格式参数域的输出，printf 函数执行的过程是：识别—匹配—提取—转换—替换—输出。对于格式参数域的识别和匹配，前面已讨论过，这里不再重复，那么后面几个步骤是如何实现的呢？例如：

```
int a = -8;
printf("%o\n", a);
```

其中，格式参数域"%o"匹配的参数是变量 a，a 值为-8。当"提取"时，printf 并不是直接提取-8 这个值，而是从 a 变量的内存空间中提取，即提取-8 的机内码（二进制补码）$(1111\ 1111\ 1111\ 1000)_2$，接着按 o 格式"转换"，即转换为八进制$(177770)_8$，然后用"177770"这个子串替换"%o"并填充到格式字串中，这样格式字串的实际内容就变成了"177770\n"，最后输出的结果为：177770。若匹配的参数不是变量，而是常量，例如：

```
printf("%o\n", -8);
```

则输出结果仍为 177770。

可见，不管格式参数域匹配的参数是常量还是变量，printf 函数执行提取操作时总是从其内存空间中提取，且提取的值是机内格式的。只有理解这一点，才能明白格式参数域实际输出的结果。例如：

```
int a = -8;
printf("%u, %x\n", a, a);
```

想一想输出的结果会是什么？由于格式参数域"%u"和"%x"匹配的参数都是变量 a，从其内存空间中提取的都是-8 的机内码（1111 1111 1111 1000）$_2$，但转换格式不一样，u

格式是将其转换成无符号的十进制数，由于此时最高位的符号位被当做数据位，因而（1111 1111 1111 1000）₂转换成十进数就是 65 528。而 x 格式是转换成十六进制数，即（1111 1111 1111 1000）₂转换成 fff8。故输出的结果为

65528, fff8

可见，不同基本类型转换格式后的子串内容是不一样的。

3．基本整型格式

用于最简单格式的整型参数域可以有%d，%i，%u，%o，%x 和%X 共 6 种形式，其中 %d 和%i 作用相同，都是将提取的机内码转换成十进制整数；%x 和%X 作用也是一样的，都是将提取的机内码转换成十六进制整数，但对于 10～15 的数码，%x 用小写字母 a～f 来表示，而%X 用大写字母 A～F 来表示。需要说明：

（1）只有%d 或%i 格式可以输出带负符"–"的十进制整数，而其他格式均无法输出负符，即使是负的整数。

（2）基本整型格式符仅用于 int 内存空间的提取和转换操作。也就是说，无论多么大的整数，基本整型格式符只能提取低位的 2 字节（ANSI C）内存单元的机内值。例如：

```
printf("%x\n", 0x778899aabbcc);
```

则输出结果为：bbcc，但在 Visual C++ 6.0 中的输出结果为：99aabbcc。

4．基本实型格式

用于最简单格式的实型参数域可以有%f，%e，%E，%g 和%G 共 5 种形式。

（1）%f：它是将提取的机内码转换成**小数形式**的浮点数，且小数点后面默认为 6 位有效数字，不足 6 位，后面用 0 补齐。例如：

```
printf("%f\n", 8.0f);
printf("%f\n", 8.1234f);
```

输出结果为

```
8.000000
8.123400
```

（2）%e 和%E：它们都是将提取的机内码转换成**指数形式**的浮点数，即以前介绍过的 e 指数格式。使用%e 时，指数 e 是小写字母，而使用%E 时，指数 e 是大写字母 E。例如：

```
printf("%e\n", 80.0f);
printf("%E\n", 80.1234f);
```

在 Visual C++ 6.0 中输出的结果为

8.000000e+001

8.012340E+001

（3）%g 和%G：它们都是将提取的机内码转换成**紧凑格式**的数据，若紧凑格式是 e 指数格式，则使用%g 时，指数 e 是小写字母，而使用%G 时，指数 e 是大写字母 E。

【例 Ex_FmtG.c】 %g 和%G 的用法

```
#include <stdio.h>
#include <conio.h>
int main()
{
    double d1 = 123456.123456789;
    double d2 = 10.123456789;
```

```
            double d3 = 2.1E3;
            double d4 = 1000.123456789E6;
            printf( "%%g \t= %g\n", d1 );
            printf( "%%G \t= %G\n", d1 );
            printf( "%%g \t= %g\n", d2 );
            printf( "%%G \t= %G\n", d2 );
            printf( "%%g \t= %g\n", d3 );
            printf( "%%G \t= %G\n", d3 );
            printf( "%%g \t= %g\n", d4 );
            printf( "%%G \t= %G\n", d4 );
            return 0;
      }
```

程序运行结果如下：

%g	=123456
%G	=123456
%g	=10.1235
%G	=10.1235
%g	=2100
%G	=2100
%g	=1.00012e+009
%G	=1.00012E+009

从结果中可以看出：

① "%g" 和 "%G" 是将提取的机内码按最少有效位（6 位）来转换的。所谓有效位，GB 8170—1987 给出的定义是，对没有小数位且以若干个零结尾的数值，从非零数字最左 1 位向右数得到的位数减去无效零（即仅为定位用的零）的个数；对其他十进位数，从非零数字最左 1 位向右数而得到的位数，就是有效位数。例如，若有数 35 000，其本身的有效位数为 5，若写成 350e2，则有效位数为 3 位，写成 35e3 时，则有效位数为 2 位。再如，3.2，0.32，0.032，0.0032 均为 2 位有效位数。

② "%g" 和 "%G" 将提取的机内码按数值的大小在整数形式、小数形式和指数形式之中进行选择。例如，d1 的值是 123 456.123 456 789，其值没有超过 1E6，故仍使用小数形式，但整数部分已有 6 位有效位数，从而输出 123456，后面的小数按四舍五入舍去。再如，d3 的值是 2.1E3，其值为 2100.0，因没有超过 1E6，故仍使用小数形式，但小数点后面的 0 对数值的大小没有影响，舍去后输出 2100。

③ 对于超过 1E6 或小于 1E-6 的实数来说，"%g" 和 "%G" 将按标准 e 或 E 指数形式输出，即 "%g" 对应于小写 e 格式，而 "%G" 对应于大写 E 格式。其中 e 或 E 前面部分的有效位是 6 位，且该部分中小数点前面只能有 1 位不为 0 的数。如 1.00012e+009 就是一个标准 e 指数形式的实数。

分析 "printf("%g", 0.00012345);" 的输出结果

5．基本字符型格式

用于最简单格式的字符型参数域只有 "%c" 这一种形式，它只从 1 字节的内存单元中提取机内码，然后转换成相应 ASCII 值的字符。例如：

```
printf("%c\n", 65);
```

输出的结果为：A。再如：

```
printf("%c\n", 1872);
```

由于 1872 在机内存储时需要 2 字节（ANSI C），机内码为（0000 0111 0101 0000）$_2$，但 "%c" 只能提取最低的 1 字节的机内码，即(0101 0000) $_2$=(80)$_{10}$，故输出的是 ASCII 值为 80 的字符 P。

6．基本字符串格式

用于最简单格式的字符串参数域也是只有 "%s" 这一种形式，匹配的参数可以是由双引号括起来的字符串常量，或表示字符串的字符数组名、字符指针变量名等。例如：

```
printf("hello, %s\n", "world!");
```

输出的结果为：hello, world!

3.2.2　类型修饰符

在基本数据类型中，整型和浮点型还有各自的具体类型，例如，整型除了 int 外，还有 short 和 long 之分；浮点型除了 float 外，还有 double 和 long double 之分。这些不同的具体类型的区别在于它们表示数据时所使用的内存单元的字节数的不同。

为了在 printf 格式字符串进行格式转换时能精确地反映数据所占的内存空间的不同大小，允许在格式参数域的基本类型符的前面加上 h，l，L，ll 和 LL 等类型修饰符。其中，h 表示 short 的含义，l 或 L 表示 long 的含义。

1．修饰基本整型格式

对于整型格式参数域来说，除了基本整型转换格式外，还可有下列转换格式：

%hd, %hi	表示 short 类型
%hu	表示 unsigned short 类型
%ld, %Ld, %li, %Li	表示 long 类型
%lu, %Lu	表示 unsigned long 类型
%ho, %hx, %hX	表示 short 类型的八进制、十六进制的无符号整数
%ho, %hx, %hX	表示 short 类型的八进制、十六进制的无符号整数
%lo, %lx, %lX	表示 long 类型的八进制、十六进制的无符号整数
%Lo, %Lx, %LX	表示 long 类型的八进制、十六进制的无符号整数

下面来看一个示例，请读懂并分析其运行结果。

【例 Ex_FmtInt.c】　不同整型的格式化输出

```
#include <stdio.h>
#include <conio.h>
int main()
{
    unsigned long lData = 0x8899AABB;
    printf( "%hd\n", lData );
    printf( "%hi\n", lData );
    printf( "%d\n", lData );
    printf( "%ld\n", lData );
    printf( "%Ld\n", lData );
    printf( "------------------\n");
    printf( "%hu\n", lData );
```

```
        printf( "%u\n", lData );
        printf( "%lu\n", lData );
        printf( "------------------\n");
        printf( "%hx\n", lData);
        printf( "%x\n", lData);
        printf( "%X\n", lData);
        printf( "%lx\n", lData );
        printf( "%LX\n", lData );
        printf( "------------------\n");
        printf( "%ho\n", lData );
        printf( "%o\n", lData );
        printf( "%lo\n", lData );
        return 0;
    }
```

程序运行结果如下：

```
-21829
-21829
-2003195205
-2003195205
-2003195205
----------------------
43707
2291772091
2291772091
----------------------
aabb
8899aabb
8899AABB
8899aabb
8899AABB
------------------
125273
21046325273
21046325273
```

从结果可以看出：若转换类型的位长（字节数）小于实际数据类型时，则按转换类型的位长来提取被转换数据。例如，当转换类型为%hd（有符号短整型）时，由于它的位长是 2 字节，因而它先截取 lData（0x8899AABB）的低 16 位（2 字节）的值，即 0xAABB，然后将 0xAABB 转换成%hd（有符号短整型），得到的值为十进制数-21 829。最后替换格式字串中的"%hd"，并将替换的格式字串输出到屏幕上，其过程如图 3.2 所示。

2．修饰基本实型格式

对于基本实型转换格式来说，也可使用 ANSI C 中 h，l 和 L 等类型修饰符。但当实型类型转换符的前面 l 或 h 时，一般仅为语法设置，没有实际意义。例如，"%le"，"%lE"，"%lf"和"%e"，"%E"，"%f"是一样的结果。也就是说，只有大写 L 才是基本实型转换格式符的类型修饰符，此时表示的类型是 long double，例如"%Lf"，"%LE"等。

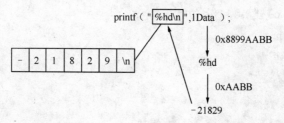

图 3.2　格式转换输出过程

【例 Ex_FmtF.c】　实型的格式化输出

```
#include <stdio.h>
#include <conio.h>
int main()
{
    double fData = 12345.123456789;
    printf( "%%e \t= %e\n", fData );
    printf( "%%E \t= %E\n", fData );
    printf( "%%f \t= %f\n", fData );
    printf( "%%Le \t= %Le\n", fData );
    printf( "%%LE \t= %LE\n", fData );
    printf( "%%Lf \t= %Lf\n", fData );              /*语句 A*/
    printf( "%%le \t= %le\n", fData );
    printf( "%%lE \t= %lE\n", fData );
    printf( "%%lf \t= %lf\n", fData );
    return 0;
}
```

程序运行结果如下：

%e	=1.234512e+004
%E	=1.234512E+004
%f	=12345.123457
%Le	=1.234512e+004
%LE	=1.234512E+004
%Lf	=12345.123457
%Le	=1.234512e+004
%LE	=1.234512E+004
%Lf	=12345.123457

需要说明的是，若 C 编译系统表示 long double 和 double 的位长不一样，则将由于浮点格式的阶码和尾数位长的不一样而导致输出结果的不同。不过，在 Visual C++中，不同位长的浮点格式转换时，只改变值的精度，而不改变值的结果。

3. 修饰基本字符型格式

对于基本类型转换符 c，仍然可以使用 h 和 l 来修饰（有的编译器不支持或部分支持）。要注意：当字符转换成整型输出时，由于字符是 8 位二进制数，转换成 16 位或 32 位二进制数时，最高位部分需要补 0 或补 1。一般来说，当 8 位二进制整数的符号位（最高位）为 1 时，转换成 16 位或 32 位时前面的高位部分全部补 1，否则，全部补 0。例如，8 位的

0xa0，转换成 32 位时，结果为 0xffffffa0，即有符号的整数–96。

【例 Ex_FmtCS.c】 %c 和%s 的用法

```
#include <stdio.h>
#include <conio.h>
#include <Windows.h>
int main()
{
    char ch1 = '\xa0';
    char ch2 = 'A';
    SetConsoleOutputCP(437);
    printf( "%c\n", ch1 );
    printf( "%hc\n", ch1 );
    printf( "%lc\n", ch1 );
    printf( "%d\n", ch1 );
    printf( "%x\n", ch1 );
    printf( "%c\n", ch2 );
    printf( "%hc\n", ch2 );
    printf( "%lc\n", ch2 );
    printf( "%s", "Press any key to continue…\n" );
    return 0;
}
```

程序运行结果如下：

```
ȯ
ȯ

–96
ffffffa0
A
A
A
Press any key to continue…
```

分析和说明：

（1）对 Visual C++ 6.0 来说，其输出的控制台屏幕是兼容的 DOS 窗口，为了保证扩展 ASCII 字符显示的正确性，需要在程序中调用 windows.h 头文件定义的库函数 SetConsoleOutputCP，将控制台页面号设定为 437（英语）。

（2）Visual C++ 6.0 并不支持"%lc"。

3.2.3 宽度和精度

在 printf 的格式字串中，对于**格式参数域**，还可在"%"之后、类型转换符（包括类型修饰符）之前加上宽度和精度的控制，格式如下：

> % [*m.n*][类型修饰符]基本类型转换符

其中，*m.n* 是宽度和精度的控制格式。*m* 和 *n* 都是整数，其中，*m* 表示宽度，*.n* 表示精度。例如，"10.8"、"10"、"10." 和 ".8" 都是实际的合法的 "*m.n*" 格式。

1. 宽度（m）

所谓**宽度**，即格式参数域实际替换填充时可以容纳的最大字符个数，又称为格式参数域的**长度**。这就是说，宽度 m 用来指定**格式参数域**的长度。若实际转换的子串长度**大于** m，则将实际字符串全部替换并填充到**格式参数域**中；若转换的字符串长度**小于** m，则将实际字符串靠右替换并填充到**格式参数域**中，前面不足的部分，用默认的**空格**来补足。

【例 Ex_FmtM.c】 宽度控制

```c
#include <stdio.h>
#include <conio.h>
int main()*
{
    printf( "0123456789\n" );
    printf( "%10c\n", 'A' );
    printf( "%10d\n", -80 );
    printf( "%10d\n", 80 );
    printf( "%10f\n", -80.0f );
    printf( "%10f\n", 80.0 );
    printf( "%10e\n", -80.0 );
    printf( "%10s\n", "80.0f" );
    return 0;
}
```

程序运行结果如下：

```
0123456789
         A
       -80
        80
-80.000000
80.000000
-8.000000e+001
     80.0f
```

2. 精度（.n）

这里的精度用来控制填充到格式字串的参数域中的有效位数。对于实数来说，它用来控制小数点后面的位数；对于整数来说，若整数位数大于 n，则按整数实际全部填充，若位数小于 n，则整数前面用 0 来补足；对于字符串来说，用来指定填充的字符个数，即字符串中的前 n 个字符是**格式参数域**中有效的替换子串。例如：

【例 Ex_FmtN.c】 精度控制

```c
#include <stdio.h>
#include <conio.h>
int main()
{
    printf("%10.3c\n", 'A');
    printf("%10.3s\n", "ABCDEFG");
    printf("%10.5d\n", 80);                    /* 语句 A */
    printf("%10.3f\n", 80.56789f);
    printf("%10.0f\n", 80.56789f);             /* 语句 B */
```

```
        printf("%10.f\n", 80.56789f);               /* 语句 C */
        printf("%10.3g\n", 80.56789f);              /* 语句 D */
        return 0;
    }
```

程序运行结果如下：

```
         A
       ABC
     00080
    80.568
        81
        81
      80.6
```

从中可以看出：

（1）对于字符类型转换来说，精度（.n）对填充的结果没有影响。

（2）当整数填充的位数不够指定的精度（.n），则在前面用 0 来补足。例如，语句 A 的结果是 00080。

（3）对于 g 或 G 类型转换来说，精度（.n）用来指定整个数据的有效位数（除小数点外）。例如，语句 D 的结果是 80.6。

（4）当精度（.n）指定为 0 时，对于实数来说，只用其整数部分来填充，对于整数则无影响。

（5）在 Visual C++中，"%10.f" 和 "%10.0f" 的含义是一样的，都是指定精度（.n）为 0。

3.2.4　对齐、前缀及填充符

除了前面所说的类型转换符、宽度和精度之外，C 语言还允许在 printf 格式字串的格式参数域中，指定一些标志符，如 "–"、"+"、"#"、"0" 和 "␣" 等。指定时，它们必须紧随 "%" 之后，格式如下：

> % [标志符][*m.n*][类型修饰符]基本类型转换符

这些标志符用来指定一些特殊的输出格式，如表 3.2 所示。其中，"–" 用于左对齐，"0" 用来设定填充符为数字 0 字符，"+" 和 "#" 用于前缀，"␣" 用于符号位，等等。

表 3.2　格式输出标志符

标志符	指定后的结果	默认结果
–	在指定的宽度中，输出的内容靠左对齐	靠右对齐
+	强制输出符号，正数前面输出 "+"，负数前面输出 "–"	正数前面没有符号，负数前面输出 "–"
#	对 c，d，i，u 和 s 类型输出不起作用 对于 o，x 或 X 类型输出来说，它在非零数前面相应地添加前缀 0，0x 或 0X 对于 e，E 和 f 类型输出来说，它强制出现小数点 对于 g 或 G 类型输出来说，它强制出现小数点，从而避免小数尾部 0 被舍去	没有前缀 小数点视小数出现而出现 小数尾部 0 被舍去
0	在指定输出宽度时，数据前面的不足部分用 0 来补齐，若还出现 "–" 标志，则 "0" 标志不起作用	不足部分用空格来补齐
␣	强制使用符号 "位"，正数前面输出 "␣"，负数前面输出 "–"	正数前面没有符号

```c
#include <stdio.h>
#include <conio.h>
int main()
{
    int      nData = 900;
    float    fData = 900.123f;
    printf("01234567890123456789\n");
    printf("%-10.3d\n", nData);
    printf("%-+10.3d\n", nData);
    printf("%+-10.3d\n", nData);
    printf("%010d\n", nData);
    printf("%#10.5x\n", nData);
    printf("%020.5x\n", nData);
    printf("%#020.5x\n", nData);
    printf("%0#20.5x\n", nData);            /* 语句 A */
    printf("%#20.5g\n", fData);
    printf("%-20.10G\n", fData);
    printf("%-20.5f\n", fData);
    printf("%-20.5f\n", fData);
    return 0;
}
```

程序运行的结果如下所示，可以看出：当有**多个输出标志符**同时指定时，它们的前后次序对于绝大多数编译器来说是没有区别的。但在 Turbo C 2.0 中，"#"和"0"输出**标志符**同时指定时，需要将"#"放在"0"之前，否则无法识别，一旦无法识别，则该格式参数域也就不起作用了，这些字符也就成了一般的普通字符：

```
01234567890123456789
900
+900
+900
0000000900
   0x00384
             00384
          0x00384
          0x00384
           900.12
900.1229858
 900.12299
 900.12299
```

3.2.5　单字符输出 putchar

对于单个字符（包含转义字符）的输出，除了使用 printf 的"%c"外，还可以直接使用 C 语言头文件 stdio.h 中定义的 putchar 库函数，其函数原型如下：

```
int putchar( int c );
```

其中，参数 c 可以是一个字符型常量或变量，也可以是一个取值不大于 255 的整型常量或变量。例如，下面 3 条 putchar 调用语句，结果都是输出字符'A'：

putchar('A');   putchar(65);   putchar(0x41);

若是：putchar('\n'); 则结果是按 Enter 键换行。

3.3 格式输入函数 scanf

通过键盘向程序输入数据是计算机中最常用，也是最重要的标准输入方式。在 C 语言中，为了支持键盘输入方式，在头文件 conio.h 和 stdio.h 中分别就控制台窗口和通用设备（包括文件）这两大类的设备定义了与键盘相关的输入库函数。其中，scanf 库函数被用来作为带有格式的标准输入。要注意，键盘产生的是字符序列，又称为**输入字符流**。

3.3.1 scanf 函数功能

用于标准输入的库函数 scanf 是在 C 语言头文件 stdio.h 中定义的，其函数原型如下：

```
int scanf( const char *format [, argument]···);
```

其中，参数 format 用来指定一个可以包含**输入格式参数域**的字符串，它的含义与 printf 基本相同，格式字串中每个**输入格式参数域**也是"以引导符%开始的，以基本类型转换符结束"的一个子串。

argument 是可选的变长参数，用来指定与输入格式参数域相**对应**的参数，它们也是位置对应关系。但与 printf 不同的是：这里的 argument 所指定的实际**对应**的参数必须是一个内存空间的地址，通常是变量的地址。在 C 语言中，一个变量的地址是通过在变量名前面加上"&"运算符而获得的。例如：

scanf("%d%d%d", &a, &b, &c);

&a 与第 1 个%d 相对应，&b 与第 2 个%d 相对应，&c 与第 3 个%d 相对应。需要说明的是，函数 scanf 调用中，格式字串必须至少包含一个**输入格式参数域**，否则 scanf 调用将不起作用，下面先来看一个简单的示例。

【例 Ex_SFSim.c】 scanf 的简单使用

```
#include <stdio.h>
#include <conio.h>
int main()
{
    int a = 8;
    scanf("%d", &a );                /* 语句 A，&a 是变量 a 的地址 */
    printf( "a = %d\n", a );
    printf( "a = %#x\n", a );
    return 0;
}
```

代码中，语句 A 是一个 scanf 函数调用语句，输入格式参数域"%d"与地址参数&a 相对应。当程序运行后，执行到 scanf 语句时，系统等待输入，当输入 123 并按 Enter 键后，输入结束，scanf 将输入的 123 按 scanf 格式字串中指定的%d（整型）格式进行转换，然后将转换后的整数 123 按机内格式从变量 a 所对应的内存空间的首地址（&a）开始依次存放。程序的运行结果如下：

```
123↵
a=123
a=0x7b
```

可见，当 scanf 格式字串中包含**输入格式参数域**时，则 scanf 执行时可以详细分成这样几个步骤：等待输入→识别→提取→转换→存储。即

① **等待键盘输入**，当用户输入字符流且确认后，执行下一步。

② 按格式字串中输入格式参数域指定的格式从输入字符流中验证、**识别**并**提取**有效字符序列（有效子串）。不管提取是否完全成功，只要存在有效字符序列就会继续执行下一步，否则 scanf 调用终止。

③ 将提取的有效字符序列按输入格式参数域指定的格式**转换**成相应类型的数据。

④ 将数据**存储**到以指定的首地址开始的内存空间中。

可以看出，scanf 函数的调用执行并非是 printf 函数的逆过程。需要说明：

（1）在 scanf 验证、识别输入的字符流时，若遇到无法识别的字符，则识别终止，已识别的字符序列就是当前有效的字符序列。例如，若上述程序运行后，输入"0x123"并按 Enter 键，则结果是

```
0x123↵
a=0
a=0
```

分析：由于 scanf 中的输入格式参数域为%d，即获取十进制整数，因此它只能识别 0～9 数码以及+，−符号字符，对于小数点以及其他字符等都无法识别。也就是说，由于 x 字符无法识别，因而获取的有效字符序列是 x 前面的字符序列，即"0"，然后将"0"按%d 转换成十进制整数 0，最后将 0 存储到&a 地址开始的内存单元中。这样，变量 a 的值为 0。

（2）若在上述程序运行后，输入 ab 并按 Enter 键，则结果是

```
ab↵
a=8
a=0x8
```

分析：按%d 格式，scanf 无法识别 a 或 b 字符，因而无法获取有效的字符序列，转换和填充也就自然终止。这就是说，变量 a 的值仍是原来的初值，若 a 的初值没有指定，则 a 的值是一个无效值。

（3）若将上述程序中的 scanf("%d", &a)修改成 scanf("%hd", &a)。则运行后，若输入 1234567 并按 Enter 键，则结果是

```
1234567↵
a=54919
a=0xd687
```

分析：由于"1234567"是%hd 的有效字符序列，因此转换成整数 1 234 567，其十六进制数码是 0x12d687。但由于%hd 格式（后面还会说明）的整型只占 2 字节的内存空间，故填充时只有低位的 0xd687 填充到相应的内存单元中。

从上面的讨论可以看出 printf 和 scanf 的格式参数域的作用的区别：printf 的格式参数域用来将匹配的参数值按格式转换成子串并替换参数域，流的方向是"匹配参数值"→"格式参数域"→"屏幕"。而 scanf 的格式参数域用来从键盘输入流中按格式提取有效子串并转换

成数值存储到对应的内存空间中。流的方向是"键盘"→"格式参数域"→"参数变量的内存"。

3.3.2 scanf 控制格式

与 printf 格式相类似，在 C 语言中，scanf 格式字串的格式参数也可包括两部分：**基本类型转换符**和**类型修饰符**，其一般格式如下：

> % [类型修饰符] 基本类型转换符

其中，**基本类型转换符**是必需的，而**类型修饰符**是可选的。表 3.3 和表 3.4 分别列出了 ANSIC 中 scanf 的基本类型转换符和修饰符。

需要说明：

（1）对于浮点数格式类型来说，由于 scanf 可接收并识别实数的小数形式和指数形式（E 格式或 P 格式），因此%f，%E，%G，%e 和%g 均可以相互替换。

表 3.3　scanf 的基本类型转换符

基本类型转换符		对应的类型名	说　　明
整型	%d, %i	int, signed [int]	表示十进制的有符号整型
	%u	unsigned [int]	表示十进制的无符号整型
	%o（小写字母 o）	unsigned [int]	表示八进制的无符号整型
	%x, %X	unsigned [int]	表示十六进制的无符号整型，对于 10～15 的数使用小写或大写的 A～F 来表示
浮点	%e, %f, %g	float	表示浮点型
	%E, %G	float	表示浮点型
	%c	char	表示单个字符
	%s	字符串	表示字符串

表 3.4　scanf 的转换修饰符

修　饰　符	说　　明
*	只识别和获取，但不转换，也不填充到所指定的首地址开始的内存单元中
l（小写字母）	用于%x, %X, %o, %d 或%i，%u 中，表示长（long）整型，如%lx 等
l, L（大写字母）	用于%f, %E, %G, %e, %g, %a 和%A 中，表示双精度浮点型（double），如%Lf, %lf 等
h（小写字母）	用于%x, %X, %o, %d 或%i，%u 中，表示短（short）整型，如%lx 等
整数 m	若在%之后还指定一个整数，则表示字段域的最大宽度，超过此宽度则停止当前有效字符序列的获取

（2）对于整数格式类型来说，%x，%X，%o，%d，%i 或%u 只是用来控制对进制**数码**的识别，而往往与整数前面的符号无关。这就是说，即使指定了%u 控制格式，负整数仍然可以被 scanf 获取、转换并填充。最终变量的值还取决于变量定义时指定的具体的整型类型。

（3）%s 用来将输入流转换成一个字符串，由于空格、Tab 符和回车符等是多数据输入时的默认分隔符，因此被转换的输入流的最前后的字符不能是这些字符。

（4）几乎所有的 C 编译器都支持*，l，L 和整数 m 域的修饰，但注意大写的 L 只用于浮点类型的控制格式。

3.3.3　多数据输入

在 C 语言中，可以通过一个 scanf 函数调用语句来输入多个数据。当输入多个数据时，数据之间可以用一个或多个空格来分隔，也可以用 Tab 键或回车键（Enter 键）来分隔。请看下面的示例。

【例 Ex_SF3D.c】 scanf 的多数据输入

```
#include <stdio.h>
#include <conio.h>
int main()
{
    int a, b, c;
    scanf("%d%d%d", &a, &b, &c );
    printf( "a = %d,\tb = %d,\tc = %d\n", a, b, c );
    return 0;
}
```

当程序运行后，下面几种方式的输入都是合法的：

① 11␣22␣␣␣␣33↵

② 11↵
22（按 Tab 键）33↵

③ 11↵
22↵
33↵

且结果也是相同的：

a=11, b=22, c=33

若格式控制参数和 argument 所指定的地址参数个数不一样时，则多余的参数被忽略。例如，若有：

scanf("%d%d%d", &a, &b);

则要求键盘输入 3 个数据，但只有前两个数据分别被填充到&a 和&b 首地址开始的内存单元中，而后 1 个数据因无指定的地址而被忽略。再如，若有：

scanf("%d%d", &a, &b, &c);

则要求键盘输入两个数据，并转换填充到&a 和&b 首地址开始的内存单元中。尽管还指定了参数&c，但由于已没有有效的字符流可转换填充，因而被忽略，也就是说，c 所在的内存空间的值不会被修改。

3.3.4 输入匹配

格式字串的输入匹配是指在 scanf 指定的格式字串与键盘输入的字符流之间的匹配。匹配时，除由%引导的输入参数域所对应的输入字符序列是可变的外，其他应一一相同。例如：

```
int a;
scanf("a=%d", &a );
```

运行后，当输入：

111222↵

时，由于 scanf 格式字串 "a=%d" 中%d 前面的序列 "a=" 和输入的前两个字符 "11" 不相同，因此它们是不相匹配的，故无法识别。若输入：

a=1122↵

则由于前面两个字符相匹配，因此%d 域所对应的输入序列就是"1122"，显然可以被 scanf 正确识别并转换。再如，若有：

```
int a, b;
scanf("a=%d,␣b=%d", &a, &b );          /*语句 A*/
```

运行后，当输入：

```
a=11␣22↵
```

虽然 scanf 格式字串中第 1 个%d 域前面的字符序列与输入的字符序列相匹配，但当它被识别并获取后，剩下的字符序列"22"与格式字串中后面的字符序列"，b=%d"不相匹配。这样，只有 a 变量得到了输入的数据，而 b 变量无法得到。故，只有输入：

```
a=11,␣b=22↵
```

才能得到正确的输入。

但要注意，因 scanf 格式字串中引导符"%"前面的白字符被忽略，所以不必与输入字符序列相匹配。所谓**白字符**，指的是空格、回车和"Tab"键产生的字符。也就是说，对于上述语句 A 运行后，输入：

```
a=11,b=22↵
```

也是可以的。再比如：

```
int a;
scanf("\t%d", &a );
```

运行后，直接输入数据并按 Enter 键即可。

3.3.5   空读和域宽

当在控制格式引导符%之后指定"∗"修饰时，其作用表现为**空读**，例如：

```
scanf("%*d%d%d", &a, &b, &c );
```

由于格式字串中有 3 个格式参数域，各自对应的参数分别是&a,&b 和&c。这样，scanf 将等待输入 3 个数据。运行后，若输入"11␣22␣33↵"则由于格式字串中第 1 输入格式参数域"%*d"中有"∗"修饰，它表示刚开始读取的字符子串"11"被空读后废弃，读取的第 2 字符子串"22"有效，然后转换成整数 22 并填充到&a 地址空间中，这样 a 的值就是 22。第 2 个入格式参数域"%d"读取 33 并填充到&b 地址空间中，这样 b 的值为 33。由于需要的输入流已没有可读的字符序列，因而 c 没有得到输入值。

当在控制格式引导符%之后指定一个整数时，表示该控制格式的**域宽**，即最多可以转换的字符个数（字符序列的长度），一旦输入的相应字符序列超过指定的长度时，多余的字符顺延到下一个控制格式域处理，若后面没有控制格式，则交由系统进行进一步处理。例如：

```
scanf("%2d%d%d", &a, &b, &c );
```

则运行后，当输入"111␣222␣333↵"后，由于格式字串中第 1 控制格式"%2d"指定了域宽为 2，这样默认分隔的第 1 字符序列"111"（3 位）就超过了指定的域宽 2，故只有前面的 2 位数"11"被获取转换并填充到&a 地址空间中，后面的字符序列"1␣222␣333"由于存在默认的空格分隔符，故"1"被获取转换并填充到&b 地址空间中，"222"被获取转换并填充到&c 地址空间中。这样，a,b 和 c 的值分别为 11,1 和 222。

需要说明：

（1）指定的域宽不能强制指定为 0。

（2）对于浮点控制格式来说，仍可指定域宽，但不能指定精度。即 printf 格式中的 *m.n* 格式在 scanf 中是不成立的（虽然编译可以通过）。例如：

  scanf("%3f%3f", &f1, &f2);

运行后，当输入"12345678↵"时，f1 的值为 123.000000，f2 的值为 456.000000。输入的字符序列中的最后"78"则交由系统进行下一步处理。但若是

  scanf("**%3.1f%3.f**", &f1, &f2);

则无法得到正确的结果。这是因为输入流是**字符序列**，在 scanf 中由%引导的控制格式的本质是控制有效字符序列的识别、获取并正确转换成相应类型的**数值**，而精度是对数值有效位的控制，两者的概念是完全不同。

3.3.6　输入中断和分隔

当 scanf 中含有多个指定的输入格式参数域来获取输入时，常常因为下列原因而导致当前输入格式参数域的获取终止：

（1）遇到空格、Tab 符和回车符等的默认分隔符。

（2）达到所指定的域宽或没有指定域宽，但达到默认的域宽。例如，%3d 获取 3 个字符后，该输入格式参数域的字符序列获取就被终止。

（3）遇到当前输入格式参数域的格式类型无法识别的进制数码。例如，%d 在输入字符序列获取时遇到 0～9，+，−之外的字符时也会终止。

（4）当输入格式参数域中包含其他非格式字符或字符串时，由于输入字符序列的不匹配而发生终止。例如，若有格式 a=%d，则输入 123 时，将因为"a="与"12"不相同而终止。

一定要熟悉并能理解上述情况，下面再来看一个例子：

> int　　m = 0,　n = 0;
> char　c = 'a';
> scanf("%d%c%d", &m, &c, &n);
> printf("%d, %c, %d\n", m, c, n);　　　　　　　　　/*语句 A*/
> 运行后，若输入"10A10↵"则语句 A 输出的结果是什么？

解答：

由于输入格式参数域%d 无法识别字符'A'，因而%d 获取"10"后进行转换填充等处理，从而使 m 的值为 10。输入流序列此时变成"A10↵"，由于输入格式参数域%c 只获取单个字符，这样'A'被处理后，使 c 的值为'A'。此时，输入流序列变成"10↵"，显然，分隔符'↵'前面的'10'将全部被最后一个输入格式参数域%d 获取并处理，从而使 n 的值为'10'。输入流最后的'↵'交由系统进行最后处理。故输出的结果是

  10, A, 10↵

3.3.7　字符输入和键盘缓冲区

1. 输入格式参数域%c

当使用输入格式参数域%c 来通过 scanf 获取输入的字符时，需要注意：

（1）由于%c 的默认域宽为 1，这就是说，当不指定域宽时，每个%c 所获取的均是一个有效字符，这个有效字符可以是数字字符、字母、下画线、空格、回车符、Tab 符等由键盘

输入的任何字符。例如：

```
scanf("%c%c", &ch1, &ch2 );
```

运行后，当按两次 Enter 键后则使 ch1 的值为'↵'（编码值为 0x0A），而使 ch2 的值也为
'↵'。

（2）对于%c 来说，若指定的域宽超过 1 时，则指定的域宽只是决定被处理的字符个
数，最后字符序列的获取、转换和填充操作仍然按默认的域宽处理。例如：

```
scanf("%3c%3d", &ch, &a );
```

运行后，若输入"12345678↵"则"123"为%3c 读取的有效字符序列，但&ch 内存空间只
能接收一个字符，故只有'1'填充到 ch 中，也就是说，ch 的值为'1'。同样，%3d 从余下的字
符序列"45678↵"读取"456"，然后转换成整数 456，存储到&a 内存空间中，从而使 a 的
值为 456。最后余下的字符序列"78↵"将交由系统进行进一步处理。

（3）注意键盘输入的字符都是单个字符（或汉字），它没有转义字符的词法和语义。这
就是说，当输入"\t"时，是两个不同的字符，而不是一个转义字符。即

```
scanf("%c%c", &ch1, &ch2 );
```

运行后，若输入"\t↵"，则使 ch1 的值为"\"，而使 ch2 的值为"t"。

2. 键盘缓冲区

键盘是有缓冲区的，用户输入的字符，包括用于最后输入结束时确认的回车符，都会存
入到这个缓冲区。可见，当 scanf 运行时，实质上它首先会判断键盘缓冲区中是否存在足够
的字符序列，若不足或键盘缓冲区为空，则等待键盘的输入，否则不会等待。例如：

```
int a, b, c, d;
scanf("%d%d", &a, &b );              /*语句 A*/
scanf("%d%d", &c, &d );              /*语句 B*/
printf("%d,%d,%d,%d\n", a, b, c, d);  /*语句 C*/
```

当 C 程序单独运行后，会对键盘缓冲区进行清除操作。也就是说，由于开始的键盘缓
冲区是空的，因而语句 A 此时会等待用户输入。当输入"11␣22␣33␣44↵"后，则第 2 个
scanf（语句 B）不会要求程序停留、等待输入，因为第 1 个 scanf 提取后，键盘缓冲区的内
容还有"33␣44↵"，它已能满足第 2 个 scanf 输入的需要。这样，a，b，c，d 的值分别为
11，22，33，44。

但有些输入函数是绕过键盘缓冲区的，即输入的字符在存入到缓冲区之前就被提取。例
如，在 conio.h 中定义的 getch 就是这样的函数，它直接获取输入的字符，不需要用户按
Enter 键确认，只要按一个键，就立即返回该键 ASCII 码值。

另外，与 getch 函数功能相似的是头文件 stdio.h 中定义的 getchar 库函数，但它是从键
盘缓冲区获取有效字符的。这就是说，当键盘缓冲区为空时，它会要求程序停留、等待输
入，且还要求以按 Enter 键结束输入。由于回车符本身也会存入到键盘缓冲区中，因此如果
两个 getchar 顺序出现时，第 1 个 getchar 要求作为结束标志的回车符，将被第 2 个 getchar
接收。例如：

```
char   c1, c2;
c1 = getchar();
c2 = getchar();
```

运行后，若输入"A↵"则使 c1 的值为'A'，而使 c2 的值为'↵'。类似地，如果 getchar 出现
在 scanf 后面时，也会接收到 scanf 要求作为结束而输入的回车符。

3.4 综合实例：列表显示数据

在本实例中，当输入一个整数 n 后，将其按十进制（Dec）、八进制（Oct）和十六进制（Hex）列表显示。图 3.3 是输入 12345 后输出的结果。

PL.Input a Integer: 12345

n	Dec	Oct	Hex
12345	12345	30071	3039

图 3.3　列表显示数据的结果

任务分析：

（1）从结果可以发现：输出的难点是表格线的构成。显然，这需要通过查询附录 B.2 来得到相应表格字符的编码值，其结果如图 3.4 所示。

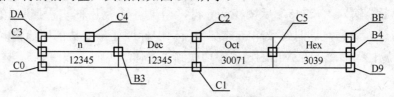

图 3.4　用于表格的字符编码值

（2）标题单元格中的内容是居中显示的。由于 printf 输出的对齐方式要么是左对齐，要么是右对齐，因而对于居中对齐需要计算左或右对齐方式的输出位置或域宽。

（3）数据单元格中的内容是靠右对齐显示的，因而只要指定域的宽度即可实现。例如，若设每个单元格的内部宽度为 15，则表中单元格中字符 n 的前后空格为 7 个，故设 n 字符输出的域宽为 8，即%8c。

根据上述分析，可得以下程序代码。

【例 Ex_Table.c】　列表显示数据

```c
#include <stdio.h>
#include <conio.h>
#include <Windows.h>
int main()
{
    int n;
    printf("PL.  Input a Integer: ");
    scanf("%d", &n);
    SetConsoleOutputCP( 437 );
    /* 整型表格输出 */
    /* 第 1 行 */
    printf("\xDA\xC4\xC4\xC4\xC4\xC4\xC4\xC4\xC4\xC4\xC4\xC4\xC4\xC4\xC4\xC2");
    printf("\xC4\xC4\xC4\xC4\xC4\xC4\xC4\xC4\xC4\xC4\xC4\xC4\xC4\xC2");
    printf("\xC4\xC4\xC4\xC4\xC4\xC4\xC4\xC4\xC4\xC4\xC4\xC4\xC4\xC2");
    printf("\xC4\xC4\xC4\xC4\xC4\xC4\xC4\xC4\xC4\xC4\xC4\xC4\xC4\xBF\n");
    /* 第 2 行 */
    printf("\xB3%8c%6c\xB3%9s%5c\xB3%9s%5c\xB3%9s%5c\xB3\n",
        'n',' ',"Dec.",' ',"Oct.",' ', "Hex", ' ');
```

```
            /* 第 3 行 */
            printf("\xC3\xC4\xC4\xC4\xC4\xC4\xC4\xC4\xC4\xC4\xC4\xC4\xC4\xC4\xC4\xC5");
            printf("\xC4\xC4\xC4\xC4\xC4\xC4\xC4\xC4\xC4\xC4\xC4\xC4\xC4\xC4\xC5");
            printf("\xC4\xC4\xC4\xC4\xC4\xC4\xC4\xC4\xC4\xC4\xC4\xC4\xC4\xC4\xC5");
            printf("\xC4\xC4\xC4\xC4\xC4\xC4\xC4\xC4\xC4\xC4\xC4\xC4\xC4\xB4\n");
            /* 第 5 行 */
            printf("\xB3%10d%4c\xB3%10d%4c\xB3%10o%4c\xB3%10X%4c\xB3\n",n,' ',n,' ',n,' ', n, ' ');
            /* 第 6 行 */
            printf("\xC0\xC4\xC4\xC4\xC4\xC4\xC4\xC4\xC4\xC4\xC4\xC4\xC4\xC4\xC4\xC1");
            printf("\xC4\xC4\xC4\xC4\xC4\xC4\xC4\xC4\xC4\xC4\xC4\xC4\xC4\xC4\xC1");
            printf("\xC4\xC4\xC4\xC4\xC4\xC4\xC4\xC4\xC4\xC4\xC4\xC4\xC4\xC4\xC1");
            printf("\xC4\xC4\xC4\xC4\xC4\xC4\xC4\xC4\xC4\xC4\xC4\xC4\xC4\xD9\n");
            return 0;
        }
```

程序运行后，输入"12345"后按 Enter 键，结果将显示出来。需要说明的是，此时的结果并不一定令人满意，这时需要单击控制台窗口中标题栏最左边的图标 ，在弹出的菜单中，选择"属性"命令，在弹出的窗口中切换到"字体"页面，按图 3.5 进行设定后单击"确定"按钮。

图 3.5　控制台窗口的字体设置

总之，C 语言本身没有专门的输入/输出操作，但提供相应的标准的格式化输出函数 printf 和输入函数 scanf，为数据的输入/输出带来了许多方便，同时要注意 printf 和 scanf 处理的都是**字符流**，其中 scanf 还与键盘缓冲区有着密切的关系。

特别地，从实例中可以看出，C 语言的程序设计中包含着许多编程技巧，而这种技巧恰恰是编程的生命力和趣味所在。培养和激发读者对编程的这种兴趣，无疑会增加我们对 C 语言的理解和掌握。当然，最重要的是学会用 C 语言编程来解决实际问题。

语句及其结构，是用编程解决实际问题的最基本方式，下一章就来讨论。

习题 3

一、选择题

1. putchar 函数可以向终端输出一个字符，其参数可以是（　　）。
    A．超过 255 的整型变量表达式值　　　B．实型变量值

C. 字符串　　　　　　　　　　　D. 字符或字符型变量值

2. 执行下列程序片段时，输出结果是（　　　）。

```
unsigned int a = 65535;
printf("%d",a);
```

A. 65535　　　　　B. -1　　　　　C. -32767　　　　　D. 1

3. 执行下列程序片段时，输出结果是（　　　）。

```
float x = -1023.012;
printf("%8.3f,", x);
printf("%10.3f", x);
```

A. 1023.012,␣ -1023.012　　　　　B. -1023.012, -1023.012

C. 1023.012, -1023.012　　　　　D. -1023.012,␣ -1023.012

4. 执行下列程序片段时，输出结果是（　　　）。

```
int a = 1, b = 2, c =123;
printf("%d,%3d,%2d", a, b, c);
```

A. 1,␣␣2,123　　B. 1,␣␣2,12　　C. 1,␣␣2,23　　D. 1,2␣␣,123

5. 执行下列程序片段时，输出结果是（　　　）。

```
printf("%3.2s,%3.4s,% -3.2s", "1234", "1234", "1234");
```

A. 1234,1234,1234　　　　　　　B. 123,123,123

C. 12,1234,12　　　　　　　　　D. ␣12,1234,12␣

6. 执行下列程序片段时，输出结果是（　　　）。

```
printf("aabb\r\\\'123%%5");
```

A. aabb\r\\\'123%%5　　B. aabb\'s%5　　C. \'s%5　　　　D. \'123%5

7. 已知有如下定义和输入语句，若要求 a1，a2，c1，c2 的值分别为 10，20，'A'和'B'，当从第 1 列开始输入数据时，正确的数据输入方式是（　　　）。

```
int   a1,a2;
char c1,c2;
scanf("%d%c%d%c",&a1,&c1,&a2,&c2);
```

A. 10A␣20B⏎　　B. 10␣A␣20␣B⏎　　C. 10A20B⏎　　D. 10A20␣B⏎

8. 执行下列程序片段时，输出结果是（　　　）。

```
int x = 0xabc, y = 0xabc;
printf("%X␣%x", x, y);
```

A. 0Xabc␣0xabc　B. 0xABC␣0Xabc　C. ABC␣abc　　D. abc␣abc

9. 若定义 x 为 double 型变量，则能正确输入 x 值的语句是（　　　）。

A. scanf("%f",x);　　　　　　　　B. scanf("%f",&x);

C. scanf("%Lf",&x);　　　　　　　D. scanf("%5.1f",&x);

10. 若运行时输入：12345678⏎，则下列程序运行的结果为（　　　）。

```
int main ( )
{
    int a, b;
    scanf("%2d␣%2d%3d", &a, &b);
    printf("%d,%d\n",a,b);
    return 0;
```

}

  A．12,34   B．12,45   C．34,567   D．45,678

11．已知 i,j,k 为 int 型变量，若从键盘输入：1,2,3↵，使 i 的值为 1，j 的值为 2，k 的值为 3，以下选项中正确的输入语句是（ ）。

  A．scanf("%2d%2d%2d",&i,&j,&k);   B．scanf("%d_%d_%d",&i,&j,&k);

  C．scanf("%d,%d,%d",&i,&j,&k);   D．scanf("i=%d,j=%d,k=%d",&i,&j,&k);

12．有输入语句 "scanf("a=%d,b=%d,c=%d",&a,&b,&c);"，为使变量 a 的值为 1，b 的值为 3，c 的值为 2，则正确的数据输入方式是（ ）。

  A．132↵   B．1,3,2↵

  C．a=1 b=3 c=2↵   D．a=1,b=3,c=2↵

13．若有 "int x,y; double z;" 以下 scanf 函数调用语句不合法的是（ ）。

  A．scanf("%d%lx,%le",&x,&y,&z);   B．scanf("%2d%*%d%lf",&x,&y,&z);

  C．scanf("%x%*d%o",&x,&y);   D．scanf("%x%o%6.2f",&x,&y,&z);

14．已知有如下定义和输入语句，若要求 a1,a2,c1,c2 的值分别为 10,20,A 和 B，当从第 1 列开始输入数据时，正确的输入方式是（ ）。

```
int a1,a2;   char c1,c2;
scanf("%d%d",&a1,&a2);
scanf("%c%c",&c1,&c2);
```

  A．1020AB↵   B．10␣20↵

               AB↵

  C．10␣20␣AB↵   D．10␣20AB↵

二、编写程序

1．设圆半径 $r = 2.5$，圆柱高 $h = 4$，求圆周长、圆面积、圆柱体积。用 scanf 输入数据 r 和 h，输出计算结果，输出时要求有文字说明，取小数点后 2 位数字。

2．编程绘制如下图所示的表格，总宽度为 20 列，高度为 6 行。

第4章　顺序和选择

在 C 语言中，任何复杂的程序都是由 3 种基本结构（**顺序结构、选择结构和循环结构**）组成的，本章主要介绍前两种结构。在这些基本结构中，语句是其重要组成部分，它也是描述程序操作的基本单位。若程序的运行次序是按语句书写的先后顺序依次执行，则由这些语句组成的结构称为**顺序结构**，例如以前示例中 main 函数体的语句等；而**选择结构**是对给定条件进行判断，根据判断结果在两个分支或多个分支程序段中选择一个分支执行。选择结构又称为**分支结构**，在 C 语言中，实现分支结构的有 if 语句和 switch 语句。

4.1　语句概述

语句是描述程序操作的基本单位，是 C 源程序的重要组成部分，每条语句均以分号（";"）结束，分号前面可有 0 个或多个空格。在 C 语言中，可以将语句分为五大类：**表达式语句、空语句、函数调用语句、块语句**和**控制语句**。其中，前 4 类语句一般是顺序结构语句，而控制语句则用来构成选择和以后要讨论的循环结构。

4.1.1　表达式语句和空语句

表达式语句是最简单的，也是最常用的语句，**任何一个表达式加上分号就是一个表达式语句**，例如：

```
x + y;
nNum = 5;
```

这里的"x+y;"是一个由算术运算符"+"构成的表达式语句，其作用是完成"x+y"的操作，但由于不保留计算结果，所以无实际意义。"nNum = 5;"是一个由赋值运算符"="构成的表达式语句，简称为**赋值语句**，其作用是将 5 写入到 nNum 对应的内存空间中。简单地说，它的作用是改变 nNum 变量的值。

除赋值语句外，常用的表达式语句还有**复合赋值语句、逗号表达式语句、自增自减表达式语句**等，例如：

```
nNum /= 5;                          /* 复合赋值语句 */
a = 1, b = 2, c = a + b;            /* 逗号表达式语句 */
a++;                                /* 自增表达式语句 */
```

总之，任何表达式加上分号都是表达式语句。需要：

（1）在书写格式上，可以将几个简单的表达式语句写在同一行中，但此时的语句之间应该插入一些空格以提高程序的可读性。例如：

```
a = 1;      b = 2;      c = a + b;
```

此时 3 个赋值语句写成一行，各条语句之间增加了一些空格。

（2）表达式是构成表达式语句的一个组成部分，不能将语句写在表达式中。例如：

  (c + (a = 6;)) / 2

则是不合法的表达式。

（3）如果表达式是一个空表达式，那么构成的语句称为**空语句**，也就是说，仅由分号"；"也能构成一个语句，这个语句就是**空语句**。空语句不执行任何动作，仅为语法的需要而设置。例如作为空的循环体（以后会讨论）等。

4.1.2　函数调用语句

函数在程序中可以有不同的调用方式，例如：

  sin(x);

  y = sin(x);

这里的"sin(x);"是在库函数 sin 调用后加上分号的语句，称为**函数调用语句**，但这时的 sin(x)仅是完成一个功能或操作，对程序运行的最终结果没有影响；"y = sin(x);"则是将 sin(x)的返回值赋给 y。

需要说明的是，**函数调用**在**内部**常常要进行调用、执行、返回等过程（以后还会讨论），但从**宏观**上来看程序语句，函数调用仅完成一个功能或使其返回值参与表达式运算，故也可将**函数调用语句看做表达式语句的一种形式**。

4.1.3　语句块

语句块，简称为**块**（Block），又称为**复合语句**，是由一对花括号"{ }"括起来的程序结构。例如：

```
块 ┌─◆{                              /* 块开始 */
   │      int   i = 2, j = 3, k = 4;
   │      printf("%d, %d, %d\n", i, j, k);   /* 输出结果是 2, 3, 4 */
   └─◆}                              /* 块结束 */
```

是由两条语句构成的块语句。其中，左花括号"{"表示块的开始，右花括号"}"表示块的结束，它们是成对出现的。要注意，为提高程序的可读性，**块中的语句在书写时最好使用缩进**。

事实上，任何合法的语句都可以出现在块中，包括**空语句**。需要：

（1）**从整体上看，块语句等效于一条语句**。反过来说，若需要将两条或两条以上的语句作为一个整体单条语句，则必须将它们用花括号括起来。在后面讲到条件、循环等语句时还会再次强调。

（2）块中的语句可以是 0 条、1 条或多条语句。与空语句相类似，一个不含任何语句即仅由一对花括号构成的块称为**空块**，它也仅为语法的需要而设置，并不执行任何动作。

（3）在块中可以定义变量，但定义的位置一定紧随左花括号之后，且变量定义语句（或称**声明语句**）之前不能有其他非声明语句。块中定义的变量仅在块中有效，**块执行完毕后，块中的变量被自动释放**。例如：

```
{                                 /* 块开始 */
      int   i = 2, j = 3, k = 4;
      printf("%d, %d, %d\n", i, j, k);   /* 输出结果是 2, 3, 4 */
}                                 /* 块结束 */
printf("%d, %d, %d\n", i, j, k);   /* 错误：i,j,k 不再有效，它们成了未定义标识符 */
```

（4）一个块中也可以再包含块，这就形成了**块的嵌套**，但此时外层块与内层块之间具有不同的作用域。外层块的变量可在内层块中使用，但内层块中的变量仅能在内层块中使用。当外层块和内层块中有同名变量定义时，则外层块的同名变量在内层块中不起作用。

【例 Ex_Blocks.c】　块语句的变量使用范围

```
#include <stdio.h>
#include <conio.h>
int main()
{                                        /*（外层的）函数体（块）开始 */
    int   i = 5, j = 6;
    printf("%d\t%d\n", i, j );
    {                                    /*  内层块开始  */
        int    i = 2, j = 3, k = 4;
        printf("%d\t%d\t%d\n", i, j, k );   /*  输出结果是 2，3，4 */
    }                                    /*  内层块结束  */
    printf("%d\t%d\n", i, j );           /*  输出的结果仍然是 5 和 6，但不能使用 k */
    return 0;
}                                        /*  （外层的）函数体（块）结束  */
```

程序的运行结果如下：

```
5       6
2       3       4
5       6
```

分析：

（1）由于一对花括号构成程序的块结构，所以在函数定义中由花括号构成的函数体也是一种块结构。

（2）在函数体中虽不可以出现函数的定义，但可以出现一个或多个块结构。例如，代码中，main 函数的函数体是一个块结构，在其间还有一个由一对花括号构成的块结构，这样，最里面的块结构就称为内层块。相对于内层块来说，main 函数的函数体就是外层块。

（3）在内层块和外层块中都定义了变量 i，这是合法的定义。但外层的 i 对内层的 i 没有任何影响。也就是说，当内层有变量与外层同名时，则在内层中会屏蔽外层的同名变量。

4.1.4　控制语句

控制语句是指对流程进行控制的语句。所谓**流程**，就是指程序运行的次序。在 C 语言中，一共有以下 9 种控制语句：

break;	跳出或终止当前 switch 或循环结构
continue;	提前结束当前循环，但不跳出所在的循环结构
do…while();	循环语句
for()…;	循环语句
goto label;	转向语句，转到并执行标号为 label 的语句
if()…[else…;]	条件语句
return […];	用于函数中的返回语句
switch(){}	多分支选择结构
while()…;	循环语句

在这些控制语句中，有的用于构成分支结构，如 if，switch 等，有的用于构成循环结构，如 for，do…while，while 等，有的仅仅用来跳转，如 goto 等。事实上，在这些控制语句中，有的仅表现为 1 条语句，如 "break;"。有的却表现为一段程序结构，如 switch 结构等。

4.2 流程控制条件

在 C 语言中，流程的控制往往先设定一定的**控制条件**，满足条件就为"真"，否则为"假"。"真"和"假"是控制条件的两个**逻辑值**，在流程控制语句中，程序就是根据条件的逻辑值来决定下一步的运行。那么，在程序中的控制条件是如何设定呢？控制条件和数学里的条件有什么区别和联系呢？

4.2.1 关系运算及其表达式

在程序中，构成一个控制条件的可以是一个常量或一个变量，也可以是一个表达式。但为了允许按日常生活中的习惯来构造控制条件，C 语言提供了逻辑运算和关系运算，这样就可以构成较为复杂的条件表达式。那么什么是关系运算呢？

所谓**关系运算**，实际上是比较两个操作数是否符合给定的条件。若符合条件，则关系表达式的值为"真"，否则为"假"。例如，"x>=0"是一个关系表达式，大于等于符号">="是一个关系运算符。如果 x 的值为 5，则满足给定的"x>=0"条件，因而关系表达式此时的结果为"真"；如果 x 的值为-5，不满足"x>=0"条件，则关系表达式此时的结果为"假"。

由于关系运算需要两个操作数，所以关系运算符都是**双目**运算符，其结合性是**从左至右**。C 语言提供了下列 6 种关系运算符：

<	小于	若表达式 e1 < e2 成立，则结果为"真"，否则为"假"
<=	小于等于	若表达式 e1 <= e2 成立，则结果为"真"，否则为"假"
>	大于	若表达式 e1 > e2 成立，则结果为"真"，否则为"假"
>=	大于等于	若表达式 e1 >= e2 成立，则结果为"真"，否则为"假"
==	相等于	若表达式 e1 == e2 成立，则结果为"真"，否则为"假"
!=	不等于	若表达式 e1 != e2 成立，则结果为"真"，否则为"假"

需要说明：

（1）当"真"和"假"逻辑值参与其他程序活动如算术运算时，C 语言规定：逻辑"真"用 1 表示，逻辑"假"用 0 表示。但反过来，任何不为 0 的值都会被认为是逻辑"真"，只有 0 或 0.0 被认为是"假"。

（2）在 6 种关系运算符中，前 4 种的优先级相同，且高于后面的 2 种。例如，若有：

   a == b > c

则等效于 a == (b > c)。若设整型变量 a=3，b=4，c=5，则表达式中，先运算 b>c，结果该条件不满足，值为"假"（以 0 表示），然后再运算 a==0，显然该条件也不满足，故整个表达式的值是"假"。

（3）要注意在混合表达式运算中，关系运算符的优先级**低于**算术运算符，但高于赋值运算符。例如：

   2+3<4-1

则先计算"2+3"和"4-1"，即为"5<3"，结果为"假"。若为

   2+(3<4)-1

则执行"2+0-1"，结果为 1（"真"）。

（4）不要将关系运算符"=="误写成赋值运算符"="。为避免这种情况发生，作为技巧，若"=="操作数有常量时，则应将常量写在"=="的左边。如"3==a"，这样即使不小心写成"3=a"，由于 3 不能作为左值，因此 C 编译器还是会检测出它的语法错误。

（5）要注意"<="、">="、"=="和"!="这些由两个符号构成的运算符是一个整体，它们之间不能有空格、回车符、"Tab"符或换行等字符。

（6）要理解"$a<c<b$"的形式。在数学中，一个条件可以是"$a<c<b$"的形式，表示 c 大于 a 且小于 b。在 C 语言中，这样的条件表达式虽是合法的，但含义却不一样。由于关系运算符的结合性是从左至右，因而它等效于"$(a<c)<b$"表达式，即先运算"$a<c$"，判断它的结果是"真"或"假"，即为 0 或 1，这时整个表达式就变成了"$0<b$"或"$1<b$"，最后结果取决于 b 的值。

【例 Ex_Rel.c】 分析关系表达式的结果

```c
#include <stdio.h>
#include <conio.h>
int main()
{
    char x = 'a', y = 'b';
    int    n;
    n = x < y;                              /* 语句 A */
    printf("%d,", n);
    n = x == y+5;                           /* 语句 B */
    printf("%d,", n);
    n = ('y' != 'Y') + (5<8) + ( y - x == 1);  /* 语句 C */
    printf("%d\n", n);
    return 0;
}
```

分析：

（1）代码中，语句 A，B 和 C 都是包含关系运算符的赋值表达式。A 的作用是将"x<y"的逻辑结果值赋给 n，n 的值要么为 0，要么为 1。x 的初值是字符 a，其 ASCII 码值为 97，而 y 的初值是字符 b，其 ASCII 码值为 98，显然 x<y 的条件是满足的，结果为"真"，这样，n 的值为 1。

（2）语句 B 中，"x==y+5"也是一个关系表达式，以前讨论过，一个复杂表达式的最终形式是优先等级最低的运算符所构成的表达式。在这里，因算术运算符的优先等级高于关系运算符，故先运算 y+5，结果为 103；显然，x 与 y+5 不相等，故条件不满足，结果为"假"。这样，n 的值为 0。

（3）语句 C 较为复杂，"('y' != 'Y') + (5<8) + (y - x == 1)"表达式中，因圆括号优先等级最高，故该表达式可分成 3 个子式："('y' != 'Y')"、"(5<8)"和"(y - x == 1)"。它们都为"真"，当参与其他运算时，"真"都是用数值 1 来表示，这样，n 的值就为 1+1+1=3。

程序运行的结果如下：

```
1,0,3
```

4.2.2 逻辑运算及表达式

关系运算符所构成的控制条件一般比较简单，若需要满足多个条件时，则应使用逻辑运算符来构成。例如，对于数学中的"a<c<b"，则相应的 C 语言表达式应写成"(a<c)&&(c<b)"，其中的"&&"是一个 C 语言逻辑"与"运算符，即 a<c 和 c<b 同时满足，结果才为"真"，否则为"假"。可见，逻辑表达式的结果也是逻辑值：要么为"真"，要么为"假"。

在 C 语言中，可以使用的逻辑运算符一共有 3 种：

!	逻辑非（单目）
&&	逻辑与（双目）
‖	逻辑或（双目）

逻辑非"!"是指将"真"变"假"，"假"变"真"，常用于逻辑值或单个条件的取反或取非操作。

逻辑与"&&"是指当两个操作数都是"真"时，结果才为"真"，否则为"假"。常用于判断多个条件是否同时满足的情况。

逻辑或"‖"是指当两个操作数中只要有一个是"真"，结果就为"真"，而只有当它们都为"假"时，结果才为"假"，常用于判断多个条件是否至少满足其一的情况。例如，若有表达式为"(x>0) ‖ (y>0)"，则只要"x>0"或"y>0"这两个条件当中的任意一个条件满足，该表达式的值就为"真"；只有当这两个条件都不满足时，结果才会为"假"。

需要说明的是，逻辑非"!"是单目运算符，仅有一个操作数，优先等级也是最高的。由于逻辑与"&&"所设定的条件比逻辑或"‖"要强得多，因而逻辑与"&&"的优先等级比逻辑或"‖"要高。同样，由于关系运算符构成的通常是单一条件，因此关系运算符的优先等级比多条件构成的逻辑运算符要高。这样，它们的优先级别从高到低可以表示为

() →	! →	算术运算符 →	关系运算符 →	&& →	‖ →	赋值运算符

例如：

$$5 > 3 \ \&\& \ 2 \ ‖ \ 8 < 4 - !0$$

表达式的运算过程是这样的：

（1）因"!"优先级最高，故先进行"!0"的运算，结果为 1（"真"）；

（2）进行"4-1"运算，结果为 3，这样表达式变成"5 > 3 && 2 ‖ 8 <3"；

（3）处理"5 > 3"，结果为 1（"真"），这样表达式变成"1 && 2 ‖ 8 <3"；

（4）处理"8 < 3"，结果为 0（"假"），这样表达式变成"1 && 2 ‖ 0"；

（5）进行"1&&2"的运算，因 1 和 2 都是不为 0 的数，故结果为"真"；

（6）最后结果为"真"。

　注意：由于不同的 C 编译器对表达式的优化有所不同，因此上述运算次序可能不一样，但结果是相同的。

4.2.3 逻辑运算的优化

C 语言是一门高效的语言，为了提高程序的运行速度，在编译时，会对于一些表达式的运算次序进行优化处理。特别地，对于构成多条件的逻辑运算符来说，其逻辑表达式的优化更为明显。那么，C 语言是如何对逻辑运算进行优化的呢？

首先来看逻辑与"&&"表达式，设 e1 和 e2 都是用于条件构成的表达式的，当有

"e1&&e2"时，若表达式 e1 为"假"，则无论 e2 是何值，整个表达式都为"假"。也就是说，此时 e2 表达式的运算就变得没有必要了。正因为如此，C 对"e1&&e2"的运算进行了优化，当 e1 为"假"时，取消表达式 e2 运算。

例如，若 int   a,b = 3,c = 0; 则在下面表达式中：

  (a = 0) && (c = a + b);   /* 注意这里的 a = 0 是赋值表达式 */

因(a = 0)的表达式值为 0（"假"），故(c = a + b)不会被执行。这样，

  printf("%d\t%d\t%d\n", a, b, c);

输出结果为

  0   3   0

同样，对于逻辑或"‖"表达式，当有 e1‖e2 时，若 e1 为"真"，则 e2 也不会计算，因为无论 e2 是何值，整个表达式都为"真"。例如，若有：

  (a = 2) ‖ (c = a + b);   /* 注意这里的 a = 2 是赋值表达式 */

因(a = 2)的表达式值为 2（"真"），故(c = a + b)不会被执行。这样，

  printf("%d\t%d\t%d\n", a, b, c);

输出结果为

  2   3   0

对于含有多个逻辑运算符的复杂表达式来说，除了考虑上述现象外，还要分析其优先级和结合性。例如：

（1）若有表达式"e1&&e2&&e3"，由于"&&"的结合性是从左至右，因此结合上述优化结果，可以得出：只有当 e1 为"真"时，e2 才会被执行，且只有 e1 和 e2 都为"真"时，e3 才会被执行；而当 e1 为"假"时，e2 和 e3 都不会被执行；同样，当 e1 和 e2 中有一个为"假"时，e3 也不会被执行。

（2）若有表达式"e1‖e2‖e3"，则只有当 e1 为"假"时，e2 才会被执行，且只有 e1 和 e2 都为"假"时，e3 才会被执行；而当 e1 为"真"时，e2 和 e3 都不会被执行；同样，当 e1 和 e2 中有一个为"真"时，e3 也不会被执行。

（3）若有表达式"e1&&e2‖e3"，由于&&运算符的优先级高于 ‖ 运算符，则先运算"e1&&e2"，即相当于"(e1&&e2) ‖ e3"。这样就有：只有当"e1&&e2"的结果为"假"时，e3 才会被执行，否则 e3 不会被执行；只有当 e1 为"真"时，e2 才会被执行，否则 e2 不会被执行。

（4）若有表达式"e1‖e2&&e3"，则先运算"e1&&e2"，即相当于"e1 ‖ (e2&&e3)"。这样就有：只有当 e1 为"假"时，"(e2&&e3)"才会被执行，否则"(e2&&e3)"不会被执行；只有当 e2 为"真"时，e3 才会被执行，否则 e3 不会被执行。

4.3　if 语句

C 语言中的 if 结构，又称为**条件结构**，是用于构成分支的基本程序结构。由于这些控制结构在宏观上都可看做是一条语句，因此，if 结构又称为 **if 语句**。其常见形式有简单的 if 语句、if…else 语句和嵌套的 if 语句 3 种，下面分别讨论。

4.3.1 简单 if 语句

简单的 if 语句格式如下:

其中, if 是 C 语言的关键字, e 是 if 语句的控制条件, s 是语句。If, e 和 s 构成了最简单的 if 结构, 其功能是: 只有当 e 条件为"真"时, 语句 s 才会被执行, 否则就执行 if 结构的下一条语句。这一过程还可用如图 4.1 所示的**流程图**来描述, 图中箭头表示程序运行的方向, 称为**流向**。流程图中的菱形方块表示条件判断, 矩形方块表示顺序执行的语句。

下面来看一个示例, 它是用来求输入的 3 个整数的最大整数并输出的。

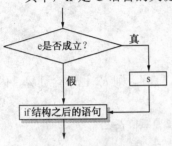

图 4.1 简单 if 语句的流程图

先来分析"从 3 个整数中选取最大的整数"的求解方法: 若设 3 个整数分别为 a, b 和 c, 先假设最大值为 a, 即先令 max = a, 然后与 b 比较, 若 b 比 max 大, 则令 max = b, 最后再与 c 比较, 若 c 比 max 大, 则令 max = c。这样, max 就是所求的最大值。具体程序如下。

【例 Ex_IfSim.c】 求 3 个整数中的最大值

```c
#include <stdio.h>
#include <conio.h>
int main()
{
    int a, b, c, max;
    printf("Input 3 Integers:");
    scanf("%d%d%d", &a, &b, &c);
    max = a;
    if ( b > max ) max = b;          /* 语句 A */
    if ( c > max ) max = c;          /* 语句 B */
    printf( "max = %d\n", max );
    return 0;
}
```

代码中, 语句 A 和 B 是两个简单的 if 语句。程序运行后, 输入 23⌴45⌴–90, 然后按 Enter 键, 通过 scanf 使 a=23, b=45, c=-90。此时运行到语句"max = a;", 使 max 为 23, 然后执行第 1 个 if 语句 (语句 A), 由于条件表达式 b(45)> max (23)的结果为"真", 因而 if 结构中的语句"max = b;"被执行, 此时 max 变为 45, 接着执行第 2 个 if 语句 (语句 B), 因 c(-90)> max (45)的结果为"假", 故该 if 结构中的语句"max = c;"不会被执行, 流程转到下一条语句"printf("max = %d\n", max);"。程序运行的结果如下:

```
Input 3 Integers:23 45 –90⌴

max = 45
```

需要说明:

(1) 在书写时, if、圆括号和语句之间可插入一些空格以增强程序的可读性。但要注意 if 后的一对圆括号不能省略, 且圆括号和语句 s 之间不能有分号";", 只有语句 s 中的后面才有分号。例如：

```
if（b > max）; max = b;                    /* 若圆括号后面有了分号 */
```

由于在简单 if 结构中，C 语言仅将紧随 if 控制条件<e>之后的语句视为该结构中的语句，也就是说，此时空语句 ";" 是 if 结构中的语句，而 "max = b;" 不再是 if 结构中的语句，而是 if 语句结构的下一条语句。因此，此时无论控制条件表达式 "b > max" 的结果是 "真" 还是 "假"，语句 "max = b;" 都会被执行。这样，例 Ex_ifSim.c 程序就不会得到正确的结果。

（2）属于 if 结构中的语句<s>可以是 1 条，也可以是多条，**但若是多条语句，则必须将这些语句变成语句块**，即在这些语句的前面加上左花括号 "{"，而在语句的最后加上右花括号 "}"。语句块在整体形式上可看做是一条语句，但此时要注意代码的书写规范。

【Ex_IfSort.c】　将两个整数按从大到小排序

```
#include <stdio.h>
#include <conio.h>
int main()
{
    int a, b;                         /* 语句 A */
    printf("Input 2 Integers:");
    scanf("%d%d", &a, &b);
    {                                 /* B 块开始 */
        int temp;                     /* 语句 C */
        if ( a < b )
        {
            temp = a;    a = b;    b = temp;
        }
    }                                 /* B 块结束 */
    printf( "Sorted Data: %d, %d\n", a, b );
    return 0;
}
```

代码中，由于 if 结构中的一对花括号构成了一个语句块，因此不管花括号中的语句有多少条，它们都属于 if 结构中的语句 s。程序运行的结果为

Input 2 Integers: 23   45↵
Sorted Data: 45, 23

需要说明：

（1）if 结构中的块中，语句 "temp = a; a = b; b = temp;" 的目的是将 a 和 b 的值互换。这样当 "a<b" 条件满足时，if 结构中的块语句就被执行，a 和 b 的值交换，从而保证了 a,b 的值是从大到小排序的。

（2）临时变量 temp 也可在 A 位置中先定义，此时 B 块的左、右花括号可省略，而 C 句则应删除。即 main 函数中的代码变为

```
int a, b, temp;
printf("Input 2 Integers:");
scanf("%d%d", &a, &b);
if ( a < b )
{
    temp = a;    a = b;        b = temp;
```

```
        }
        printf( "Sorted Data: %d, %d\n", a, b );
        return 0;
```

4.3.2 if…else 语句

如果想要在控制条件表达式等于"真"或"假"时分别执行不同的语句，即在两个分支中选择其中一支，则可以用 else 来引入，这就是 if…else 语句。它具有下列格式：

其中，if，else 都是 C 语言的关键字，s1 和 s2 可以是 1 条语句或多条语句，当为多条语句时，要使其成为块语句。这样，if，else，e，s1 和 s2 构成了 if…else 结构，其功能可用如图 4.2 所示的流程图来表示，其含义是：当表达式 e 为"真"时，执行语句 s1，否则执行语句 s2，即当条件表达式 e 为"假"时，else 后面的语句 s2 被执行。注意，在 if…else 结构中，else 不能单独使用，它必须与 if 配对使用。

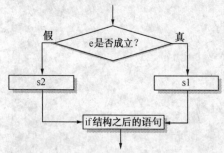

图 4.2 if…else 语句的流程图

下面来看一个示例，它是用来判断输入的年份是否是闰年的。

分析：闰年的判断，按通常所说的规则是"四年一闰，百年不闰，四百年又闰"。这就是说，若输入的年号为 nYear，只要满足以下两个条件中的任意一个即为闰年：

（1）可以被 4 整除但不能被 100 整除，即满足 "((nYear % 4 == 0) && (nYear % 100 != 0))"；

（2）可以被 400 整除，即满足条件表达式 "(nYear % 400 == 0)"。

这样，if…else 语句的控制条件表达式应为

    ((nYear % 4 == 0) && (nYear % 100 != 0)) || (nYear % 400 == 0)   /* A */

改进：由于整除的条件是判断余数是否为 0，而 0 是逻辑"假"，因而可将 "(nYear % 400 == 0)" 条件改为 "!(nYear % 400)"。类似地，可将 "(nYear % 100 != 0)" 直接改为 "(nYear % 100)"。这样，上述控制条件表达式 A 可以改为

    (!(nYear % 4) && (nYear % 100)) || !(nYear % 400)

具体的程序如下。

【例 Ex_IfElse.c】 闰年判断

```
#include <stdio.h>
#include <conio.h>
int main()
{
    unsigned nYear;
    printf("Input the year:");
    scanf("%d", &nYear);
```

```
        if ((!(nYear % 4) && ( nYear % 100)) || !(nYear % 400))
            printf("%d 是一个闰年!\n", nYear);
        else
            printf("%d 不是一个闰年!\n", nYear);
        return 0;
    }
```

程序运行的结果如下:

Input the year:2100↵
2100 不是一个闰年!

4.3.3　if…else if…else 语句

从整体上来看，if 语句结构可看做是一个单条语句。也就是说，在**简单的 if 和 if…else**
结构中的语句也可以是这两种形式的 if 语句，这样就构成了**嵌套的 if 结构**。嵌套的 if 结构
可以实现两个以上的多路分支的选择。但对于下列多路分支情况却是非常特殊的:

$$y = \begin{cases} x-1 & (x \geqslant 10) \\ 2x+2 & (1 < x < \\ 3x^2+3x-1 & (x \leqslant 1) \end{cases}$$

可以看出，该公式是将 x 的全部值域分为 3 段: $x \leqslant 1$，$1 < x < 10$ 和 $x \geqslant 10$，且段与段是连
续的。对于这种情况而言，使用 C 语言的 if…else if…else 嵌套结构最为合适。

【例 Ex_Elself.c】　if…else if…使用

```
    #include <stdio.h>
    #include <conio.h>
    int main()
    {
        double x, y;
        printf("Input x: ");
        scanf("%lf", &x);
        if( x <= 1.0 )
            y = 3.0 * x * x + 3.0 * x - 1.0;            /* 语句 A */
        else if ( x < 10.0 )
            y = 2.0 * x + 2.0;                          /* 语句 B */
        else
            y = x - 1.0;                                /* 语句 C */
        printf("x = %f, y = %f\n", x, y);               /* 语句 D */
        return 0;
    }
```

程序运行的结果如下:

Input x: 20↵
x = 20.000000, y = 19.000000

分析:

（1）由于 x 是 double 型变量，根据上述公式，它分为 3 段，段的分界点是: 1.0 和
10.0，这样只要在 if 控制条件中按一定方向指定其条件就可得到 y 的结果。

（2）若 x = 0.5，因第 1 个 if 后面的 "x<=1.0" 条件满足，故语句 A 被执行。若 x =
5.0，则首先判断第 1 个 if 后面的 "x<=1.0" 条件，显然不满足，这时流程转到 else 后面的 if

语句，再次判断条件"x<10.0"，此时，该条件是满足的，故执行语句 B，执行后，流程跳至语句 D。若 x = 20.0，则第 1 个 if 后面的"x<=1.0"条件不满足，else 后面的 if 条件"x<10.0"也不满足，故执行最后一个 else 后面的语句 C，执行完成后，流程自动跳至语句 D。

可见，if…else if…else 语句的一般格式如下：

```
          ◆ if     (<e₁>)
                 <s₁>

            else   if (<e₂>)
                 <s₂>
选择
结构         ...

            else   if (<e_{n-1}>)
                 <s_{n-1}>

            else
          ◆ <s_n>
            ...
```

其功能是：若 e_1 条件满足则执行 s_1，整个 if 结构执行结束，流程转而执行其后的语句；若 e_1 条件不满足，则判断 e_2，若 e_2 满足，则执行 s_2，整个 if 结构执行结束，流程转而执行其后的语句；……；若 e_{n-2} 条件不满足，则判断 e_{n-1}，若 e_{n-1} 满足，则执行 s_{n-1}，整个 if 结构执行结束，流程转而执行其后的语句；若 e_{n-1} 条件不满足，则转而执行最后一个 else 中的语句 s_n，整个 if 结构执行结束，流程继续执行其后的语句。

可见，if…else if…else 结构对值域多段连续的分支选择最为适合。事实上，对于值域上多个分段不连续的情况，if…else if…else 结构也同样适合，只是构造控制条件时不能像上述例子那样简单地使用单边条件，而应使用逻辑运算符"&&"构造双边条件。例如，下面的示例用来判断键盘输入的字符的类别：数字、小写字母、大写字母。

分析：字符的值域包括 255 个 ASCII 字符，但数字、小写字母、大写字母的值域分别为'0'～'9'，'a'～'z'和'A'～'Z'这 3 段，显然它们的条件段是不连续的。为此，分别将这 3 段构成双边条件，并将满足条件的字符按相应的类别输出，而将不属于这 3 段值域的字符视为其他字符。

【例 Ex_Char.c】 判断字符的类别

```c
#include <stdio.h>
#include <conio.h>
int main()
{
    char    ch;
    printf("Input a character: ");
    ch  = getchar();
    if    ((ch>= '0') && ( ch <= '9' ))
        printf("%c is a digit!\n", ch );
    else if ((ch >= 'a') && ( ch <= 'z' ))
        printf("%c is a small letter!\n", ch );
    else if ((ch >= 'A') && ( ch <= 'Z' ))
        printf("%c is a capital letter!\n", ch );
    else
```

```
        printf("%c is another letter!\n", ch );
        return 0;
    }
```

程序运行的结果如下：

```
Input a character: p↵
P is a capital letter!
```

4.3.4 嵌套 if 语句

尽管，if…else if…else 语句是一种比较特殊的 if 嵌套结构，但整体上仍然可以看做是一条语句。这样，上述几种 if 结构语句又可充当 if 或 else 中的语句，从而可以构成更加复杂的嵌套 if 语句。但这样一来，if 和 else 就容易出现混乱的情况。例如：

```
if(e1)
if(e2)
s1;
else
s2;
```

其中的 else 究竟是与哪一个 if 配对呢？是理解为

```
if(e1)
if(e2)
    s1;
else
    s2;
```

还是理解为（这是正解）：

```
if(e1)
    if(e2)      s1;
    else        s2;
```

为了避免这种二义性，C 语言规定，**else 必须与 if 成对出现，且 else 总是与它前面离它最近一个没有 else 的 if 配对**，对上述例子应按最后一种情况理解。事实上，为了改变 if 和 else 的默认配对规则，或者为了增强程序的可读性，往往对于 if 和 else 中的语句有意地加上一些花括号。例如，对于上述例子的第一种理解可以按下列方式书写：

```
if(e1)
{
    if(e2)      s1;
}
else
    s2;
```

而将第二种理解按下列方式来书写：

```
if(e1)
{
    if(e2)      s1;
    else        s2;
}
```

下面再来看一个示例，它用来求一个一元二次方程 $ax^2+bx+c=0$ 的解，其中系数 a，b，c

从键盘输入。

　　分析：数学上，对于一元二次方程的根的求解是按下列公式进行的：

$$x = \frac{-b \pm \sqrt{b^2 - 4ac}}{2a}$$

　　考虑到 x 的值域仅限于实数，就可根据 b^2-$4ac$ 的结果决定根的个数及其各根的值。具体程序如下。

【例 Ex_Root.c】　求解一元二次方程的根

```c
#include <stdio.h>
#include <conio.h>
#include <math.h>
int main()
{
    double a, b, c, delta, x1, x2;
    printf("Input a, b, c: ");
    scanf("%lf%lf%lf", &a, &b, &c);
    delta = b * b - 4.0 * a * c;
    if ( delta < 0.0 )
    {
        printf("It has not root!\n");
    }
    else
    {
        if ( delta == 0.0 )
        {
            x1 = -b / ( 2.0 * a);
            printf("It has one root: x = %f !\n", x1 );
        } else
        {
            delta = sqrt( delta );
            x1 = (-b + delta ) / ( 2.0 * a);
            x2 = (-b - delta ) / ( 2.0 * a);
            printf("It has two roots: x1 = %f, x2 = %f !\n", x1, x2 );
        }
    }
    return 0;
}
```

　　代码中，由于 if 和 else 中加上了一些花括号，程序可读性增强了。可以看出，整个条件结构是一个大的 if…else 结构，其中 else 中的语句又是一个 if…else 结构（斜体标明的代码）。这样程序运行后，若输入 3，-7，2，则结果如下：

Input a,b,c: 3–7 2 ↵

It has two roots: x1 = 2.000000, x2 = 0.333333 !

讨论

　　　试分析：程序运行后，当输入 3，-7，2 时，程序执行的次序。

4.3.5 ？：运算

条件运算符"?:"是 C 语言中唯一的一个三目（三元）运算符，结合性为**从右至左**，优先级仅高于赋值运算符。其格式如下：

```
<e1> ? <e2> : <e3>
```

表达式 e1，e2 和 e3 是条件运算符"?:"的 3 个操作数。其中，表达式 e1 是 C 语言中可以产生"真"和"假"结果的任何表达式。其功能是：如果表达式 e1 的结果为"真"，则执行表达式 e2，否则执行表达式 e3。例如：

nNum = (a > b) ? 10 : 8;

当"a > b"为"真"时，则表达式"(a > b) ? 10 : 8"的结果为 10，从而 nNum = 10；否则"(a > b) ? 10 : 8"的结果为 8，nNum = 8。显然，它相当于一个 if…else 语句，即

```
if   (a > b)
    nNum = 10;
else
    nNum = 8;
```

需要说明的是，由于条件运算符"?:"的优先级比较低，仅高于赋值运算符，因此"nNum = (a > b) ? 10 : 8"中的条件表达式"(a > b)"两边可以不加圆括号，即可写成

nNum = a > b ? 10 : 8;

下面来看一个示例，它是用条件运算符"?:"来改写例 Ex_IfSim.c 中的 if 语句部分（加粗斜体的代码），其功能是一样的。

【例 Ex_Max.c】 求 3 个整数中的最大值

```
#include <stdio.h>
#include <conio.h>
int main()
{
    int a, b, c, max;
    printf("Input 3 Integers:");
    scanf("%d%d%d", &a, &b, &c);
    max = a > b ? a : b;
    max = c > max ? c : max;
    printf( "max = %d\n", max );
    return 0;
}
```

代码中，加粗斜体的部分用来在 3 个整数中查找最大值，它相当于下列两个 if…else 语句：

```
if   ( a > b ) max = a;
else   max = b;
if   ( c > max )   max = c;
else   max = max;
```

其中"max = max;"是一个合法的赋值语句，但 max 的值不会改变。这样程序运行后，当输入"23␣45␣–90↵"时，其结果如下：

```
Input 3 Integers:23 45 –90↵
max = 45
```

可见，用条件运算符"?:"来代替 if…else 语句能使代码简化。但在复杂的"?:"表达式中，要注意其运算次序。例如：

```
int    x=3,  y;
y = x>5 ? ++x : x>5 ? ++x : (x = x+10);
printf("x = %d, y = %d\n", x, y);
```

由于语句"y = x>5 ? ++x : x>5 ? ++x : (x = x+10);"中的"x>5"是两个条件运算符的共用操作数，因此它相当于"y = x>5 ? ++x : (x>5 ? ++x : (x = x+10));"。按其从右向左的结合性，应先运算"(x>5 ? ++x : (x = x+10))"，由于"x>5"此时为"假"，因而执行"(x = x+10)"，即 x = 13。然后计算"y = x>5 ? ++x : 13"，由于"x>5"此时为"真"，因而执行"++x"，这样 y = 14，x = 14。**但实际结果：x = 13, y = 13**。这是为什么呢？

上述理解是没有错误的，只是 C 语言对条件运算符进行了优化，也就是说，当有：

e1 ? e2 : e3

只有当 e1 为"真"时，e2 才会被执行，而不会考虑 e3 是怎样的表达式。同样，只有当 e1 为"假"时，e3 才会被执行。代码"y=x>5?++x:x>5?++x:(x=x+10);"的实际运算次序是：先判断最前面的"x>5"，由于该表达式为"假"，因此执行"(x>5 ? ++x : (x = x+10))"，因这里的"x>5"仍为"假"，故运算(x = x+10)。这样，y = (x = x+10)，结果为 **x = 13，y = 13**。

事实上，若能牢牢地记住条件运算符等效于 1 个 if…else 语句，则上述问题也可迎刃而解。即语句"y = x>5 ? ++x : x>5 ? ++x : (x = x+10);"等效为

```
if   (x>5)   y = ++x;
else
{
    if   (x>5)   y = ++x;
    else         y = (x = x + 10);
}
```

试分析条件表达式 3>4?5:6<7?8:9 的值是多少。

4.4   switch 语句

if 语句适用于数域中多段**范围条件**或多个**点条件**的判断选择。所谓**点条件**，就是与某个值是否相等的条件。但当程序有多个**点条件**判断时，若使用 if 语句则可能使嵌套太多，降低了程序的可读性。这时，就需要使用 C 语言中的 switch 语句结构，它能方便地解决多个点条件的判断选择。由于点条件的相等与不相等就好比"开"和"关"，因而 switch 语句又称为**开关语句**。它具有下列形式：

```
       ◆ switch （<e>）
         {
             case  <v₁>:  [s₁]
                             break;
             case  <v₂>:  [s₂]
                             break;
             ...
             case  <vₙ>:  [sₙ]
                             break;
             default:  [sₙ₊₁]
       ◆ }
         ...
```

选择
结构

其中，switch，case，default 都是 C 语言的关键字。需要说明：

（1）switch 后面的括号不能省略，括号中的 e 对于绝大多数编译器来说，都要求是广义上的**整型表达式**。即 e 既可以是字符型（char）的常量、变量或表达式，也可以是任意整型常量、变量或表达式，甚至可以是其他结果为整型的量（如枚举常量）或表达式。

（2）case 后面的 $v_1 \cdots v_n$ 可以是**常量**或**常量表达式**，值的类型还必须是广义上的整型，不能是字符串常量，且**值必须各不相同**。

（3）冒号后面的 $s_1 \cdots s_{n+1}$ 是相应 case 后面的语句块，它可以是 1 条或多条语句，且多条语句可不必用花括号 "{}" 括起来。

（4）case 和 default 的先后顺序可以变动，而不会影响程序执行结果。

（5）default 可以省略不用。

switch 的功能是：当运行 switch 语句时，表达式 e 的值与 case 后面的 $v_1 \cdots v_n$ 逐一进行比较。当 e 的值与某个 case 后面的值相等时，流程就转入到该 case 中 ":" 号后面的语句块中的第 1 条语句上，然后按次序运行，直到遇到 break 语句或 switch 语句最后的花括号 "}" 才会结束，转而执行 switch 结构的后面语句。若 case 后面的值都不等于表达式 e 的值，则流程转入到 "default:" 后面的语句，若 default 省略，则跳出 switch 结构，转而执行 switch 结构的后面语句。

下面来看一个示例，它的作用是根据输入的成绩等级来输出相应的分数段。

【例 Ex_ASwitch.c】　根据成绩的等级输出相应的分数段

```c
#include <stdio.h>
#include <conio.h>
int main()
{
    char    grade;
    printf("Input a score grade(A···E): ");
    grade = getchar();
    switch ( grade )
    {
        case 'A':
        case 'a':    printf("%c is 90 ~ 100.\n", grade );
                     break;
```

```
                case 'B':
                case 'b':    printf("%c is 80 ~ 89.\n", grade );
                             break;
                case 'C':
                case 'c':    printf("%c is 70 ~ 79.\n", grade );
                             break;
                case 'D':
                case 'd':    printf("%c is 60 ~ 69.\n", grade );
                case 'E':
                case 'e':    printf("%c is fail.\n", grade );
                default:     printf("%c is an invalid grade.\n", grade );
            }
        return 0;
    }
```

运行时，如果输入 A，则结果为

Input a score grade(A⋯E): A↵

A is 90~100

但当输入 d 时，结果如下：

Input a score grade(A⋯E): d↵

d is 60~69

d is fail

d is an invalid grade

实际上，这不是想要的结果，而应该只输出"d is 60 ~ 69"。

仔细比较以上两次结果，可以发现："case 'a':"语句中的最后一条语句是 break 语句，而 "case 'd':" 后面则没有。由于 break 语句能使流程跳出 switch 结构，因此当流程执行到 "case 'a':" 中的语句 "printf("%c is 90 ~ 100.\n", grade);" 后，break 语句使其跳出 switch 结构，保证结果的正确性；若没有 break 语句，则后面的语句继续执行，直到遇到下一个 break 语句或 switch 结构的最后一个花括号 "}" 为止才跳出该结构。

从例中可以看出：

（1）case 后面的 $v_1 \cdots v_n$ 值和冒号仅起到标号的作用，用做流程入口的标识，其前后的次序不影响程序结果。正因为如此，ANSI C 将 switch 结构中的 case 语句、default 语句以及以后要讨论的用于 goto 的标签（标号）语句统称为**标号语句**。

（2）break 是跳出 switch 结构的不可缺少的语句。一旦缺少，则后面的语句也会执行。可见，每个 case 后面的语句块 $s_1 \cdots s_{n+1}$ 中的最后一条语句往往应是 "break;" 语句。但最后一个标号中的语句块中可以不需要 break 语句。特别要注意，若 default 不是 switch 结构中的最后一个标号时，则 default 语句块中的最后也应加上 break 语句。例如：

```
    switch ( grade )
    {
        default:     printf("%c is an invalid grade.\n", grade );
                     break;                            /* 注意要加上 */
        case 'A':
        case 'a':    printf("%c is 90 ~ 100.\n", grade );
                     break;
        …
```

```
        case 'e':        printf("%c is fail.\n", grade );        /* 最后可以省略 "break;" 语句 */
    }
```

（3）多个 case 可以共有一组执行语句，如程序中的：

```
    case 'B':
    case 'b':        printf("%c is 80 ~ 89.\n", grade );
                break;
```

这时，当用户输入 B 或 b 将得到相同的结果。

另外，在 switch 结构中，因为有 "{}" 块的语法结构，因而在块中的开始位置允许进行变量定义。例如：

```
    switch (grade)
    {
        int i;                                    /* 合法 */
        case 'A':
        case 'a':        printf("%c is 90 ~ 100.\n", grade );
                    break;
        ...
    }
```

需要强调的是，对于上述代码若写成：

```
    case   'A', 'a':            printf("%c is 90 ~ 100.\n", grade );
```

则是错误的，因为 case 后面的常量值只能是一个，不能是多个，当然也不能用逗号隔开。

4.5 综合实例：简单计算器（上）

日常生活中的计算器功能虽简单，但基本功能都有。这个基本功能就是四则运算，例如，"3×4"，则操作往往是先按 "3" 键，然后按 "×" 键，接着按 "4" 键，最后按 "=" 键，结果便显示出来。本实例首先来实现这部分功能，即输入一个四则运算表达式后，按 Enter 键，结果显示出来。

分析：

从日常生活中的计算器操作来看，输入四则运算表达式中的操作数和运算符具有下列一些特点：

（1）操作数和运算符之间不存在空格。

（2）操作数既可以是整型，也可以是实型。而当是整型时，其结果输出也应是整型，但若是实型时，其结果输出也应该是实型。

对于第 1 个特点，在程序实现时应是使用 scanf 来获取操作数和运算符。而对于第 2 个特点，在程序实现时应使用 printf 的%g 格式。根据上述分析，可得下列程序。

【例 Ex_Cal.c】 简单计算器（上）

```c
#include <stdio.h>
#include <conio.h>
int main()
{
    float   a,b,s;
    char    op;
    int     res = 1;
```

```
            printf("Input an expression ( a op b): ");
            scanf("%f%c%f", &a, &op, &b );
            switch (op)
            {
                case '*':    s = a * b;  break;
                case '/':    s = a / b;  break;
                case '+':    s = a + b;  break;
                case '−':    s = a − b;  break;
                default :    res = 0;
            }
            if ( res )
                printf("%g %c %g = %g\n", a, op, b, s );
            else
                printf("The express is invalid!\n" );
            return 0;
        }
```

代码中，变量 res 用来跟踪输入的数据是否是本程序可以正确获取的，初值为 1，若 op 的值不是四则运算符，则 res 的值就变成 0。通过后面的 if…else 语句得到最后的输出结果。

程序多次运行后，测试的结果如下：

> **Input an expression (a op b): 2*3⏎**
> **2*3 = 6**

> **Input an expression (a op b): 3.5+9⏎**
> **3.5+9 = 12.5**

> **Input an expression (a op b): 15.6/4⏎**
> **15.6 / 4 = 3.9**

> **Input an expression (a op b): 23−18⏎**
> **The express is invalid!**

需要说明：

（1）在最后的测试中，当"23␣−␣18"表达式中存在空格时，本程序并不能正确识别，这就需要在后续的程序中加以改进。

（2）事实上，有些计算器还带有优先级功能，即当输入 2×3，再输入"+"或"−"时，其 2×3 的结果会先显示，按"="键后，最终结果才会出现。若当输入 2+3 时，若再按"×"或"/"键时，则按优先级计算。要想实现这些功能，就需要使用下一章的循环结构。

总之，语句是描述程序操作的基本单位，是 C 源程序的重要组成部分。在结构化程序设计中，对于流程控制语句而言，除了熟悉其结构形式外，更主要的是构建其控制条件以及搞清楚它们的适用场合。就选择结构而言，if…else 语句往往用于多段范围条件的分支选择，而 switch 则适用于多点条件的分支选择。下一章讨论结构化程序设计中的循环结构和转向语句。

习题 4

一、选择题

1. 下列运算符中运算优先级最高的是（   ）。

    A. *　　　　　　　B. !　　　　　　　C. &&　　　　　　D. >=

2. 设 int x=1；表达式 "!x" 的值为（   ）。

    A. −1　　　　　　B. 0　　　　　　　C. 1　　　　　　　D. 2

3. 设变量 a,b,c,d,m,n 均为 0，执行(m=a==b) || (n=c== d)后，m,n 的值分别是（   ）。

    A. 0, 1　　　　　B. 1, 1　　　　　C. 1, 0　　　　　D. 0, 0

4. 设 int i=0, j=1, k=2, a=3, b=4, c=5；执行表达式(a=i<j)&&(b=j>k)&&(c=i, j, k)后，a, b, c 的值分别是（   ）。

    A. 1, 0, 5　　　　B. 1, 0, 2　　　　C. 3, 4, 5　　　　D. 3, 0, 2

5. 设 x, y 是 int 型变量，且 x=3,y=4，则下面表达式中值为 0 的是（   ）。

    A. x && y　　　　B. x<=y　　　　C. x || y　　　　D. !x && y

6. 能正确表达 $a \leqslant b \leqslant c$ 的合法的 C 表达式是（   ）。

    A. a<=b || b<=c　　　　　　　　　B. a≤b && b≤c

    C. a<=b && b<=c　　　　　　　　　D. a<=b & b<=c

7. 判断 char 型变量 c 是否为小写字母的正确表达式为（   ）。

    A. 'a' <= c <= 'z'　　　　　　　　　B. c<='a' && c>='z'

    C. c>='a' && c<='z'　　　　　　　　D. c>='a' || c<='z'

8. 下述程序的输出结果是（   ）。

```
main ( )
{
    int a,b,c;
    int x=5,y=10;
    a=(--y=x++) ? −y : ++x ;
    b=y++ ; c=x ;
    printf("%d,%d,%d",a,b,c);
}
```

    A. 6, 9, 7　　　　　B. 6, 9, 6　　　　　C. 7, 9, 6　　　　　D. 7, 9, 7

二、求值题

1. 设各表达式的变量的初值均为 "int　a = 3, b = 4, c = 5;" 求下列各表达式的值：

    A. a+b>c&&b==c　　　　　　　　　B. a||b+c&&b>c

    C. !a||!c||b　　　　　　　　　　　D. a*b&&c+a

2. 设 a, b, c 的值分别为 15, 18, 19，指出下列表达式运算后 x, y, a, b 和 c 的值。

    A. x = a<b||c++　　　　　　　　　B. y = a>b&&c++

    C. x = a+b>c&&c++　　　　　　　　D. y = a||b++||c++

三、编程题

1. 输入 3 个整数 a, b, c，要求按从小到大的顺序输出。

2. 输入整数 a 和 b，若 a^2+b^2 大于 100，则输出 a^2+b^2 百位以上的数字，否则输出两数之和(a+b)。

3．有一个数学函数：

$$y = \begin{cases} x & (x < -1.0) \\ 2x & (-1.0 \leqslant x < 1.0) \\ 3x & (x \geqslant 1.0) \end{cases}$$

写一个程序，输入 x，输出 y。

4．给出一个百分制成绩，要求输出成绩等级 A，B，C 和 D。其中，85 分以上为 A，75～84 分为 B，65～74 分为 C，65 分以下为 D。分别用 if…else if…和 switch 来编程。

第5章 循环和转向

循环结构是 C 程序中一种非常重要的结构，它提供了重复操作的能力。当给定的**循环条件**成立时，反复执行某程序段，直到**循环条件**不成立为止。反复执行的程序段称为**循环体**。在 C 语言中，可以构成循环结构的形式有 4 种：while, do…while, for 以及由 if 和 goto 组合而成的结构。这些循环结构的功能是相似的，在许多情况下它们可以相互替换，唯一的区别是它们的控制循环方式不同。其中，由于 if 和 goto 组合而成的循环结构不符合结构化程序设计的原则，因而一般不使用。本章主要介绍前 3 类循环以及循环中的转向控制。

5.1 while 语句

C 语言的 while 语句能实现"当型"循环，即流程首先判断循环条件是否满足，若为"真"，则执行循环体，然后流程再次跳转至循环条件的判断，若再为"真"，就再执行循环体，如此反复，直到循环条件不能满足为止。

5.1.1 while 语句的一般格式

while 循环语句具有下列一般格式：

其中，while 是 C 语言的关键字。s 是循环体，e 是控制循环的条件表达式。其功能是：当表达式 e 为"真"时，便开始执行 while 循环体 s 中的语句，然后反复执行，每一次执行前都要判断表达式 e 是否为"真"，若为"假"，则终止循环，执行循环结构后面的语句。其流程可用图 5.1 来表示。

需要说明：

（1）while 后面的表达式 e 两边的圆括号不能省略，且循环体的语句应另起一行书写，并采用缩进格式以便于阅读。

（2）循环体 s 中的语句可以是 0 条、1 条或多条。当为 0 条或多条语句时，一定要用花括号"{}"括起来，使之成为块语句，如果不加花括号，则属于 while 的循环体 s 的语句只是紧跟在 while (e)后面的第一条语句。

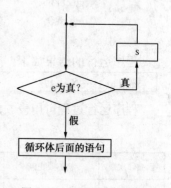

图 5.1　while 循环流程图

5.1.2 while 语句的循环程序设计

在用循环结构设计程序时，往往要考虑**循环变量**、**循环条件**以及**循环体**这三方面的内容。例如，若求从 1 到 50 的和，即求 1+2+…+50。则有：

（1）**循环变量的确定**。由于是求 1 到 50 的和，这就是说，数值将需要从 1 一直变化到 50，因而需要一个整型变量 i，这个变量就是**循环变量**。一般地，将循环变量 i 的初值设为数值变化前的最初值，即 i = 1。另外，由于求和的结果总要存储，以便后面输出或进行其他操作，因此需要一个变量 sum。又因这里的"和"一般不会太大，故将 sum 定义成 int 类型。显然，在求和之前，sum 的初值应设为 0。（这方面的内容又可称为**循环的初始化**。）

（2）**循环条件的设计**。一旦所需的循环变量确定后，就可对循环条件进行设计了。由于上述指定的循环变量 i 是用来控制 1 到 50 的变化范围的，因而应将循环条件设为"i<=50"。（这方面的内容又可称为**循环的测试设计**）

（3）**循环体的构成**。有了循环变量、循环条件后，就可以根据它们来构造循环体了。首先循环变量的值的范围是从 1 到 50，在循环前，i 的初值已设定为 1，因而在循环体中要有语句 "i++;"，第一次执行将使 i 的值从 1 变成 2，下一次执行时就会就变成 3，……。其次，还要有语句 "sum = sum + i;"，以便能使实现 1+2+3+…。可见，在循环体中必须要有循环变量的**更新**操作，这样才有可能不满足循环条件而使循环终止。否则，循环条件一直为"真"，循环永不停止（称为"死循环"），程序运行后就像是"死机"一样。

根据上述分析，可有下列代码。

【例 Ex_AWhile.c】 求 1 到 50 的和

```
#include <stdio.h>
#include <conio.h>
int main()
{
    int    i = 1;
    int    sum = 0;
    while    (i<=50)
    {
        sum = sum + i; i++;
    }
    printf( "sum of 1…50 = %d\n",    sum );
    getch();
    return 0;
}
```

循环体

程序运行的结果如下。

sum of 1…50 = 1275

程序运行过程可用表 5.1 来说明。

表 5.1   while 循环求 1 到 50 的和

已循环次数	初值及更新	循环变量 i	循环条件(i <= 50)测试	结　　果
0	i=1, sum=0	1	真	执行 "sum = sum + i; i++;"
1	i=2, sum=1	2	真	执行 "sum = sum + i; i++;"
2	i=3, sum=3	3	真	执行 "sum = sum + i; i++;"
…	…	…	…	…
49	i=50, sum=1225	50	真	执行 "sum = sum + i; i++;"
50	i=51, sum=1275	51	假	退出循环

再如，求 $\frac{1}{2} + \frac{2}{3} + \frac{3}{4} + \cdots + \frac{99}{100}$ 的值。

分析：

（1）由于各分式中分子是从 1 变化到 99 的，因此可定义一个 int 变量 i，并设初值为 1，这样各分式可表示为 i/(i+1)。但因它是整除，因此需要对其进行强制类型转换，即各分式计算式为(double)i/(double)(i+1)。

（2）由于各分式的计算结果总要加在变量 sum 中，因此 sum 的初值为 0.0，且 sum 类型应与强制转换的类型相同，即为 double。

（3）由于变量 i 变化范围为 1～99，因此设循环条件 i<100 或 i<=99。循环体语句只要包含分式值求和及 i 的自增语句就可以了。

具体程序如下。

【例 Ex_BWhile.c】 求多个分式的和

```c
#include <stdio.h>
#include <conio.h>
int main()
{
    int    i = 1;
    double sum = 0.0;
    while    (i<=99)
    {
        sum = sum + (double)(i) / (double)(i+1);        i++;
    }
    printf( "result = %f\n",    sum );
    getch();
    return 0;
}
```

程序运行的结果如下：

```
result = 94.812622
```

5.2　do…while 语句

C 语言的 do…while 语句能实现"直到型"循环，即流程首先执行循环体，然后判断循环条件是否满足；若为"真"，则再次执行循环体，然后再次判断条件，若再为"真"，就再执行循环体；如此反复，直到循环条件不能满足为止。

5.2.1　do…while 语句的一般格式

do…while 循环语句具有下列一般格式：

```
循环      ◆ do
结构          <s>
        ◆ while (<e>);
          …
```

其中 do 和 while 都是 C 语言的关键字。语句 s 是循环体，e 是控制循环的条件表达式。其功能是：流程从 do 开始执行，然后执行循环体 s，当执行到 while 时，将判断表达式 e 是

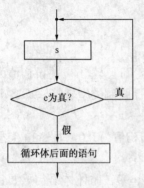

图 5.2 do…while 循环流程图

否为"真",若是,则继续执行循环体 s,直到下一次表达式 e 等于"假"为止。循环结束后,执行循环结构后面的语句。具体流程可用图 5.2 来表示。

需要说明:

(1)循环体 s 中的语句可以是 0 条、1 条或多条。当为 0 条或多条语句时,一定要用花括号"{}"括起来,使之成为块语句。否则,会出现语法错误。

(2)while 后面的表达式 e 两边的圆括号不能省略,且最后的分号不能漏掉。

下面来用 do…while 循环语句求整数 1 到 50 的和。

【例 Ex_Do.c】 求 1 到 50 的和

```c
#include <stdio.h>
#include <conio.h>
int main()
{
    int   i = 1;
    int   sum = 0;
    do
    {
        sum = sum + i;   i++;
    } while  (i<=50);                    /* 分号不要漏掉 */
    printf( "sum of 1…50 = %d\n",   sum );
    getch();
    return 0;
}
```

程序运行的结果如下:

sum of 1…50 = 1275

5.2.2 do…while 语句的特点

从上述示例可以看出:

(1)do…while 至少执行一次循环体,而 while 中的循环体可能一次都不会执行。

(2)从局部来看,while 和 do…while 循环结构中都有"while (e)"。为区别起见,对于 do…while 来说,无论循环体是单条语句还是多条语句,习惯上都要用花括号将其括起来,并将"while (表达式);"直接写在右花括号"}"的后面。

(3)同 while 语句类似,在 do…while 中也可将循环体中的一些语句变成等价的表达式,放置在循环条件表达式 e 处。例如,上述示例中的 do…while 代码可写成:

```c
do
{
    sum = sum + i;
} while  (i++, i<=50 );
```

甚至写成:

```c
do
{
} while   (sum += i, i++, i<=50 );
```

两者都是合法的且是功能相同的代码。

5.3　for 语句

for 语句是 C 语言所提供的功能更强，使用更广泛的一种循环语句。它将循环结构中的 3 个要点部分（初始化、测试和更新）作为 for 语句自身的 3 个表达式，从而使该循环的设计更着眼于要反复执行的循环体部分。在功能上，for 语句可完全代替 while 语句。

5.3.1　for 语句的一般格式

for 循环语句具有下列一般格式：

其中，for 是 C 语言的关键字。s 是循环体，e1 用于循环变量的初值设定（初始化），e2 是控制循环的条件表达式（测试），e3 用于循环变量的值的更新。其功能是：先运算表达式 e1，然后测试表达式 e2，若 e2 为"真"，便开始执行循环体 s 中的语句，接着流程转而运算表达式 e3，然后再次判断表达式 e2，若再为"真"，则再次执行循环体，再运算表达式 e3，如此反复，直到表达式 e2 为"假"。循环结束后，执行循环结构后面的语句。其流程可用图 5.3 来表示。

需要说明：

（1）for 后面的表达式两边的圆括号不能省略，括号中 e1，e2 和 e3 表达式是用分号";"来分隔的，需要注意：这里的分号仅仅起到一个分隔符的作用。

（2）循环体 s 中的语句可以是 1 条或多条。当为多条语句时，一定要用花括号"{ }"括起来，使之成为块语句，如果不加花括号，则 for 的循环体 s 的语句只是紧跟 for 括号后面的第一条语句。

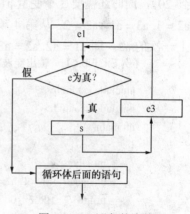

图 5.3　for 语句的流程

（3）在书写时，循环体的语句最好另起一行书写，并采用缩进格式以便于阅读。

例如，可用 for 循环语句将 Ex_Do.c 改写成下列代码：

【例 Ex_For.c】　求 1 到 50 的和

```c
#include <stdio.h>
#include <conio.h>
int main()
{
    int   i, sum;
    for (i = 1, sum = 0; i <= 50; i++ )
        sum += i;
    printf( "sum of 1…50 = %d\n",   sum );
    getch();
    return 0;
}
```

程序运行的结果如下：

```
sum of 1…50 = 1275
```

需要说明：

（1）表达式 e1，e2 和 e3 可以是一个简单的表达式，也可以是逗号表达式，即包含两个或两个以上的简单表达式，中间用逗号分隔。例如，代码中 for 的 e1 表达式是 "i = 1, sum = 0"。

（2）循环体 s 中的语句也可以是一条空语句，这样的循环往往用于时间延时。例如：

```
int i;
for ( i = 0; i<10000; i++);          /* 注意后面的分号表示一条空语句 */
```

再来看一个示例：斐波那契（Fibonacci）数列中的头两个数是 1 和 1，从第 3 个数开始，每个数都等于前两个数的和。编程计算并输出此数列的前 20 个数项，且每行输出 5 个。

分析：

由于斐波那契数列中，刚开始的两项都是 1，从第 3 项开始，每一项都是前 2 项之和。从它的这个规律可以得出：需要一个循环变量 i，用来控制数列的项数的变化（从 3 到 20），同时还需要 3 个变量 a1，a2 和 a3 分别控制并更新数列最新的 3 项。初始时，a1 = 1，a2 = 1，a3 = a1 +a2 = 2，从第 4 项开始，a3 = a1 + a2，同时 a2 应等于上一次的 a3，a1 应等于上一次的 a2。即 a1 = a2，a2 = a3。这样便有了下列程序。

【例 Ex_Fib.c】 输出斐波那契数列前 20 项，每行 5 个

```c
#include <stdio.h>
#include <conio.h>
int main()
{
    int   i;
    unsigned   a1 = 1, a2 = 1, a3;
    printf("%-10d%-10d", a1, a2);
    for ( i = 3;   i <= 20; i++)
    {
        a3 = a1 + a2;
        printf("%-10d", a3 );
        a1 = a2;                              /* 语句 A */
        a2 = a3;                              /* 语句 B */
        if ( i % 5 == 0 )  printf("\n");
    }
    return 0;
}
```

代码中，if 语句通过判断输出的项是否是 5 的倍数来决定是否换行。另外，由于刚开始时已输出数列的前 2 项，因此 for 中的 i 的初值应设为 3，循环条件应设为 "i<=20"。运行结果为

1	1	2	3	5
8	13	21	34	55
89	144	233	377	610
987	1597	2584	4181	6765

下面来说明 a1，a2 和 a3 的更新情况：

（1）当第 1 次进入循环时，a1=1, a2=1，此时 a3=2；输出 a3 后，a1 的值等于 a2 的值 1，而 a2 等于 a3 的值 2。

（2）第 2 次进入循环时，a1=1, a2=2，此时 a3=3；输出 a3 后，a1 的值等于 a2 的值 2，而 a2 等于 a3 的值 3。

（3）第 3 次进入循环时，a1=2, a2=3，此时 a3=5；输出 a3 后，a1 的值等于 a2 的值 3，而 a2 等于 a3 的值 5，依次类推。

注意，不要将语句 A 和 B 的次序搞反了，若是 "a2 = a3; a1 = a2;" 的话，则执行后，a1 和 a2 都等于 a3 的值，这样，各项的值就不对了。

5.3.2　for 语句的省略形式

实际运用时，for 循环还有许多变化的形式，这些形式都是将 for 后面括号中的表达式 e1、e2 和 e3 进行部分或全部省略，但要注意起分隔作用的分号 ";" 不能省略。常见的省略形式有下列几种。

（1）**若省略表达式 e1**，不影响循环体的正确执行，但循环体中所需要的一些变量的初始化要在 for 语句之前进行。例如，例 Ex_For.c 的代码可改写如下：

```
int   i = 1, sum = 0;
for ( ; i <= 50; i++ )    sum += i;
```

（2）**若省略表达式 e2**，则表达式 e2 的默认值为 "真"，循环将无休止地进行下去，为此应在循环体中添加额外代码使之有跳出或终止循环的可能。例如，例 Ex_For.c 的代码可改写如下：

```
int   i, sum;
for (i = 1, sum = 0;   ; i++ )
{
    if (i>50)   break;                /* 当 i>50 时，执行 break 语句，跳出循环 */
    sum += i;
}
```

（3）**若省略表达式 e3**，则应在循环体中添加对循环变量更新的语句，以保证表达式 e2 的值有不为 "真" 的可能，从而能使循环终止。例如，例 Ex_For.c 的代码可改写如下：

```
int   i, sum;
for (i = 1, sum = 0; i <= 50;   )
{
    sum += i;   i++;
}
```

（4）**若省略表达式 e1 和 e3**，它相当于 while 循环，如以下加框代码：

```
int   i = 1, sum = 0;
while ( i <= 50 )
{
    sum += i;
    i++;
}
```

例如，例 Ex_For.c 的代码可改写如下：

```
int   i = 1, sum = 0;
for ( ; i <= 50;   )
```

```
        {
            sum += i;   i++;
        }
```

（5）若表达式全部省略。例如，例 Ex_For.c 的代码可改写如下：

```
    int    i = 1, sum = 0;
    for ( ; ; )
    {
        if (i>50) break;
        sum += i;   i++;
    }
```

则循环体中所需要的一些变量的初始化要在 for 语句之前定义，如 "int   i = 1, sum = 0;"，且应在循环体中添加额外代码使之有跳出或终止循环的可能，如 "if (i>50) break;"。

5.4　循环嵌套

从整体来看，C 语言的上述 3 种循环结构都可以看做是具有循环功能的**单条语句**，这样，它们就可以作为其他程序结构中的语句，当然也可以是循环结构中循环体的语句，这样就形成了**循环的嵌套**。在循环内部的循环，称为**内嵌循环**或**内层循环**。若在内嵌的循环中再嵌入一个内嵌循环，则构成了多层嵌套循环。

在循环嵌套设计中，只要辨明循环的内外结构，就可正确应用多重或多层循环了。

【例 Ex_MI1.c】　简单的循环嵌套

```
#include <stdio.h>
#include <conio.h>
int main()
{
    int    i, j;
    for ( i = 0; i < 4; i++)
    {
        printf("%d:\n\t", i);
        for ( j = 0; j < 3; j++ )
        {
            printf("%d\t", j);
        }
        printf("\n");
    }
    return 0;
}
```

代码中，由两个 for 语句构成了循环嵌套。也就是说，内循环 for 是外循环 for 的循环体中的语句（已在代码中标明）。程序运行的结果如下：

```
0:
        0       1       2
1:
        0       1       2
2:
        0       1       2
3:
        0       1       2
```

从结果可以看出：

（1）外循环每次执行到循环体中的内循环时，都必须等到内循环结束后才算是外循环体执行一次。这就是说，若外循环的循环次数为 m，而内循环的循环次数为 n，则在内循环中的循环体共执行了 $m \times n$ 次。

（2）若内循环中还有一个内嵌循环，设其循环次数为 p，则这个内嵌循环的循环体执行次数应为 $m \times n \times p$ 次。可见，在多层循环嵌套中，最内层的循环次数是各层循环次数的乘积。

下面再看一个示例，它的作用是将 1 到 100 之间的所有素数全部输出。

分析：

（1）在数学中，素数（又称为**质数**）是指除 1 和其本身外，不能被其他小于本身的数整除的数。这就是说，在程序中若要判断一个数 n 是否是素数，则必须依次判断是否不能被 $2,3,\cdots,n-1$ 这些数整除，只要有一个数能整除 n，则 n 就不是素数。

（2）本例是要找出 1 到 100 之间的所有素数，这也是一个循环。这样，在程序代码中就需要两层循环：外层循环用来将数从 1 一直变化到 100，内层循环则是用来判断是否是素数。

根据上述分析，可得下列具体程序。

【例 Ex_MI2.c】 求 1 到 100 中的素数

```c
#include <stdio.h>
#include <conio.h>
int main()
{    int  n = 1;
     while ( n++, n <= 100 )
     {
         int i, is = 1;
         for ( i = 2; i < n - 1; i++ )
         {
             if ( n % i == 0 )            /* 能整除 */
             {
                 is  = 0;
                 break;                    /* 跳出当前循环 */
             }
         }
         if ( is )      printf("%d\t", n);
     }
     printf("\n");
     return 0;
}
```

代码中，while 和 for 构成了两层循环：while 是外层循环（用来将 n 从 2 变化到 100，因为 1 既不是素数，也不是合数，所以从 2 开始），for 是内层循环（用来判断当前 n 是否是素数）。程序运行的结果如下：

2	3	5	7	11	13	17	19	23	29	31
37	41	43	47	53	59	61	67	71	73	79
83	89	97								

需要说明的是，当 n 的值很大时，则内层循环 for 的循环次数就得增加，运算量也变得大起来了。那么能否改进一下算法，使运算量变小呢？

大家知道，若 n 不是素数，则可表示成 $n = i \times j$，且 $I \leqslant j$。显然，此时的 $i \leqslant \sqrt{n}$。也就是说，如果 n 不是素数，则总可以找到一个不大于 $\sqrt{n}$ 的整数 i 能整除 n。因此循环语句 for 中的表达式可改为"（ i=2; i<=sqrt(n); i++)"。由于要用到库函数 sqrt，因而要在程序的前面加上头文件 math.h 的包含指令。又由于求平方根比较费时，可将循环语句 for 中的表达式改为"(i=2; i<=n/2; i++)"。

5.5 转向语句

除了前面的分支语句和循环语句可以改变程序的流程外，C 语言还提供 break, continue 和 goto 语句，用来在程序结构中强制改变流程的流向，称为**转向语句**。

5.5.1 break 语句

break 语句用于循环结构和 switch 结构中，它的一般格式如下：

break;

在 switch 结构中，break 语句用来使流程从**当前 switch 结构**中跳出，转而执行其后的语句。在 while, do…while 和 for 循环结构中，执行 break 将使流程**从当前的最近的循环结构**中跳出，然后执行循环结构后面的语句。

例如，下面的代码，当语句 A 中 break 语句执行后，它使流程跳出最外层循环，并转至执行"printf("%d\n", i);"；当 B 中 break 语句执行后，流程跳出内层循环，转而执行"printf("%d\n", j);"，其跳转的方向如箭头所示。

```
int  i,  j;
for ( i = 0;  i<100 ;  i++ )
{
    if ( 10 == i )  break;                /* 语句 A */
    for (j = 0;  j<200;  j++)
    {
        if ( 10 == j )  break;            /* 语句 B */
    }
    printf("%d\n", j);
}
printf("%d\n", i);
```

注意：break 仅使流程跳出其所在的最近的那一层循环或 switch 结构，而不是跳出所有层的循环或 switch 结构。

5.5.2 continue 语句

continue 语句用于那些依靠条件判断而进行循环的循环结构，如 for, while, do…while，它的一般格式如下：

continue;

continue 的目的是提前结束本次循环，跳转到本层循环的条件测试部分继续执行。

下面来看一个示例，其作用是将 1～50 之间的不能被 7 整除的数输出。

【例 Ex_Continue.c】 输出 1～50 之间的不能被 7 整除的数

```
#include <stdio.h>
#include <conio.h>
int main()
```

```
    {
        int   i;
        for ( i = 1;   i<=50;   i++)
        {
            if ( 0 == i % 7 ) continue;
            printf("%6d", i );
        }
        printf("\n");
        return 0;
    }
```

分析：当 i 能被 7 整除时，即 if 后面的表达式"0 == i % 7"为"真"时，执行 continue 语句，提前结束当前循环，流程转到 for 语句中的"i++"，并根据表达式"i<=50"来决定是否再次循环。若 i 不能被 7 整除时，则 if 后面的语句被执行，从而输出结果。

程序运行的结果如下：

1	2	3	4	5	6	8	9	10	11	12	13	15
16	17	18	19	20	22	23	24	25	26	27	29	30
31	32	33	34	36	37	38	39	40	41	43	44	45	46
47	48	50										

总之，continue 的作用是提前结束本次循环，但不是终止整个循环的执行。而 break 则是结束其所在的最近的那一层的整个循环。

5.5.3 goto 语句

goto 语句是将流程从其所在的位置强行转移到它所指定的标号处，其格式如下：

goto 标号;

标号是用户定义的一个标识符（命名方法与其他标识符相同），用来设定一个语句的位置，类似于网页中的标签，用来标识流程的入口。在 C 语言中，一个标号由一个标识符和后跟的冒号组成，且标号标识符一般大写以便与其他标识符相区别。

需要说明的是，在早期的程序设计方法中，goto 常和 if 一起来实现循环功能，但这并不是结构化程序设计中的循环结构。例如：

【例 Ex_Goto.c】 输出 1～50 之间的不能被 7 整除的数

```
#include <stdio.h>
#include <conio.h>
int main()
{
    int   i = 1;
LOOP:
    if ( i % 7 ) printf("%6d", i );
    i++;
    if (i<=50) goto LOOP;
    printf("\n");
    return 0;
}
```

当 i≤50 时，"goto LOOP;"语句被执行，流程转到 LOOP 所在的位置，然后继续执行

"LOOP:"后面的语句，如此反复，直到 i>50 为止。程序运行的结果如下：

1	2	3	4	5	6	8	9	10	11	12	13	15
16	17	18	19	20	22	23	24	25	26	27	29	30
31	32	33	34	36	37	38	39	40	41	43	44	45	46
47	48	50										

另外，goto 语句还常用于退出多重循环。例如：

```
…
for (…)
{
    for (…)
        for (…)
            if (…) goto END;
    …
}
END:
    printf( "goto 语句使流程跳出所有循环，并转到该句！\n" );
…
```

这里用 goto 语句一次可跳出多层循环，显得非常方便。需要强调的是，由于滥用 goto 语句将导致程序的可读性变得很差，再加上 goto 语句的功能可用其他语句来替代，因此现代程序设计方法主张限制 goto 语句的使用。

5.6 综合实例：简单计算器（中）

上一章的简单计算器功能受到许多限制，其中最大的限制就是输入方式，即四则运算的两个操作数和运算符要同时输入。这样就会出现上一章实例遗留的问题：一旦操作数与运算符之间有空格，运算符就无法正确获取，从而导致结果的错误。解决这个问题的最一般的方法就是通过循环来依次获取用户按下的键，然后对操作数和运算符进行有效的获取，例如，当输入"3*4"并按 Enter 键后，则可输出其正确结果 12。

从上述分析可以得知，解决上述问题的难点是如何获取操作数。由于 scanf 输入需要按 Enter 键确认，故不适合于本例，只能使用 getch 这样的库函数来循环获取，这样一来，当操作数是多位或带有小数点时，操作数是如何来获取并确定的呢？先来看看本例的程序。

【例 Ex_Cal.c】　简单计算器（中）

```
#include <stdio.h>
#include <conio.h>
int main()
{
    char  ch, op;
    float num  = 0.0f;                    /* 数值 */
    float multi = 1.0f;                   /* 多位时的进制倍率 */
    int    point = 0;                     /* 操作数是否有小数点 */
    int    pos  = 0;                      /* 操作数的位置 */
    float  a1 = 0.0,    a2 = 0.0f;
    printf("Input an expression: ");
    while ( ( ch = getch()) != 0x0d )     /* Enter 键值为 0x0d */
```

```c
        {
            putchar( ch );
            if (( ch >= '0' ) && ( ch <='9' ))
            {
                if ( point )
                {
                    multi = multi / 10.0f;
                    num  = num + multi * (float)( (int)(ch) - (int)('0'));
                }
                else
                {
                    if ( num > 0.0f )
                        num  = num * 10.0f;
                    num  = num + (float)( (int)(ch) - (int)('0'));
                }
            } else if ( ch == '.' )
            {
                if ( point == 0 )   point = 1;
            } else if (( ch == '+') || ( ch == '-') || ( ch == '*') || (ch == '/'))
            {
                if ( fabs(num)>1e-6   )
                {
                    /* 这里暂时限定 2 个操作数和 1 个运算符 */
                    pos++;
                    if ( pos >= 2 )    break;
                    if ( 1 == pos )    a1 = num;
                    op = ch;                      /* 当前操作符 */
                    /* 按下运算符键，重新初始化操作数值获取的相关变量 */
                    num  = 0.0f;
                    multi = 1.0f;
                    point = 0;
                }
            }
        }
    if ( pos && ( fabs(num)>1e-6 ))
    {
        float  s;
        a2 = num;
        switch (op)
        {
            case '*':    s = a1 * a2;    break;
            case '/':    s = a1 / a2;    break;
            case '+':    s = a1 + a2;    break;
            case '-':    s = a1 - a2;    break;
        }
        printf("\n%g %c %g = %g\n", a1, op, a2, s );
    }
    else
```

```
                            printf("\nThe express is invalid!\n" );
                return 0;
            }
```

代码中，while 循环包含了 if…else if 语句，用来对输入的数字、小数点和+，−，*，/等字符进行识别和判断。若依次所输入的字符是"2.13␣*␣4↵"，则 while 循环执行如下：

（1）因"2"满足"((ch >= '0') && (ch <='9'))"条件，所以执行该 if 中的语句，又因此时 point 的值为 0，且 num 的值是 0.0f，故执行语句"num=num+(float)((int)(ch)−(int)('0'));"，从而使 num 的值等于 2.0。

（2）因"."是小数点字符，故执行"if (point == 0) point = 1;"语句，此时的 point 的值为 0，故该 if 语句中表达式条件满足，语句"point = 1;"被执行，从而使 point 的值等于 1。

（3）因"1"满足条件"((ch >= '0') && (ch <='9'))"，故执行该 if 结构中的语句，又因此时的 point 的值为 1，故下列两条语句被执行：

```
multi = multi / 10.0f;
num  = num + multi * (float)( (int)(ch) − (int)('0'));
```

从而使 multi = 0.1f，num = 2.1f。

（4）因"3"满足条件"((ch >= '0') && (ch <='9'))"，则执行该 if 结构中的语句，又因此时的 point 的值仍为 1，故仍执行上述两条语句，从而使 multi = 0.01f，num = 2.13f。

（5）因"␣"在 while 循环中不被识别，故循环体中也没有任何语句可以在此时执行。

（6）因"*"满足条件"((ch == '+') || (ch == '−') || (ch == '*') || (ch == '/'))"，又因此时的 num= 2.13f，满足条件"num != 0.0f"，故下列语句被执行：

```
/* 这里暂时限定 2 个操作数和 1 个运算符 */
pos++;
if ( pos >= 2 ) break;
if ( 1 == pos )    a1 = num;
op   = ch;                          /* 当前操作符 */
/* 按下运算符键，重新初始化操作数值获取的相关变量 */
num  = 0.0f;
multi = 1.0f;
point = 0;
```

从而使 a1 = 2.13，当前操作符 op='*'，一些变量重新被设定为初值。

（7）因"␣"在 while 循环中不被识别，故循环体中也没有任何语句可以在此时执行。

（8）因"4"满足条件"((ch >= '0') && (ch <='9'))"，故执行该 if 结构中的语句，又因此时的 point 的值为 0，且 num 的值是 0.0f，故执行语句"num=num+(float)((int)(ch)-(int)('0'));"，从而使 num 的值等于 4.0。

（9）因"↵"不满足 while 后面的条件，故循环不再继续。

（10）流程转到 while 循环后面的 if 语句中，因满足条件"pos && (num != 0.0f)"，因而执行该 if 结构中的语句，结果：

Input an expression: 2.13 * 4↵
2.13 * = 8.52

事实上，上述程序还有以下几个问题没有解决：

（1）正号"+"和负号"−"的正确识别问题。

（2）多个四则运算符的混合计算问题，尤其是优先级的识别和处理。

总之，C 语言中的 while, do…while 和 for 语句能很好地满足结构化程序设计的循环结构的需要。但用程序来解决问题时，还必须要有相应的算法以及使用流程图来交流算法的思想。下一章就来讨论这方面的内容。

习题 5

一、选择题

1. C 语言中用于结构化程序设计的 3 种基本结构是（   ）。

    A．顺序、选择、循环   B．if , switch, break

    C．for, while, do…while   D．if, for, continue

2. 下述程序段的运行结果是（   ）。

```
int a=1,b=2,c=3,t;
while (a<b<c)   {t=a; a=b; b=t; c--;}
printf("%d,%d,%d",a,b,c);
```

    A．1,2,0   B．2,1,0   C．1,2,1   D．2,1,1

3. 执行语句 "for (i=1;i++<4;) ;" 后变量 i 的值是（   ）。

    A．3   B．4   C．5   D．不定

4. 以下程序段（   ）。

```
x=-1;
do { x=x*x; }
while   (!x);
```

    A．是死循环   B．循环执行 2 次

    C．循环执行 1 次   D．有语法错误

5. 下面程序的功能是在输入的一批正数中求最大者，输入 0 结束循环，则下画线处的代码应是（   ）。

```
main ()
{
    int a,max=0;
    scanf("%d",&a);
    while (_____)
    {
        if (max<a) max=a ;
        scanf ("%d",&a);
    }
    printf("%d",max);
}
```

    A．a==0   B．a   C．!a==1   D．!a

6. 下面程序段的运行结果是（   ）。

```
x=y=0;
while (x<15) y++,x+=++y ;
printf("%d,%d",y,x);
```

    A．20,7   B．6,12   C．20,8   D．8,20

7. 若运行以下程序时，输入 2473↵，则程序的运行结果是（   ）。

```
main ()
```

```
{
    int c;
    while ((c=getchar( )) ! ='\n')
        switch (c-'2')
        {
            case 0 :
            case 1 : putchar (c+4) ;
            case 2 : putchar (c+4) ; break ;
            case 3 : putchar (c+3) ;
            default : putchar (c+2) ; break ;
        }
    printf("\n");
}
```
    A. 668977   B. 668966   C. 66778777   D. 6688766

8. 执行下述程序段后 k 的值是（　　　）。
```
int a, b, k = 0;
for ( a = 0, b = 6; a<=b; a++, b-- )
    k = a+b;
```
    A. 6   B. 24   C. 30   D. 16

9. 下述程序段的运行结果是（　　　）。
```
int   x = 3, y = 6, z = 0;
while (x++!=(y-=1))
{
    z++;
    if (y<x)    break;
}
printf("%d, %d, %d\n", x, y, z );
```
    A. 5,4,1   B. 5,4,2   C. 5,3,2   D. 4,5,1

10. 下述程序段的运行结果是（　　　）。
```
int   i;
for (i=1; i<=5; i++)
{
    if (i%2)    putchar('<');
    else    continue;
    putchar('>');
}
putchar('#');
```
    A. <><>#   B. ><<>#   C. <><#   D. ><><#

二、判断题

1. 在 while 循环中允许使用嵌套循环，但只能是嵌套 while 循环。（　　）

2. 在实际编程中，do…while 循环完全可以用 for 循环替换。（　　）

3. continue 语句只能用于 3 个循环语句中。（　　）

4. 在不得已的情况下（例如提高程序运行效率），才使用 goto 语句。（　　）

5. 语句标号与 C 语言标识符的语法规定是完全一样的。（　　）

6. for 循环的 3 个表达式可以任意省略，while,do…while 也是如此。（　　）

7. do…while 循环中，在 while 后的表达式为非 0 时结束循环。（　　）

8. while 的循环可能 1 次都不执行，而 do…while 的循环至少执行 1 次。（　　）

9. do…while 循环中，根据情况可以省略 while。（　　）

10. do…while 循环的 while 后的分号可以省略。（　　）

三、编程题

1. 编程求 100 以内能被 7 或 5 整除的最大自然数。

2. 编程求 $n!$（$n! = 1 \times 2 \times 3 \times \cdots \times n$）。

3. 设计一个程序，输出所有的水仙花数。所谓水仙花数是一个 3 位整数，其各位数字的立方和等于该数本身。例如：$153 = 1^3 + 5^3 + 3^3$。

4. 求 $S_n = a + aa + aaa + \cdots + aa \cdots a$（$n$ 个 a）之值，其中 a 是一个数字。例如：$2 + 22 + 222 + 2222 + 22222$（此时 $n = 5$），n 由键盘输入。

5. 一个数如果恰好等于它的因子之和，这个数就称为"完数"。例如，6 的因子为 1,2,3，而 6=1+2+3，因此 6 是"完数"。编程序找出 1000 之内的所有完数，并按下面格式输出其因子：

6ins factors are 1,2,3

第6章 基本结构化程序设计

程序通常包括两个方面的内容：对**数据**的描述和对**操作**的描述。对**数据**的描述是指在程序中指定数据的类型和数据的组成形式，称为**数据结构**。对**操作**的描述，即程序的**算法**，是用来解决"做什么"和"怎么做"的问题的。结合以前的编程过程，依据算法过程，可给出基本结构化程序的 5 个设计步骤：①**分析问题**（包括确定输入/输出变量、中间变量以及所需要的数据类型和数据结构）。②**选择或制定算法**。③根据算法**绘制流程图**。④流程图检查无误后，**编制程序**。⑤**调试和运行**。

6.1 算法和程序

那么算法、程序和计算机有什么关联呢？人们使用计算机，就是要利用计算机处理各种不同的问题。而要做到这一点，人们就必须事先对各类问题进行分析，确定解决问题的具体方法和步骤，再编制好一组让计算机执行的指令（即**程序**）交给计算机，让计算机按人们指定的步骤有效地工作。这些具体的方法和步骤，其实就是解决一个问题的**算法**。根据算法，依据某种规则编写计算机执行的命令序列，就是编制程序，而书写时所应遵守的规则，即为某种语言的语法。

由此可见，程序设计的关键之一，是解题的方法与步骤，即**算法**。在程序中，算法还有 5 个特性，即

（1）**确定性**。算法的每一种运算必须有确定的意义，该种运算执行何种动作应无二义性，目的明确。

（2）**可行性**。要求算法中有待实现的运算都是基本的，每种运算至少在原理上能由人用纸和笔在有限的时间内完成。

（3）**输入**。一个算法有若干个输入，在算法运算开始之前给出算法所需数据的初值，这些输入取自特定的对象集合。

（4）**输出**。作为算法运算的结果，一个算法产生一个或多个输出，输出是同输入有某种特定关系的量。

（5）**有穷性**。一个算法总是在执行了有穷步的运算后终止，即该算法是可达的。

总之，在 C 语言的学习中，一方面应熟练掌握该语言的语法，因为它是算法实现的基础，另一方面必须认识到算法的重要性，加强思维训练，以写出高质量的程序。

下面通过例子来介绍算法的概念和算法的设计。

【例 6.1】 输入 3 个数，然后输出其中最大的数。

首先，得先有个内存空间来存放这 3 个数，为此需要定义 3 个变量 a, b, c，将 3 个数依次输入到 a, b, c 中，另外，再准备一个 max 存放最大数。由于计算机一次只能比较两个数，因而首先比较 a 与 b，较大的数放入 max 中，再比较 max 与 c，又把较大的数放入 max 中。最后，把 max 输出，此时 max 中装的就是 a, b, c 3 个数中最大的一个数。

算法可以表示如下：

① 输入 a, b, c；

② 将 a 与 b 中大的一个放入 max 中；

③ 把 c 与 max 中大的一个放入 max 中；

④ 输出 max，max 即为最大数。

其中的②、③两步仍不明确，无法直接转化为程序语句，可以继续细化：

① "把 a 与 b 中大的一个放入 max 中"细化成"若 a > b，则 max←a；否则 max←b"；

② "把 c 与 max 中大的一个放入 max 中"细化成"若 c > max，则 max←c"；

于是算法最后可以写成：

① 输入 a、b、c；

② 若 a > b，则 max←a；否则 max←b；

③ 若 c > max，则 max←c；

④ 输出 max，max 即为最大数。

这样的算法已经可以很方便地转化为相应的程序语句了。

【例 6.2】 猴子吃桃问题：有一堆桃子不知数目，猴子第一天吃掉一半，觉得不过瘾，又多吃了一个，第二天照此办理，吃掉剩下桃子的一半另加一个，天天如此，到第十天早上，猴子发现只剩一个桃子了，问这堆桃子原来有多少个？

此题粗看起来有些无从着手的感觉，那么怎样开始呢？假设第一天开始时有 a_1 个桃子，第二天有 a_2 个，……，第 9 天有 a_9 个，第 10 天是 a_{10} 个，在 $a_1, a_2, \cdots, a_{10}$ 中，只有 $a_{10} = 1$ 是已知的，现要求 a_1。而根据题意可以看出，$a_1, a_2, \cdots, a_{10}$ 之间存在一个简单的关系：

$$a_9 = 2 \times (a_{10} + 1)$$
$$a_8 = 2 \times (a_9 + 1)$$
$$\cdots$$
$$a_1 = 2 \times (a_2 + 1)$$

也就是：$a_i = 2 \times (a_{i+1} + 1)$，$i = 9, 8, 7, 6, \cdots, 1$。这就是此题的数学模型。

再考察上面从 a_9，a_8 直至 a_1 的计算过程，这其实是一个递推过程，这种递推的方法在计算机解题中经常用到。另一方面，这 9 步运算从形式上完全一样，不同的只是 a_i 的下标而已。由此引入循环的处理方法，并统一用 a0 表示当天的桃子数，a1 表示第二天的桃子数，将算法描述如下：

① a1 = 1；　　　　　　　/* 第 10 天的桃子数，a1 的初值 */

　　i = 9；　　　　　　　/* 计数器初值为 9 */

② a0 = 2 * (a1 + 1)；　　/* 计算当天的桃子数 */

③ a1 = a0；　　　　　　/* 将当天的桃子数作为下一次计算的初值 */

④ i = i - 1；

⑤ 若 i >= 1，转②；

⑥ 输出 a0 的值。

其中②～⑤步为循环。

可见，算法的过程就是一个从具体到抽象的过程，具体方法是

（1）弄清如果由人来做，应该采取哪些步骤。

（2）对这些步骤进行归纳整理，抽象出数学模型。

（3）对其中的重复步骤，通过使用相同变量等方式求得形式的统一，然后简练地用循环解决。

6.2 算法的结构化描述

算法的描述方法有自然语言描述、伪代码、流程图、N-S 图、PAD 图等。自然语言就是人们日常使用的语言，用自然语言描述算法，比较习惯和容易接受，但是叙述较烦琐和冗长，容易出现歧义，一般不采用这种方法。这里重点来讨论流程图和 N-S 图这 2 种描述方法。

6.2.1 流程图

流程图是一种传统的算法表示法，它利用几何图形的框来代表各种不同性质的操作，用流程线来指示算法的执行方向。由于它简单直观，所以应用广泛。特别是在早期语言阶段，只有通过流程图才能简明地表述算法。流程图成为程序员们交流的重要手段，直到结构化的程序设计语言出现，对流程图的依赖才有所降低。表 6.1 列出了 ANSI 流程图的基本符号及其含义。

表 6.1　ANSI 流程图的基本符号及其含义

图形符号	名　　称	含　　义
（圆角框）	起止	表示算法的开始或结束
（平行四边形）	输入、输出	表示输入/输出操作
（矩形）	处理	表示处理或运算的功能
（双边矩形）	特定过程	一个定义过的过程，如函数
（菱形）	判断	用来根据给定的条件是否满足决定执行两条路径中的某一路径
（箭头线）	流程线	表示程序执行的路径，箭头代表方向
（圆圈）	连接符	表示算法流向的出口连接点或入口连接点，同一对出口与入口的连接符内，必须标以相同的数字或字母

用 ANSI 流程图可对结构化程序的 3 个基本结构描述如下。

（1）**顺序结构**。如图 6.1 所示，虚线框内是一个顺序结构，a 表示入口点，b 表示出口点。其中，A 和 B 两个框是顺序执行的。即在执行完 A 框所指定的操作后，必然紧接着执行 B 框所指定的操作。顺序结构是最简单的一种基本结构。

（2）**选择结构**。如图 6.2（a）所示（图中的 T 表示"真"，F 表示"假"，以下同），虚线框内是一个选择结构。该结构中，必须含有一个判断框，根据给定的条件 e 是否成立而选择执行 A 框或 B 框。要注意，只能执行 A 或 B 框之一，不可能既执行 A 框又执行 B 框。一旦执行完毕，流程经过出口点 b，脱离该选择结构。A 或 B 两个框中可以有一个是空，即不执行任何操作，如图 6.2（b）所示。可见，C 语言的 if…else 语句是图 6.2（a）的基本结构，而 if 语句是图 6.2（b）的基本结构。

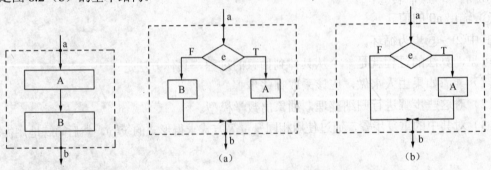

图 6.1　顺序结构流程图　　　　　图 6.2　选择结构流程图

（3）**循环结构**。循环结构有两种类型，如图 6.3 所示。虚线框内是一个循环结构，图 6.3（a）是先判断条件 e 是否成立，如果成立，则执行 A 框，执行后再判断条件 e 是否成立，如果仍成立，再执行 A 框，如此反复执行，直到条件 e 不成立为止，然后流程经过出口点 b，脱离该循环结构。这种循环称为"当型"循环。图 6.3（b）则是另一个类型的循环，它是先执行 A 框，然后判断条件 e 是否成立，如果成立，再执行 A 框，如此反复执行，直到条件 e 不成立为止，然后流程经过出口点 b，脱离该循环结构。这种循环称为"**直到型**"循环。

可见，在 C 语言中，while 语句是图 6.3（a）的基本结构，而 do…while 语句则是图 6.4（b）的基本结构，A 框是其循环体，e 是其表达式。对于 for 语句来说，它实际上可看做是 while 循环结构的一种扩展，如图 6.4 所示，A 是循环体语句，e1、e2 和 e3 是 for 中的表达式。

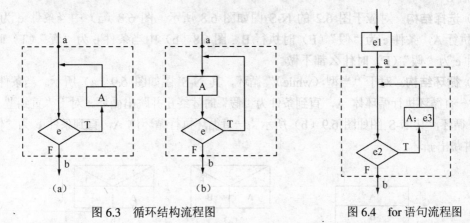

图 6.3　循环结构流程图　　　　　　　　图 6.4　for 语句流程图

根据上述流程图的表达方法，可将前面两个示例的流程图绘制如下（图 6.5 和图 6.6）。

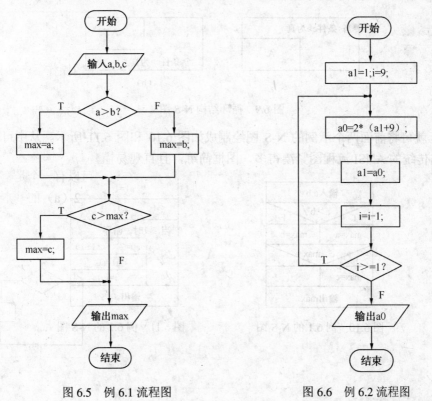

图 6.5　例 6.1 流程图　　　　　　　　图 6.6　例 6.2 流程图

6.2.2 N-S 图

流程图是由一些特定意义的图形、流程线及简要的文字说明构成的，它能清晰、明确地表示程序的运行过程。在使用过程中，人们发现流程线不一定是必需的。为此，人们设计了一种新的流程图，它把整个程序写在一个大框图内，这个大框图由若干个小的基本框图构成。这种无流程线的流程图，简称为**盒图**，由于它是美国学者 I.Nassi 和 B.Shneiderman 在 1973 年共同提出的，所以又称为 N-S 图。

在 N-S 图中，一个算法就是一个大矩形框，框内又包含若干基本的框，3 种基本结构的 N-S 图描述如下所示。

（1）**顺序结构**。如图 6.7 所示，大矩形框中含有 A 和 B 两个框，它们是顺序执行的，即先 A 后 B。

（2）**选择结构**。对应于图 6.2 的 N-S 图如图 6.8 所示。图 6.8（a）中当条件 e 为"真"（T）时执行 A，条件 e 为"假"（F）时执行 B。图 6.8（b）中当条件 e 为"真"（T）时执行 A，条件 e 为"假"（F）时什么都不做。

（3）**循环结构**。对于"当型（while）"循环，其 N-S 图如图 6.9（a）所示。当条件 e 为"真"时一直循环执行循环体 A，直到条件为"假"时才终止并跳出循环。对于"直到型（do…while）"循环，其 N-S 图如图 6.9（b）所示。一直循环执行循环体 A，直到条件 e 为"假"时才终止并跳出循环。

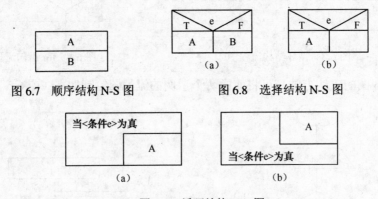

图 6.7 顺序结构 N-S 图 　　　　图 6.8 选择结构 N-S 图

图 6.9 循环结构 N-S 图

这样，就可将前面两个示例的 N-S 图绘制成如图 6.10 和图 6.11 所示。从中可以看出，N-S 图要比传统的 ANSI 流程图紧凑得多，图框简练，且直观易懂。

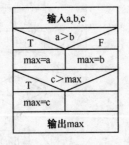 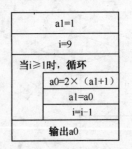

图 6.10 例 6.1 的 N-S 图 　　　　图 6.11 例 6.2 的 N-S 图

6.3 程序设计举例

学习 C 语言的最重要的方法是通过实例来熟悉和掌握设计程序的思想。在基本结构化程序设计时，一般要经过 4 个步骤：①**分析问题**（包括确定输入/输出变量、中间变量以及所需要的数据类型和数据结构）。②根据选定或制定的算法**绘制流程图或其他描述算法结构的图形**。③流程图检查无误后，**编制程序**。④调试和运行。下面分类举例来说明。

6.3.1 数学问题

数学计算是编程中最常见的问题之一，下面举几个例子来说明数学问题的编程求解方法。下面的几个例子用来说明其求解方法和程序设计的思想。

1. 求最大公约数和最小公倍数

概念： 把能够整除某一个数的数，称为这个数的**约数**。几个数所公有的约数称为这几个数的**公约数**，公约数中最大的一个数称为这几个数的**最大公约数**（greatest common divisor，gcd）。例如，84, 56 的最大公约数是 28。

几个数所公有的**倍数**，称为这几个数的**公倍数**。公倍数中最小的一个数（零除外）称为这几个数的**最小公倍数**（least common multiple，lcm）。例如，84, 56 的最小公倍数是 168。

方法： 求两个自然数的最小公倍数的一个简单方法是两数相乘的积除以它们的最大公约数，而求最大公约数的方法通常采用**欧几里德法**。所谓**欧几里德法**，又称**辗转相除法**。其求解过程可以描述如下（设整数 m, n）：

（1）求 m 除以 n 的余数 r，即 $r = m \% n$；

（2）若 $r \neq 0$，则 $m = n, n = r$；然后转到（1），否则执行下一步；

（3）n 就是最大公约数。

例如，若有 m = 84, n = 56；则 r = 84 % 56 = 28；因 28≠0，故有 m = 56, n = 28；继续求解，r = 56 % 28 = 0。这样，就得到了 n = 28 是 84 和 56 的最大公约数。有了最大公约数后，84 和 56 的最小公倍数就等于 84*56/28 = 168。

显然，在程序中需要用整型变量 m, n 来存储两个自然数，整型变量 r 用做存储相除过程中的余数，用整型变量 gcd 来存储最大公约数，用整型变量 lcm 来存储最小公倍数。根据以上分析，可以绘制如图 6.12 所示的 N-S 图。具体程序如下。

图 6.12　求 gcd 和 lcm 的 N-S 图

【例 Ex_Gcdlcm.c】　最大公约数和最小公倍数

```c
#include <stdio.h>
#include <conio.h>
int main()
{
    int    m, n, r;
    int    gcd, lcm;
    printf("Input two intergers: ");
    scanf("%d%d", &m, &n);
    lcm = m*n;
    while ( r = m % n )
    {
```

```
            m = n;
            n = r;
        }
        gcd   = n;
        lcm   = lcm / gcd;
        printf("gcd = %d, lcm = %d\n", gcd, lcm );
        return 0;
    }
```

程序运行的结果如下：

Input two intergers: 84 56↵

gcd = 28, lcm = 168

2．求水仙花数

所谓"水仙花数"是指这样的一类 3 位数：它的个位数的立方、十位数的立方和百位数的立方之和等于其自身。例如，407 就是一个水仙花数（$4^3+0^3+7^3=407$）。

求解水仙花数可以有两种方法：一种是将所有的 3 位数循环判断；显然，这种方法的关键是先将这个 3 位数分解出其个位数、十位数和百位数，然后判断它们的立方和是否等于这个数。另一种方法是使用 3 层循环，最外层是百位数的循环，最里层是个位数的循环，这样只要组成一个 3 位数，然后判断它们的立方和是否等于这个 3 位数就可以了。

根据上述分析（这里以第 2 种方法为例），在程序中可使用 i，i10 和 i100 整型变量分别作为 3 层循环的循环变量，再用整型变量 n, m 来存放由 i, i10 和 i100 构成的 3 位数以及它们的立方和，这样就可以有如图 6.13 所示的算法描述即求水仙花的 N-S 图。具体程序如下。

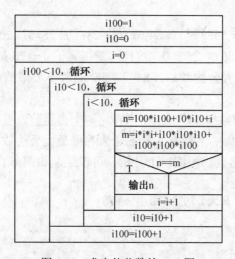

图 6.13　求水仙花数的 N-S 图

【例 Ex_Nar.c】求水仙花数

```
#include <stdio.h>
#include <conio.h>
int main()
{
    int    i100, i10, i;
    int    n, m;
    for ( i100 = 1; i100<10; i100++)
```

```
                    {
                        for ( i10 = 0; i10<10; i10++)
                        {
                                for ( i = 0; i<10; i++)
                                {
                                        n = 100 * i100 + 10 * i10 + i;
                                        m = i100 * i100 * i100 + i10 * i10 * i10 + i * i * i;
                                        if ( n == m )
                                                printf( "%6d", n );
                                }
                        }
                    }
            printf("\n");
            return 0;
        }
```

程序运行的结果如下：

153	370	371	407

若用第 1 种方法求水仙花数，则应如何编写程序？

提示：设 3 位数为 n，则百位数值 = n/100，十位数值 = (n/10)%10，个位数值 = n % 10

3. 泰勒（Taylor）级数求 e

求 e 常数的泰勒（Taylor）级数公式为：$e = 1 + \dfrac{1}{1!} + \dfrac{1}{2!} + ... + \dfrac{1}{n!}$

从中可以看出，该公式实质是求各项的和，属于求和问题。但在此问题中，关键是阶乘的求法。在数学中，阶乘 $n! = 1 \times 2 \times 3 \times \cdots \times n$。当然，也可写成迭代公式：$n! = n \times (n-1)!$。所谓**迭代**，即知道了 1!，则 $2! = 2 \times 1!$，从而，$3! = 3 \times 2!$，依次类推。

这样，在程序中需要定义循环变量 i、存放阶乘值的 n 以及存放它们各项值与和的 f, e，循环终止条件一般取最后一项的值小于 10^{-6} 即可。

根据上述分析，可有如图 6.14 所示的算法描述。具体程序如下。

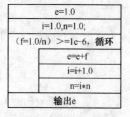

图 6.14　泰勒级数求 e 值

【例 Ex_Taylor.c】　泰勒级数求 e 值

```c
#include <stdio.h>
#include <conio.h>
int main()
{
    double    f, e = 1.0;
    double    i = 1.0, n = 1.0;
    while (( f = 1.0 / n ) >= 1e-6)
    {    e = e + f;   i = i + 1.0;        n = i * n;   }
    printf("e = %lf\n", e);
    return 0;
}
```

程序运行的结果如下：

```
e = 2.718282
```

6.3.2　图案打印

图案打印几乎是刚开始学习任何一种计算机高级语言时的经典应用。在 20 世纪 80 年代至 90 年代期间，很多编程爱好者编写了很多很有趣的程序，打印出由各种 ASCII 字符组成的"名画"或年历，那种"蒙太奇（montage）"的感觉至今仍令人回味。

1．简单直角三角形

这里先来看一个简单的直角三角形图案，如图 6.15 所示。从图中可以看出，打印图案实质上可看做是从上到下顺序输出一行行字符，而每行字符又可分解为输出空格和图案字符，不过在本图中只要输出图案字符就可以了。

从程序实现来说，图案打印采用两层循环来实现，外层循环控制"行打印"，而内层循环则控制"列打印"。但要注意：每行图案字符后面的空格字符因没有后跟的图案字符而不需要输出，但每行输出后还是必须进行换行处理。由于每行图案字符的个数有规律可循，因而只要正确设置好列循环条件，就可实现图案的打印。

如图 6.16 所示为本例图案打印的 N-S 图，其中整型变量 row, col 和 n 分别表示行、列及行数。具体的程序如下。

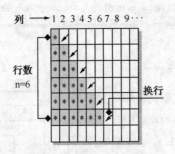

图 6.15　直角三角形图案

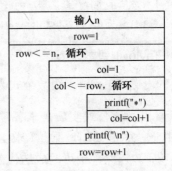

图 6.16　直角三角形打印 N-S 图

【例 Ex_Print1.c】　直角三角形图案打印

```c
#include <stdio.h>
#include <conio.h>
int main()
{
    int    n, row, col;
    printf("Input rows: ");
    scanf("%d", &n );
    for ( row = 1;   row <= n;   row++ )
    {
        for ( col = 1;   col <= row;   col++ )
            printf( "*" );
        printf("\n");
    }
    return 0;
}
```

程序运行的结果如下：

```
Input rows: 6↵
*
**
***
****
*****
******
```

2. 正立三角形

上述直角三角形图案比较简单，只要将每列中的图案字符"*"按行的规律打印出来即可，但是如果要打印一个正立的三角形，如图 6.17 所示。则打印每行的图案字符之前还要把空格符按规律先打印出来。

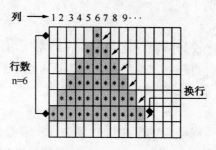

图 6.17 正立三角形图案

【例 Ex_Print2.c】 正立三角形图案打印

```c
#include <stdio.h>
#include <conio.h>
int main()
{
    int    n, row, col;
    printf("Input rows: ");
    scanf("%d", &n );
    for ( row = 1;   row <= n;   row++ )
    {
        for ( col = 1;   col <= n - row;   col++ )
        {    printf( " " );        }
        for ( col = 1;    col <= 2*row - 1;   col++ )
        {    printf( "*" );        }
        printf("\n");
    }
    return 0;
}
```

程序运行的结果如下：

6.4 综合实例：简单计算器（下）

上一章简单计算器（中）的基本功能已经实现，但却有两个问题没有解决：一是正号"+"和负号"−"的正确识别问题，二是多个四则运算符的混合计算问题，尤其是优先级的识别和处理。下面来解决这两个问题。

分析：

（1）"正、负号问题"比较好解决，这是因为在日常所用的计算器中有一个"+/−"按钮，按一次则当前数值为负，再按一次，当前数值为正。由于数值的正、负号输入是由专门的按钮来激发的，因此在程序中可以设一个字符（比如"p"）来代表"+/−"按钮。这样，该问题就有简单的解决方法了。

（2）"优先级识别和处理问题"的解决比较复杂，但复杂的四则运算表达式总可表示成 a1[op1]a2[op2]a3 的基本形式。其中，a1，a2 和 a3 都是操作数，op1 和 op2 是运算符。这样，若有了第 3 个运算符 op3，则先比较 op1 和 op2 的优先级，优先级高的先计算，这样就变成 b1[op]b2 的基本表达式类型，若 op3 的另一个操作数为 b3，则有了第 3 个运算符 op3 后，表达式变成 b1[op]b2[op3]b3，仍然是前面提到的基本形式。这样通过循环就可实现由若干个运算符组成的复杂表达式的运算，且还可满足其运算符的优先级要求。具体程序如下。

【例 Ex_Cal.c】 简单计算器（下）

```c
#include <stdio.h>
#include <conio.h>
int main()
{
    char   ch, op;
    char   preOP1, preOP2;
    int    pre1, pre2, cur;
    float  num  = 0.0f;                        /* 数值 */
    float  multi = 1.0f;                       /* 多位时的进制倍率 */
    int    point = 0;                          /* 操作数是否有小数点 */
    int    pos  = 0;                           /* 操作数的位置 */
    float  a1 = 0.0,    a2 = 0.0f;
    printf("Input an expression: ");
    while ( ( ch = getch()) != 0x0d )          /* 回车键值为 0x0d */
    {
        putchar( ch );
        if (( ch >= '0' ) && ( ch <='9' ))
        {
```

```c
            if ( point )
            {
                    multi = multi / 10.0f;
                    num = num + multi * (float)( (int)(ch)- (int)('0'));
            }
            else
            {
                    if ( num > 0.0f )
                            num = num * 10.0f;
                    num = num + (float)( (int)(ch) - (int)('0'));
            }
    } else if ( ch == '.' )
    {
            if ( point == 0 )   point = 1;
    } else if (( ch == '+') || ( ch == '-') || ( ch == '*') || (ch == '/'))
    {
            op = ch;                                    /* 当前操作符 */
            if ( ( ch == '+') || ( ch == '-') ) cur = 1;
            if ( ( ch == '*') || ( ch == '/') ) cur = 0;
            if ( num != 0.0f )
            {
                    pos++;
                    if ( pos == 1 )
                    {
                            preOP1 = op;     pre1 = cur;       a1 = num;
                    } else if (pos == 2)
                    {
                            preOP2 = op;     pre2 = cur;       a2 = num;
                    } else
                    {                                          /* 语句 A */
                            if ( pre2 < pre1 )
                            {
                                switch (preOP2)
                                {
                                        case '*':    a2 = a2 * num;   break;
                                        case '/':    a2 = a2 / num;   break;
                                        case '+':    a2 = a2 + num;   break;
                                        case '-':    a2 = a2 - num;   break;
                                }
                                preOP2 = op;           pre2 = cur;
                            } else
                            {
                                switch (preOP1)
                                {
                                        case '*':    a1 = a1 * a2;    break;
                                        case '/':    a1 = a1 / a2;    break;
                                        case '+':    a1 = a1 + a2;    break;
                                        case '-':    a1 = a1 - a2;    break;
```

```
                                }
                                preOP1 = preOP2;              pre1 = pre2;
                                preOP2 = op;                  pre2 = cur;
                                a2 = num;
                            }
                        }
                        /* 按运算符键，重新初始化操作数值获取的相关变量  */
                        num = 0.0f;
                        multi = 1.0f;
                        point = 0;
                    }
                } else if (ch == 'p')
                {
                    num = -num;
                }
            }
            if ( pos && ( num != 0.0f ))
            {
                float  s;
                if (pos>=2)
                {                                              /* 语句 B */
                    if ( pre2 < pre1 )
                    {
                        switch (preOP2)
                        {
                            case '*':    a2 = a2 * num;   break;
                            case '/':    a2 = a2 / num;   break;
                            case '+':    a2 = a2 + num;   break;
                            case '-':    a2 = a2 - num;   break;
                        }
                        op = preOP1;
                    } else
                    {
                        switch (preOP1)
                        {
                            case '*':    a1 = a1 * a2;   break;
                            case '/':    a1 = a1 / a2;   break;
                            case '+':    a1 = a1 + a2;   break;
                            case '-':    a1 = a1 - a2;   break;
                        }
                        a2 = num;
                        op = preOP2;
                    }
                } else
                {
                    a2 = num;
                }
                switch (op)
```

```
                    {
                        case '*':    s = a1 * a2;      break;
                        case '/':    s = a1 / a2;      break;
                        case '+':    s = a1 + a2;      break;
                        case '-':    s = a1 - a2;      break;
                    }
                    printf("\n%g %c %g = %g\n", a1, op, a2, s );
                }
                else
                    printf("\nThe express is invalid!\n" );
                getch();
                return 0;
        }
```

代码中，字符变量 preOP1，preOP2 和 op 分别表示上两次的运算符和当前运算符。整型变量 pre1，pre2 和 cur 分别记录上述运算符的优先级，优先级的值设为 0（高）和 1（低）。float 型变量 a1，a2 和 num 用来保存表达式中的左右操作数以及当前操作数。

程序多次运行后，测试的结果如下：

```
Input an expression: 2.13p * 4↵
-2.13 * 4 = -8.52
```

```
Input an expression: 2.13*4/5↵
8.52 / 5 = 1.704
```

```
Input an expression: 2+3*4+5↵
14 +5 = 19
```

```
Input an expression: 2+3*4+5*6↵
14 + 30 = 44
```

下面来分析输入表达式"2+3*4+5↵"的程序过程：

（1）当输入到第 1 个"+"字符时，preOP1 = op = '+'，pre1 = cur = 1, a1 = num = 2；当输入到"*"时，preOP2 = op = '*'，pre2 = cur = 0, a2 = num = 3。

（2）当输入到第 2 个"+"字符时，需要将表达式转换成 a1[op1]a2[op2]a3 的基本形式，此时 pos>2，转到语句 A（代码中已注明），判断 preOP1 和 preOP2 的优先级，若 preOP1 低于 preOP2，即 pre2<pre1 条件满足，则先计算 a2[op2]a3，也就是说，将 a2 的值变成 a2[op2]a3，a3 此时等于 num，op2 就是 preOP2。这样，表达式就变成了 2+12+5，之后 preOP2 = op = '+'，pre2 = cur = 1。表达式变成"2+12+5"。

（3）当输入到最后的回车符时，循环退出，然后求解最后的表达式，得到 19 的最后结果。

总之，在程序设计中，算法是解决问题的方法，是程序的灵魂。流程图是算法的描述，而程序是算法的具体实现。实际上，在用程序解决较为复杂的问题时，往往将复杂问题分解成一个个相对简单的子问题。通常这些子问题的求解就是一个个小程序，称为**模块**，在 C 语言中称为**函数**。可见，C 语言中的函数是解决复杂问题的基本程序结构，也是模块化程序设计思想的体现，下一章将讨论。

习题 6

一、填空题

1. 下述程序用"辗转相除法"计算两个整数 m 和 n 的最大公约数。该方法的基本思想是计算 m 和 n 相除的余数，如果余数为 0 则结束，此时的被除数就是最大公约数。否则，将除数作为新的被除数，余数作为新的除数，继续计算 m 和 n 相除的余数，判断是否为 0，依次类推，请填空使程序完整。

```
main ( )
{
        int m,n,w;
        scanf("%d,%d",&m,&n);
        while (n)
        {
                w = _____ ;
                m = _____ ;
                n = _____ ;
        }
        printf("%d",m);
}
```

2. 下面程序的功能是输出 1 至 100 之间的每位数的乘积大于每位数的和的数，请填空使程序完整。

```
main ( )
{
        int n,k=1,s=0,m ;
        for (n=1 ; n<=100 ; n++)
        {
                k=1 ; s=0 ;
                _____ ;
                while (_____ )
                {
                        k*=m%10;
                        s+=m%10;
                        _____ ;
                }
                if (k>s) printf("%dd",n);
        }
}
```

3. 已知如下公式：

$$\frac{\pi}{2}=1+\frac{1}{3}+\frac{1\,2}{3\,5}+\frac{1\,2\,3}{3\,5\,7}+\frac{1\,2\,3\,4}{3\,5\,7\,9}+\cdots$$

根据上述公式，使下面程序的功能满足精度要求的 eps 的 π 值，请填空使程序完整。

```
main ( )
{
        double s=0.0,eps,t=1.0;
        int n ;
        scanf ("%lf",&eps);
```

```
        for (n=1 ;                         ; n++)
        {
            s += t ;
            t =                         ;
        }
                                ;
    }
```

4. 下面程序段的功能是计算 1000! 的末尾有多少个零，请填空使程序完整。

```
    main ( )
    {
        int i,k;
        for (k=0,i=5; i<=1000; i+=5)
        {
            m = i ;
            while (                         )
            {    k++;    m = m/5 ;         }
        }
    }
```

5. 下面程序接受键盘上的输入，直到按 Enter 键为止，这些字符被原样输出，若有连续的一个以上的空格时只输出一个空格，请填空使程序完整。

```
    main ( )
    {
        char cx , front = '\0' ;
        while (                         != 0x0d)
        {
            if (cx!=' ') putchar(cx) ;
            if (cx==' ')
                if (                         )
                    putchar(                         );
            front = cx ;
        }
    }
```

6. 下面程序按公式 $\sum_{k=1}^{100} k + \sum_{k=1}^{50} k^2 + \sum_{k=1}^{10} \frac{1}{k}$ 求和并输出结果，请填空使程序完整。

```
    main ( )
    {
                                ;
        int k ;
        for (k=1 ; k<=100 ; k++)      s += k ;
        for (k=1 ; k<=50 ; k++)       s += k*k ;
        for (k=1 ; k<=10 ; k++)       s +=                         ;
        printf("sum =                         ", s);
    }
```

二、编程题

1. 设计一个程序，输入一个 4 位整数，将各位数字分开，并按其反序输出。例如：输入 1234，则输出 4321。要求必须用循环语句实现。

2. 求 π/2 的近似值的公式为

$$\frac{\pi}{2} = \frac{2}{1} \times \frac{2}{3} \times \frac{4}{3} \times \frac{4}{5} \times \cdots \times \frac{2n}{2n-1} \times \frac{2n}{2n+1} \times \cdots$$

其中，$n = 1, 2, 3 \cdots$，设计一个程序，求出当 $n = 1000$ 时 π 的近似值。

3. 用迭代法求 $x = \sqrt{a}$。其公式如下：

$$x_{n+1} = \frac{1}{2}(x_n + \frac{a}{x_n})$$

要求前后两次求出的 x 的差的绝对值小于 10^{-5}。

4. 编程打印下列图案：

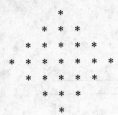

第7章 函数

当设计较大的程序时，通常需要用若干个模块来实现较复杂的功能，且每一个模块自成结构，用来解决一些子问题。这种能完成某一独立功能的子程序模块，在 C 语言中称为**函数**。可见，函数是实现模块化程序中的基本单位。事实上，函数还能体现代码重用的思想，因为一个函数可以在同一个程序中被多次调用或在多个程序中被调用。

7.1 概述

用模块化方法进行程序设计的技术在 20 世纪 50 年代就初具雏形，它的思想是在进行程序设计时把一个大的程序按照功能划分为若干个小的程序，每个小的程序完成一个特定的功能。这些小的程序称为**模块**，在 C 语言中，称为**函数**。

以前曾经说过，C 源程序是由函数组成的。虽然在前面各章的程序中都只有一个主**函数** main，但应用程序往往由多个函数组成。可以说 C 程序的全部工作都是由各式各样的函数完成的，所以也把 C 语言称为**函数式语言**。C 语言由于采用了模块式的函数结构，因而更易于实现结构化程序设计，程序的层次结构清晰，便于程序的编写、阅读、调试。

在 C 语言中，函数可有不同种类，下面从不同的角度来对函数进行分类。

1. 主函数和子函数

根据 C 语言程序结构，可将函数分成主函数和一般子函数。在 C 语言中，任何一个程序都可由一个**主函数**和若干个**子函数**组合而成。主函数可以调用子函数，子函数还可以调用自身或其他子函数。但**主函数**有且只能有一个，且函数名必须是 main，它不仅是程序的运行入口，而且与其他函数相比较还有许多使用上的限制。例如，它不能被其他函数调用，不能用 static（以后会讨论）来声明等。另外，为保证程序的可移植性，通常还必须将主函数 main 的函数类型指定为 int。

2. 主调函数和被调函数

主调函数和被调函数是根据函数调用关系来划分的，在 C 语言中，若在一个函数中调用其他函数，则这个函数称为**主调函数**，被调用的函数称为**被调函数**。例如下面的程序代码：

```
void fun1()
{
    fun3();                      /* 调用 fun3 函数 */
    fun4();                      /* 调用 fun4 函数 */
}
int    main()
{
    fun1();                      /* 调用 fun1 函数 */
    return 0;
}
```

函数 main 中，fun1 是被调函数，而此时的 main 就是 fun1 的主调函数。类似地，在 fun1 函数中，fun3 和 fun4 是被调函数，而此时的 fun1 是它们的主调函数。

3. 库函数和用户定义函数

从函数定义的角度看，函数可分为库函数和用户定义函数两种。

（1）**库函数**。库函数由 C 语言编译系统提供，用户不用定义，只要在程序前包含有该函数原型所在的头文件即可在程序中直接调用。在前面各章示例中反复用到的 printf, scanf, getchar, putchar, getch, sqrt 等函数均属此类。

（2）**用户定义函数**。用户定义函数是由用户按需要编写的函数。对于用户自定义函数，不仅要在程序中定义函数本身，而且有时在调用前还要对该被调函数进行原型说明，然后才能使用。

4. 有返回值函数和无返回值函数

C 语言中的函数兼有其他语言中的函数和过程两种功能，从这个角度看，又可把函数分为有返回值函数和无返回值函数两种。

（1）**有返回值函数**。有返回值函数被调用执行完成后将向调用者返回一个执行结果，称为**函数返回值**。如数学函数即属于此类函数。由用户定义的这种要返回函数值的函数，必须在函数定义和函数说明中明确返回值的类型。

（2）**无返回值函数**。无返回值函数用于完成某项特定的处理任务，执行完成后不向调用者返回函数值。这类函数类似于其他语言的过程。由于函数无须返回值，用户在定义此类函数时可指定它的返回值为**空类型**。空类型的说明符为"void"。

5. 无参函数和有参函数

从主调函数和被调函数之间的数据传送来看，又可将函数分为无参函数和有参函数两种。

（1）**无参函数**。无参函数的函数定义、函数说明及函数调用中均不带参数。其主调函数和被调函数之间不进行参数传送。此类函数通常用来完成一组指定的功能，可以返回或不返回函数值。

（2）**有参函数**。有参函数也称为**带参函数**。在函数定义及函数说明时都有参数，称为**形式参数**（简称为**形参**）。在函数调用时也必须给出参数，称为**实际参数**（简称为**实参**）。进行函数调用时，主调函数将把实参的值传送给形参，供被调函数使用。

7.2　函数的定义

在 C 语言中，所有的函数定义，包括主函数 main 在内，都是平行的。也就是说，在一个函数的函数体内，不能再定义另一个函数，即**不能嵌套定义**。但是函数之间允许相互调用，也允许嵌套调用。那么，函数是如何定义，又是如何调用的呢？这里先来讨论函数的定义。

7.2.1　函数定义的一般形式

在 C 语言中，每一个函数的定义都是由 4 个部分组成的，即函数类型、函数名、形式参数表和函数体，其定义的一般格式如下：

说明：

（1）**函数类型**就是用前面讨论过的数据类型名指定的类型，它可以是基本数据类型 int，float 等，也可以是一些自定义的构造类型或指针类型，但不能是数组类型（以后讨论）。

（2）**函数名**是用户定义的合法的 C 语言标识符，当与库函数同名时，则库函数在本程序文件中被屏蔽，不再有效。

（3）**形式参数表**用来指定函数所用到的形式参数，简称**形参**，形参个数可以是 0，表示没有形式参数，但圆括号不能省略，也可以是 1 个或多个形参，但多个形参间要用逗号分隔。

（4）**函数体**由一对花括号括起来的程序代码所组成。函数体内通常有两个部分，**声明部分**是对函数体内部所用到的变量的类型说明或者是对要调用的函数的声明，而**语句部分**则用来实现函数的功能。

事实上，可以将函数的定义格式分为两大部分，一是函数体前面的部分，称为**函数头**，二是由一对花括号括起来的**函数体**部分。这样，在书写时：

（1）对于**函数头**部分，先写函数类型，接着是函数名，函数名和函数类型之间必须要有 1 个或更多的空格，然后是一对圆括号，圆括号里是该函数的形式参数表。

（2）对于**函数体**部分，花括号应与函数类型名对齐，且花括号里的语句应采用缩进方式。

注意：在函数定义中，函数头末尾（圆括号后面）没有也不能有分号";"，否则，此时的函数头就是后面要讨论的函数声明格式，且此时的函数体部分就是一个具有文件作用域（以后会讨论）的块结构，这是 C 语言所不允许的。

在实际编程中，自定义的函数还可细分为无参函数、有参函数以及空函数这 3 种形式，相应的定义格式也有所不同，下面来一一介绍。

1．无参函数的定义形式

对于无参函数的定义，只要将前面的一般格式中的**形式参数表**部分省略即可，但圆括号不能少，这是区分其他标识符的特征符。这样，一个无参函数定义的格式可描述如下：

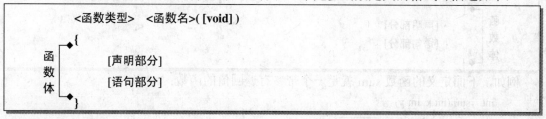

说明：

（1）为了能强调无参函数的"无参"特点，ANSI C 建议在圆括号中写上 void。void 的基本含义是"空"。

（2）通常，在实际应用中，无参函数一般都不需要有返回值，此时的函数类型可以写成 void。

例如，下面的示例中 printcp 和 printhello 都是无参无返回值的函数，且在 printhello 函数中还调用了 printcp 函数，具体代码如下。

【例 Ex_Fun.c】　无参函数调用

```c
#include <stdio.h>
#include <conio.h>
void printcp(void)
{
```

```
            printf("I like C!\n");
    }
    void printhello(void)
    {
            printf("Hello C!\n");
            printcp();
    }
    int main()
    {
            printhello();
            getch();
            return 0;
    }
```

代码中，printcp 函数用来输出一行字符串"I like C!"。而在 printhello 函数的函数体中，除了输出一行字符串"Hello C!"外，还有一条语句"printcp();"，这是一条函数调用语句，由于 printcp 函数没有形参，因而调用时只要写上函数名 printcp 和一对圆括号，然后加上分号即可。类似地，无参无返回值的函数 printhello 在调用时也可直接写成这样的调用语句，例如，main 函数中的"printhello();"。

程序运行的结果如下：

```
Hello C!
I like C!
```

2. 有参函数的定义形式

有参函数与无参函数的不同在于**形式参数表**的指定，参数表中的**每一个形参都是由形参的数据类型和形参名构成的**，可以是 1 个或多个形参，但多个形参间要用逗号分隔。其定义的一般形式如下：

```
        <函数类型>  <函数名>(<形式参数表>)
函  ┌──◆{
数  │         [声明部分]
体  │         [语句部分]
    └──◆}
```

例如，下面定义的函数 sum 就是一个带参有返回值的函数：

```
    int    sum(int x, int y)
               ◆    ◆          形参
    {
        int   z = x + y;
        return   z;
    }
```

该函数的作用是将 x 和 y 的值求和，并保存在定义的整型变量 z 中，然后将 z 值返回，返回值的类型就是函数名前面指定的函数类型 int。需要说明：

（1）在形参定义中，不能像变量定义那样将同类型的多个形参名写在一起共用一个类型名。也就是说，上述函数 sum 的形参**不能这样定义**：

```
    int   sum( int   x,   y )                    /* 形参定义错误，y 前缺少类型名 */
    {     /* … */     }
```

（2）在函数定义中，形参名必须是合法的标识符，同一个函数的形参名称不能同名。

（3）形参是函数对外的接口，即对于上述定义的函数 sum，若求 3，5 的和以及 7，9 的和，则调用时只要指定 sum(3, 5)以及 sum(7, 9)即可，其中的 3, 5, 7, 9 是调用函数 sum 时所指定的实际参数，简称为**实参**。可见，有参函数实质上是同一类问题的不同情况的解决方案。

（4）有参函数调用时所指定的实参必须与定义时所指定形参的个数和类型一一相匹配，不能多一个，也不能少一个。例如，对于 sum 函数，它有两个整型（int）形参 x 和 y，在调用该函数时也必须要有两个实参。只是，对于 sum 函数来说，指定的实参可以是常量、变量或表达式（以后还会讨论）。

3. 空函数

在函数的定义格式中，函数的**函数体**由在一对花括号中的若干条语句组成，用于实现这个函数执行的功能。前面章节中所讨论的语句（说明语句、表达式语句、空语句、块语句、分支语句、循环语句等）都可以作为函数体中的语句，当然函数体中也可不含有任何语句，这样的函数称为**空函数**。它的定义格式为

```
<函数类型>  <函数名>([void])
{
}
```

例如：

```
void   list( )
{    }
```

由于空函数被调用后，函数本身不进行任何操作，因此空函数往往仅为程序结构而设定。在程序设计中，往往首先根据需求的划分粗略地确定函数的功能和数量，以便尽早地建立程序框架，此时的函数往往都是一些空函数，然后按逐步求精的方法细化函数的代码，最后反复进行调试和修改直到满足需求为止。

7.2.2   函数参数的设计

函数功能一旦根据需求确定后，就需要对函数的**形参**进行设计。函数的形参是在函数体内部使用的变量，一旦出了函数体，形参也就失去了作用，即在函数外不能使用形参变量。一旦指定了函数形参，在该函数的函数体中必有相关语句对形参进行操作，否则形参定义就变得毫无意义了。例如：

```
void   printline( int n)
{
    int i ;
    for ( i = 0 ; i < 40 ; i++)
        putchar('*') ;
    putchar('\n') ;                    /* 换行 */
}
```

其中，函数 printline 的功能是打印一行星号。n 是函数所定义的形参。但由于函数体没有任何语句使用到这个形参变量 n，从而形参 n 没有起到作用，编译时会出现警告错误。显然，这个函数的代码需要重新设计，**要么去掉形参 n，要么修改函数体的代码**。

（1）**若去掉形参 n**，则代码变为

```
void   printline(void)
{
    int i ;
    for ( i = 0 ; i < 40 ; i++)
```

```
                        putchar('*') ;
            putchar('\n') ;                              /* 换行 */
        }
```

此时的 printline 被定义为一个既没有形参，也没有返回值的函数。当在程序中调用时，函数体中的所有语句就像是一个语句块被嵌入到程序调用的地方。这样的函数，可称为过程或子程序，常用来实现某些命令操作。

（2）**若保留函数 printline 的形参 n，**则函数体的代码可修改为

```
        void   printline( int   [n] )
        {
            int i ;
            for ( i = 0 ; i<[n] ; i++)                   /* 将 40 换成形参 n */
                    putchar('*') ;
            putchar('\n') ;                              /* 换行 */
        }
```

这样，当函数调用时可以指定一个数值来传递给形参 n，函数体的语句执行后，就会根据 n 值的大小在一行上打印出相应数量的“*”号，然后换行。

可见，有了参数以后，函数的功能拓展了许多。当然，函数的形参并非越多越好，而要根据实际需要来设定。例如，函数 printline 还可再添加一个形参 ch，用来指定所打印的符号，如下面的代码：

```
        void   printline( char ch,   int n )
        {
            int i ;
            for ( i = 0 ; i<n ; i++)          添加一个形参，用来指定要打印的字符
                    putchar( ch );
            putchar('\n');
        }
```

此后，在函数调用时就可以指定要打印的字符和打印的数量，可在一行上打印出相应数量的指定字符的符号。例如，printline('#', 10)将在一行中打印 10 个“#”字符。

7.2.3　函数类型和返回值

在函数定义中，函数名前面所指定的类型名就是函数的类型，当函数的类型名不为 void 时，则在函数体中必须要用 return 来指定函数的返回值。例如，对于前面的 sum 函数，若在调用时使用下列方式：

```
        int   b = sum(4, 5);
```

则 b 的结果就是 sum 函数执行后由 return 返回的值，即 9。这种调用的目的是使用函数的返回值。类似地，当函数参与表达式运算时或函数调用作为另一个函数的实参时，也是使用了函数的返回值。那么，函数的返回值是如何在函数定义中实现的呢？返回值和指定的函数类型又有什么关系呢？

1. 指定返回值

在 C 语言中，函数返回值的指定是通过在函数体中的 return 语句来实现的，它的使用格式如下：

return　表达式;
return　(表达式);

其中，return 是关键字，它有两个作用：一是负责将后面的表达式的值作为函数的返回值；二是使流程返回到调用此函数的位置处，即结束函数调用。

需要说明：

（1）return 后面的表达式两边的括号可以省略。

（2）return 后面的表达式既可以是常量或变量，也可以是其他任何合法的表达式。正因为如此，前面的函数 sum 可简化为

```
int   sum(int x, int y)
{
    return  (x+y);                      /* 括号可以省略，即 "return   x+y; " */
}
```

这样，return 后面的 x+y 的值就成了函数 sum 的返回值。

2. 函数类型

在函数定义中，函数指定的函数类型就是返回值的类型。若 return 所返回的值的类型与指定的函数类型不相同时，则返回值的类型将被自动转换成函数定义时指定的函数类型。需要注意以下两种情况。

（1）在 C 语言中，函数类型有时可以省略指定（但 C99 不允许省略函数类型），这时函数类型将被自动默认为整型（int）。

（2）若函数类型指定为 void（空类型），则在调用时不可引用其函数值（也没有函数的返回值）。例如，若有函数 list 的定义：

```
void   list( int n)
{
    int i ;
    for ( i = 0 ; i<n ; i++)   putchar('*') ;
    putchar('\n') ;
}
```

则 "int b = list(20) ;" 等类似调用的方式是错误的。

3. return 的流程控制

由于 return 执行后将退出函数体，强制返回到该函数被调用的位置处，即结束函数调用，所以一旦执行 return 语句后，在函数体内 return 后面的语句将不再被执行。正是由于 return 的这个作用，所以在函数代码的实现中，无论是否指定函数类型，都可使用 return 语句来达到流程控制的目的。只是对于有函数类型的函数来说，return 后面必须指定一个返回值，而对于空类型 void 的函数来说，return 后面则不应有返回值，即使用下列格式的 return 语句：

return   ;   /* **注意 return 后面有一个分号** */

例如：

```
void   f1( int a)
{
    if (a > 10)   return;              /* "return;" 一旦执行，后面的语句就不再被执行 */
    …
}
```

当 a>10 的条件满足时，"return;" 语句会将控制权返回给主调函数。可见，此时的 "return;" 语句还可理解为是函数体花括号 "}" 的作用，当流程遇到函数体的 "}" 时，函数

调用结束，控制权返回给主调函数。

【例 Ex_Max.c】 设计一个函数求最大值

```c
#include <stdio.h>
#include <conio.h>
int max( float a, float b )
{
    if ( a > b ) return a;
    else return b;
}
int main()
{
    float x, y, z;
    printf("Input two float numbers: ");
    scanf("%f%f", &x, &y);
    z = max( x, y );
    printf( "MAX = %f\n", z );
    return 0;
}
```

上述函数 max 中，函数定义的类型与 return 返回值类型是不一样的：函数的类型是int，而返回值的类型是 float。当两者不一致时，return 返回值类型将自动向**函数的类型**进行转换，即转换成 int 类型的值。程序运行的结果如下：

Input two float numbers: 6.5 7.2↵
MAX = 7.000000

7.3　函数的调用

前面已经举了一些函数调用的例子，这里再来详细地讨论函数调用中其他一些特性，如调用方式、函数声明和参数传递方式等。

7.3.1　函数调用的一般形式

定义一个函数就是为了以后的调用。调用函数时，先写函数名，然后紧跟括号，括号里是实际调用该函数时所给定的**实参**，它与定义时的形参一一相对应。当需要多个实参时，各实参要用逗号隔开。函数调用的一般形式如下：

<函数名>(<实参表>)

例如，下面的示例用来输出一个三角形的图案。

【例 Ex_Call.c】 函数的调用

```c
#include <stdio.h>
#include <conio.h>
void    printline( char ch,   int n )
{
    int i;
    for ( i = 0 ; i<n ; i++)   putchar( ch );
    putchar('\n');
}
```

```
int    main()
{
        int    i, row = 5;
        for ( i = 0; i<row; i++)
                printline('*', i+1);                    /* 语句 A */
        return 0;
}
```

分析和说明：

（1）代码中，main 函数中的 for 循环语句共调用了 5 次 printline 函数（语句 A），每次调用时因实参 i+1 值不断改变，从而使函数 printline 打印出来的星号个数也随之改变。

（2）printline 函数由于没有返回值，因此它作为一个语句来调用。事实上，对于有返回值的函数也可进行这种方式的调用，只是此时不使用返回值，仅要求函数完成一定的操作。

程序运行的结果如下：

```
*
**
***
****
*****
```

当然，在 C 语言中，一个函数的调用方式还有很多，现归纳如下：

（1）**函数表达式**。函数作为表达式中的一项出现在表达式中，以函数返回值参与表达式的运算。这种方式要求函数是有返回值的。例如：z = max(x,y)是一个赋值表达式，是将 max 的返回值赋予变量 z。

（2）**函数语句**。函数调用的一般形式加上分号即构成函数语句。例如：

```
printf ("%d", a);
scanf ("%d", &b);
```

都是以函数语句的方式调用函数。

（3）**函数实参**。函数可作为另一个函数调用的实际参数出现。这种情况是把该函数的返回值作为实参进行传送，要求该函数必须是有返回值的。例如：

```
printf("%d",max(x,y));
```

是把 max 函数的返回值又作为 printf 函数的实参来使用的。

再如，对于前面的 sum 函数可有以下几种调用方式：

```
int    b = 2 * sum(4, 5);                      /* 语句 A */
int    c = 1;
c = sum(c, sum(c, 4));                        /* 语句 B */
sum( 3, 6);                                   /* 语句 C */
```

其中，语句 A 把函数作为表达式的一部分，并使返回值参与运算，结果 b = 18；语句 B 是将函数调用（实际上是函数的返回值）作为函数的实参，等价于 "c = sum(1, sum(1,4));"，执行 sum(1,4)后，等价于 "c = sum(1,5) ;"，最后结果为 c = 6。语句 C 把函数作为过程来调用，即忽略该函数的返回值，仅仅是执行函数体中的语句。

7.3.2　函数声明

在一个函数（主调函数）中能合法地调用另一个函数（被调函数）的前提是被调函数必须是已存在的函数，它可以是库函数，也可以是用户自定义的函数。

对于库函数，在调用时只需要在本源程序文件开始处用"#include"预处理命令将定义库函数的头文件"包含"到本文件中来即可。显然，库函数不需要在程序中再次进行函数声明，或者说库函数的声明已通过"#include"预处理命令提前进行。

但对于自定义函数，由于编译系统检查源程序语法的次序是自上而下来进行的，因而若自定义函数定义的位置处在主调函数的后面，则必须对该自定义函数（被调函数）事先进行声明。

函数声明的目的是将后面定义函数的函数名、参数类型和个数等信息**提前**通知编译系统，以便在遇到函数调用时，编译系统能正确识别函数并检查调用是否合法，只有全部合法了，系统才会将程序进行编译、连接，才可以执行程序。

总之，函数声明消除了函数定义的位置的影响。也就是说，不管函数是在何处定义的，只要在调用前进行函数的声明就可保证函数调用的合法性。那么，在 C 语言中，函数声明在何处进行，又是如何声明的呢？

1. 函数定义和声明的位置

在 C 语言中，函数声明既可以在主调函数的函数体的声明部分中进行，也可以在主调函数前面进行声明。一般来说，为了提高程序的可读性，保证简洁的程序结构以及函数调用的合法性，往往将程序的主函数 main 放在程序的开头，所有自定义函数的**声明**放在主函数 main 之前，而将所有自定义函数的**定义**放在 main 函数之后。

2. 函数声明的格式

C 语言中，声明一个函数应按下列格式进行：

```
<函数类型> <函数名>(<形参表>);
```

细看可以发现这个格式与函数定义时的函数头内容基本一致，只是**函数声明是一条语句，后面还有一个分号";"**。这样，对于前面的 sum 函数就可有如下声明：

```
int    sum(int x,  int y);
```

需要说明：

（1）由于函数的声明仅是对函数的原型进行说明，即**函数原型声明**，其声明的形参变量名在声明语句中并没有任何语句操作它，因此声明时的形参名和函数定义时的形参名可以不同，且函数声明时的形参名还可以省略，但函数名、函数类型、形参类型及个数应与定义时相同。例如，下面几种形式都是对 sum 函数原型的合法声明：

```
int sum(int a, int b);          /* 允许原型声明时的形参名与定义时不同 */
int sum(int, int);              /* 省略全部形参名 */
int sum(int a, int);            /* 省略部分形参名 */
int sum(int, int b);            /* 省略部分形参名 */
```

（2）函数的声明除了可以在主调函数的前面进行，也可以在主调函数体中进行。甚至，当被调函数的函数类型与变量的类型一样时，还可与变量放在一起进行声明。例如：

```
int x, y, sum(int x,  int y);
```

由于函数 sum 的声明中的形参 x 和 y 仅在其圆括号内有效，因此对其前面的变量 x 和 y 没有任何影响。故上述声明语句是合法的。下面来看一个示例。

【例 Ex_Shape.c】 函数的声明

```
#include <stdio.h>
#include <conio.h>
void listline(char ch, int n);                    /* 语句 A */
```

```
    int main()
    {
        void triangle( char ch, int size );          /* 语句 B */
        triangle('*', 6);
        return 0;
    }
    void triangle( char ch, int size )                /* 三角形 */
    {
        void listchar( char, int );                   /* 语句 C */
        int i;
        for ( i=0; i<size; i++ )
        {
            listchar(' ', size-i-1 );
            listline( ch, i*2+1 );
        }
    }
    void listline(char ch, int n )
    {
        int i;
        for ( i = 0; i < n; i++ ) putchar( ch );
        putchar( '\n' );
    }
    void listchar(char ch, int n )
    {
        int i;
        for ( i = 0; i < n; i++ ) putchar( ch );
    }
```

程序中，triangle, listline 和 listchar 都是自定义的函数。其中，listline 和 listchar 都是在一行中打印字符，只是 listline 函数在字符打印完成后还要进行换行处理。triangle 函数用来打印一个三角形图案，函数体中还有 listline 函数和 listchar 函数的调用语句，由于 listline 函数和 listchar 函数都是在 triangle 函数之后进行定义的，因此需要对这两个函数进行提前声明。由于 listchar 的声明是在 triangle 函数体声明部分中进行的，因而该函数只能在 triangle 函数体内使用。这种声明不同于 listline 的声明，它是在 main 函数之前进行的，因而它可以被在声明语句之后的所有函数调用。程序运行的结果如下：

```
        *
       ***
      *****
     *******
    *********
   ***********
```

3. 函数声明的例外

不是所有的自定义函数都需要进行函数的声明的，在 C 语言中，如果被调函数的返回值是**整型**或**字符型**时，可以不对被调函数进行提前声明而直接调用。不过，不是所有的 C 编译器都支持这种例外。

```
#include <stdio.h>
#include <conio.h>
int main()
{
    int res = sum( 100 );
    printf( "res = %d\n", res );
    return 0;
}
int sum( int n )
{
    int i;
    int    res = 0;
    for ( i=1; i<=n; i++ )
        res += i;
    return res;
}
```

程序中，函数 sum 的定义是在主调函数 main 之后，一般情况下，应在调用前对函数 sum 进行声明。但由于 sum 函数的返回值是 int，因而可以免去对它的声明，但在 Visual C++ 6.0 中编译后会出现这方面的警告错误。程序运行结果如下：

res = 5050

7.3.3 参数传递方式

1. 形参和实参的区别

这里先来看形参和实参的主要区别：

（1）从模块概念来说，形参是函数的接口，是存在于函数内部的变量。而实参是存在于函数外部的变量。它们**不是同一个实体**，也就是说，形参变量和实参变量所对应的内存空间不是同一个。

（2）按函数定义时所指定的类型来说，实参除变量外还可以是数值或表达式等，而形参只能是变量。

（3）不同于实参，形参在函数调用之前是不存在的，只有在发生函数调用时，函数中的形参才会被分配内存空间，然后执行函数体中的语句，而当调用结束后，形参所占的内存空间又会被释放。

2. 值传递

那么，实参是如何传递给形参的呢？在 C 语言中，函数的参数传递有两种方式，一种是**按值传递**，另一种是**地址传递**。这里先来说明按值传递的参数传递方法。

当函数的形参定义成一般变量时（如前面 printline 函数和 sum 函数的形参都是一般变量），函数的参数传递就是**按值传递方式**，简称**值传递**，它是指当一个函数被调用时，C 根据实参和形参的对应关系将实际参数的值一一传递给形参，供函数执行时使用。

值传递的特点是

（1）在值传递方式下，若实参指定是变量，则传递的是**实参变量的值**而不是地址。

（2）在执行函数代码时，由于对实参数据的操作最终是在**形参的栈内存空间**中进行的，因此形参值的改变只是改变了形参的内存空间存储的值，而不会改变实参变量所对应的内存空间的值。也就是说，即使形参的值在函数中发生了变化，函数调用结束后，实参的值也不会受到影响。

【例 Ex_SwapV.c】 交换函数两个参数的值

```
#include <stdio.h>
#include <conio.h>
void swap( float x, float y );                  /* 函数原型声明 */
int main()
{
        float a = 20, b = 40;
        printf("a = %g, b = %g\n", a, b );
        swap( a, b );                           /* 函数调用 */
        printf("a = %g, b = %g\n", a, b );
        return 0;
}
void swap(float x, float y)                     /* 函数定义 */
{
        float temp;
        temp = x;           x = y;          y = temp;
        printf("x = %g, y = %g\n", x, y );
}
```

程序运行的结果如下：

```
a = 20, b = 40
x = 40, y = 20
a = 20, b = 40
```

可以看出，虽然函数 swap 中交换了两个形参 x 和 y 的值，但交换的结果并不能改变实参的值，调用该函数后，变量 a 和 b 的值仍然为原来的值。

所以，**当函数的形参是一般变量时**，由于其参数传递方式是**值传递**，因此函数调用时所指定的实参可以是常量、变量、函数或表达式等，总之只要有确定的**值**就可以。例如，［例 Ex_Call］函数和对 sum 函数的调用的 "printline('*', i+1);"、"c = sum(c, sum(c,4));" 等。

需要说明的是，函数的参数值传递方式的最大好处是能保持函数的独立性。这是 C 语言函数的最常用的方式，在值传递方式下，每个形参仅能传递一个数据，但当需要在函数之间传递大量数据时，值传递方式显然不适用，此时应采用**地址传递**方式。

7.3.4 参数求值顺序

所谓求值顺序是指对实参表中各量的使用顺序是自左至右还是自右至左。对此，各编译系统的规定不一定相同。这里从函数调用的角度来讨论，例如：

```
int main()
{
        int i = 8 ;
        printf("%d, %d, %d, %d\n",++i, --i, i++, i--) ;
        return 0 ;
}
```

若对 printf 语句中的++i, --i, i++, i--按照从右至左的顺序求值，则运行结果应为：8, 7, 7, 8。若是从左至右求值，则结果应为：9, 8, 8, 9。由于 Turbo C 中的规定是自右至左求值，所以结果为 8, 7, 7, 8。

7.3.5 全局变量和局部变量

在 C 语言中，函数之间的值的传递可以有下列 3 种方式。

（1）可以通过函数参数来传递。

（2）可以通过函数的值来传递，此时函数需要指定函数类型并在函数体中使用 return 来返回一个值。

（3）通过**全局变量**来传递。

上述前两种方法都已讨论过，下面来讨论第 3 种方式：通过**全局变量**来传递。那么什么是全局变量呢？

在 C 语言中，如果变量是在函数外部（例如在 main 主函数前）定义的，则它从定义开始一直到源文件结束之前都能被后面的所有函数或语句所使用，这样的变量就是**全局变量**，或称函数的**外部变量**。

通过全局变量可以实现函数之间的值的传递。例如：输入立方体的长、宽、高，即 l, w, h，求体积及 3 个面的面积。

【例 Ex_Cube.c】 求体积及 3 个面的面积

```
#include <stdio.h>
#include <conio.h>
float   s1, s2, s3;                          /* 定义的全局变量 */
float vs( float l, float w, float h );       /* 函数原型声明 */
int main()
{
    float v;
    float length = 20.0f;                    /* 长 */
    float width = 30.0f;                     /* 宽 */
    float high  = 40.0f;                     /* 高 */
    v = vs( length, width, high );           /* 函数调用 */
    printf("v = %g, s1 = %g, s2 = %g, s3 = %g\n", v, s1, s2, s3 );
    return 0;
}
float vs( float l, float w, float h )
{
    /* 求三个方向面的面积 */
    s1 = l * w;      s2 = w * h;      s3 = l * h;
    return l * w * h;                        /* 返回体积 */
}
```

代码中，定义了 3 个全局（外部）变量 s1, s2 和 s3，用来存放 3 个方向所在的面积。由于 s1, s2 和 s3 是在函数 vs 声明语句之前定义的，因而它们从定义的位置开始一直到本程序文件结束都有效。函数 vs 用来求立方体体积和 3 个面的面积，函数的返回值为体积。

程序运行的结果如下：

v = 24000, s1 = 600, s2 = 1200, s3 = 800

需要说明的是，由于 C 语言规定函数返回值只能有一个，当需要增加函数的返回数据时，用全局变量是一种很好的方式。本例中，如不使用外部变量，在主函数中就不可能取得体积 v, s1, s2 和 s3 4 个值。而采用了全局变量，在函数 vs 中求得的 s1, s2 和 s3 值在 main 中仍然有效。因此全局变量是实现函数之间数据通信的有效手段。但同时也要注意，滥用全局变量会引发程序结构不清晰、容易混淆等副作用。

【例 Ex_Global.c】 使用全局变量

```
#include <stdio.h>
#include <conio.h>
float a = 10.0f;                              /* 定义的全局变量 */
void area( float x, float y );
void sum( float x, float y );
int main()
{
    printf("a = %g\n", a );
    area( 10.0f, 20.0f );          printf("a = %g\n", a );
    sum( 10.0f, 20.0f );           printf("a = %g\n", a );
    return 0;
}
void area( float x, float y )
{
    a = x * y;
}
void sum( float x, float y )
{
    a = x + y;
}
```

代码中，a 被定义成一个全局变量，函数 area 和 sum 都是通过 a 来传递计算结果的。程序的运行结果如下：

```
a = 10
a = 200
a = 30
```

由于全局变量的值可以在任何一个函数中修改，而这种混乱局面最易产生危险或错误的结果，因此，**在函数设计时应尽量使用局部变量，并将形参和函数返回值作为函数的公共接口，以保证函数的独立性。**

那么，这里的局部变量又是什么呢？在 C 语言中，凡是在函数头、函数体内或块中定义的变量都称为**局部变量**，它只能在函数体或块内使用，而在函数体或块的外部则不能使用它。例如，前面例中的 v, x, y, l, h, w, length, width 和 high 等都是局部变量。需要说明的是，在不同程序结构中定义的局部变量的使用范围（称为**作用域**）是不同的，以后还会来讨论。

7.4 函数嵌套调用

在 Ex_Shape.c 示例程序中，main 函数里调用 triangle 函数，在 triangle 函数中又通过循环来调用 listline 函数和 listchar 函数，而 listline 函数和 listchar 函数中又有库函数 putchar 的调用。可见，在 C 语言中被调函数还可以再调用其他函数，这种调用关系称为函数的**嵌套调用**。

下面再来看一个示例，它的作用是通过多个函数及其嵌套调用来求解一元二次方程的根。

【例 Ex_Root.c】 求解一元二次方程的根

```c
#include <stdio.h>
#include <conio.h>
#include <math.h>
void prninfo( double r1, double r2, int n );          /* 输出根的信息 */
double sd( double a, double b, double c );             /* 计算 b*b - 4*a*c */
void root( double a, double b, double c );             /* 求根函数 */
int main()
{
    double a = 2.0, b = 6.0, c = 3.0;
    root(a, b, c);
    return 0;
}
void prninfo( double r1, double r2, int n )
{
    printf("It has %d roots", n );
    if (n > 0) printf(": %g", r1 );
    if (n > 1) printf(", %g", r2 );
    printf("\n");
}
double sd( double a, double b, double c )
{
    return b * b - 4.0 * a * c;
}
void root( double a, double b, double c )
{
    double d = sd( a, b, c );
    if ( d < 0.0 )      prninfo( 0.0, 0.0, 0 );           /* 无根 */
    else
    {
        if ( a == 0.0 )
        {
            if ( b == 0.0 ) prninfo( 0.0, 0.0, 0 );       /* 无根 */
            else    prninfo( -c/b, 0.0, 1 );              /* 有 1 个根 */
        } else
        {
            d = sqrt( d );
            if ( d == 0.0 ) prninfo( -b/2.0/a, 0.0, 1 );
            /* 方程有 2 个相同的根，即 1 个不同根 */
            else
            {
                double s1 = -b/2.0/a;
                double s2 = d/2.0/a;
                prninfo( s1-s2, s1+s2, 2 );               /* 方程有 2 个不同根 */
            }
        }
    }
```

```
            }
        }
```

说明：

（1）本例 main 函数中调用了 root 函数，root 函数中又调用了 sd 和 prn 自定义函数以及 math.h 头文件中定义的库函数 sqrt（求平方根）。

（2）函数 prninfo 用来输出根的信息，当 n = 0 时，参数 r1 和 r2 无效，但调用该函数时还必须在 r1 和 r2 的位置处指定相应的实际参数，只是此时的实参值在函数执行中不起作用。当 n = 1 时，参数 r1 有效，而当 n = 2 时，参数 r1 和 r2 都有效。

（3）函数 sd 比较简单，只是用来计算一元二次方程的系数 a, b 和 c 的 $b^2 - 4ac$ 的值。

（4）函数 root 用来求解一元二次方程的方程根并输出，该函数设计时要考虑到无根、同根、不同根、系数 a 为 0 以及系数 b 为 0 等多种情况。

程序运行的结果如下：

It has 2 roots: −2.36603, −0.633975

7.5 递归调用和递归函数

C 允许在调用一个函数的过程中直接地或间接地调用函数本身，这种情况称为函数的**递归调用**。递归（Recursion）是一种常用的程序编写方法（算法），使用递归方法的函数称为**递归函数**。

例如，用递归函数编程求 n 的阶乘 $n!$。$n!=n\times(n-1)\times(n-2)\times\cdots\times2\times1$。它也可用下式表示：

$$n! \begin{cases} 1 & \text{当 } n=0 \text{ 时} \\ n\times(n-1)! & \text{当 } n>0 \text{ 时} \end{cases}$$

由于 $n!$ 和 $(n-1)!$ 都是同一个问题的求解，因此可将 $n!$ 用递归函数 long factorial(int n) 来描述，程序代码如下：

【例 Ex_Fac.c】 编程求 n 的阶乘 $n!$

```
#include <stdio.h>
#include <conio.h>
long factorial(int n);
int   main()
{
    int    n = 4;
    long  res = factorial(4);               /* 结果为 24 */
    printf( "%d! = %ld\n", n, res );
    getch();
    return 0;
}
long factorial(int n)
{
    long   result = 0;
    if (0 == n)  result = 1;
    else
        result = n*factorial(n-1);          /* 进行自身调用 */
    return   result;
```

```
        }
```

主函数 main 调用了求阶乘的函数 factorial，而函数 factorial 中的语句"result = n * factorial(n-1);"又调用了函数自身，可见函数 factorial 是一个递归函数。程序运行的结果如下：

```
4! = 24
```

一般来说，递归需要满足 2 个条件：一是**要有递归公式**，即能将一个问题化简成一个或多个子问题求解，且子问题和原问题具有相同的解法。例如，前面的 $n!$ 可化简为 $n \times (n-1)!$，其中子问题 $(n-1)!$ 和原问题 $n!$ 的解法相同。二是**递归要有终止条件**，即递归中最后一级的调用必须不能再进行递归，递归函数必须返回，否则递归将会无休止地进行下去。

7.6 综合实例：猜数字游戏

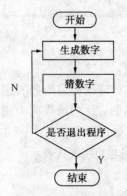

图 7.1 猜数字流程图

猜数字游戏的逻辑很简单，先由计算机随机生成一个 1～100 之间的数字让玩家猜测，如果猜对了，显示正确；如果猜错了，则显示错误，并提示玩家猜的数字是小了还是大了。如果玩家在 7 次之内仍未猜中则停止本次猜数，否则继续进行。每次运行程序后可以进行多次猜数字游戏过程，直至玩家选择退出为止。

程序的流程很简单，需要完成的功能是"生成数字"、"猜数字"和"是否继续猜"。如果玩家选择继续猜，则重新开始上述流程，流程图如图 7.1 所示。

首先设计主函数，"生成数字"和"猜数字"作为程序的子模块暂且不必详细讨论。根据流程图可编写如下主函数代码（以下主函数和子函数代码都保存在 Ex_Guess.c 源文件中）：

```c
#include <stdio.h>
#include <stdlib.h>
#include <time.h>
#include <assert.h>
#define MAX_NUMBER 100
#define MIN_NUMBER 1
#define MAX_TIMES    7

int GenNum(void);
void GuessNum(int number);
int main()
{
    int number;
    int choice;
    /*初始化随机种子*/
    srand(time(NULL));
    /*主功能开始*/
    do
    {
        number = GenNum();
        GuessNum(number);
```

```c
            printf( "continue?(Y/N):" );
            choice = getchar();
            /*跳过回车符以及之前所有无用的字符*/
            while( getchar() != '\n' );
        }while( choice != 'N' && choice != 'n' );
        /*主功能结束*/
        return 0;
    }
```

完成主函数的设计后，开始逐一编写各子模块的代码，首先对 GenNum()子函数进行细化，该函数的主要功能是调用系统函数 rand()生成随机数并控制在 1～100 之间。

```c
    /*GenNum 函数功能:在 1~100 之间生成一个随机数并返回*/
    int GenNum()
    {
        int number;
        number = ( rand()%(MAX_NUMBER-MIN_NUMBER+1) ) + MIN_NUMBER;
        assert( number >= MIN_NUMBER && number <= MAX_NUMBER );
        return number;
    }
```

对于猜数字子函数，理清逻辑是关键，其代码如下：

```c
    /*GuessNum 函数功能:提示玩家猜数字并完成游戏过程*/
    void GuessNum(int number)
    {
        int guess;
        int times = 0;
        assert( number >= MIN_NUMBER && number <= MAX_NUMBER );

        do
        {
            times++;
            printf( "Round %d:", times) ;
            scanf( "%d", &guess );
            /*跳过回车符以及之前所有无用的字符*/
            while( getchar()!='\n' );

            if( guess > number )
            {
                printf ( "Wrong!Too large!.\n" );
            }else if ( guess < number )
            {
                printf ( "Wrong!Too small!.\n" );
            }
        } while( guess != number && times < MAX_TIMES );
        /*输出结果*/
        if ( guess == number )
        {
            printf( "congratulations!You're right!\n" );
```

```
        }
        else
        {
                printf( "Failed after %d guesses.\n",MAX_TIMES );
        }
    }
```

本实例通过猜数字游戏介绍了模块化编程的简单过程，首先进行总体设计，将原本较杂乱的问题分解为简单的步骤，并画出流程图，首先设计程序主体，再对子模块逐个进行求精细化，按部就班地编程实现要求的功能。

总之，C 语言的函数不仅是模块化编程思想的体现，而且也是代码重用的一种方法。其中，递归方法提高了程序的代码效率。实际上，程序处理的数据并不限于以前所述的变量和常量，而是还有复杂的类型，下一章讨论数组、指针、结构和联合等数据类型。

习题 7

一、选择题

1. C 语言允许函数类型省略，此时该函数值的隐含类型是（　　　）。

　　A. float 型　　　　　B. int 型　　　　C. long 型　　　　D. double 型

2. 下列函数调用语句含有实参的个数为（　　　）。

　　func((exp1, exp2), (exp3, exp4, exp5));

　　A. 5　　　　　　B. 2　　　　　　C. 3　　　　　　D. 1

3. 函数调用不可以（　　　）。

　　A. 出现在执行语句中　　　　　　B. 出现在一个表达式中

　　C. 作为一个函数的实参　　　　　D. 作为一个函数的形参

4. 下面的描述错误的是（　　　）。

　　A. 函数可以有多个形式参数　　　B. 函数可以没有返回值

　　C. 函数内可以嵌套定义函数　　　D. 函数可以被其他函数调用

5. 若有函数声明 "void fun();"则下面说法中错误的是（　　　）。

　　A. fun 函数无返回值　　　　　　B. fun 函数的返回值可以是任意的数据类型

　　C. fun 函数没有形式参数　　　　D. void 可以省略

6. 有以下程序：

```
fun(int a, int b)                   int main()
{                                   {
    if(a>b) return(a);                  int x=3, y=8, z=6, r;
    else return(b);                     r = fun (fun(x,y), 2*z);
}                                       printf("%d\n", r);
                                        return 0;
                                    }
```

程序运行后的输出结果是（　　　）。

　　A. 3　　　　　　B. 6　　　　　　C. 8　　　　　　D. 12

7. 下面程序的输出结果是（　　　）。

```
f(int x)                g(int a,int b)              int main()
{                       {                           {
    int t;                  int z;                      int x1=2,x2=5,y;
    t=x+x;                  z=f(a*b);                    y=g(x1,x2);
    return(t);              return(z);                   printf("%d",y);
}                       }                               return 0;
                                                    }
```

  A．10　　　　　　B．7　　　　　　C．20　　　　　　D．49

8. 设函数 fun 的定义形式为：　fun(char ch,float x){…}，则以下对函数 fun 的调用语句中正确的是（　　　）。

  A．fun（"abc"，3)　　　　　　B．t = fun('D',5)

  C．fun('ab',3)　　　　　　　　D．fun('78',1)

9. 在函数调用过程中，如果函数 funA 调用了函数 funB，函数 funB 又调用了函数 funA，则（　　　）。

  A．称为函数的直接递归调用　　　　B．称为函数的循环调用

  C．称为函数的间接递归调用　　　　D．C 语言中不允许这样的递归调用

10. 下面程序的输出结果是（　　　）。

```
#include<stdio.h>              int main()
int x=1;                       {
f(int p)                           int m = 2;
{                                  f(m);
    int x=3;                       x += m++;
    x+=p++;                        printf("%d\n",x);
    printf("%d",x);                return 0;
}                              }
```

  A．5,3　　　　　　B．3,3　　　　　　C．4,7　　　　　　D．2,7

二、编程题

1. 设计 1 个函数，要求输入 3 个整数，求其最大数。编写完整的程序。

2. 写一个判断素数的函数，通过主函数输入 1 个整数，输出这个数是否是素数的信息。

3. 编程求下式的值，其中 n^i 用函数来实现：

$$n^1 + n^2 + n^3 + n^4 + \cdots + n^{10}　　　　其中 n = 1, 2, 3。$$

4. 当 x>1 时，Hermite 多项式定义为

$$H_n(x) = \begin{cases} 1 & n = 0 \\ 2x & n = 1 \\ 2xH_{n-1} - 2(n-1)H_{n-2}(x) & n > 1 \end{cases}$$

当输入浮点数 x 和整数 n 后，求出 Hermite 多项式的前 n 项的值。用递归函数来实现。

5. 设计一个函数，要求能将一个正整数 n 按反序输出，n 的位数不定。例如，123 输出 321。分别用递归函数和非递归函数来实现，编写完整的程序并测试。

6. 以下是斐波那契数列的前几项：

  1，1，2，3，5，8，13，21，34，55，89，144，233，…

该数列中从第 3 项开始每个数都是前 2 个数之和，而数列的最初 2 个数都是 1。可用下列公式表示斐波那契数列：

$$f(n) = \begin{cases} 0 & \text{当 } n = 0 \text{ 时} \\ 1 & \text{当 } n = 1 \text{ 或 } 2 \text{ 时} \\ f(n-1) + f(n-2) & \text{当 } n > 2 \text{ 时} \end{cases}$$

编写递归程序输出数列的前 30 项，要求每行输出 6 个数。

第8章 数 组

前面所遇到的都是基本数据类型，如 int, float, double 等。但是 C 语言还允许程序按一定的规则进行数据类型的构造，如定义数组、指针、结构和联合等，这些类型统称为**构造类型**。本章先来介绍数组。在 C 语言中，数组有一维、二维和多维等不同种类，它们分别应用于不同的场合。

8.1 一维数组

和变量一样，在 C 语言中，**数组**也是用来存储数据的，只是**数组**描述的是多个相同类型的数据的集合，每个数据在数组中称为**元素**。那么，数组在程序中是如何定义的呢？数组中的元素又是如何被引用的呢？这里先来讨论简单的**一维数组**情况。

8.1.1 一维数组的定义和引用

1. 一维数组的定义

在 C 语言中，定义一维数组的一般格式如下：

<数据类型>　<数组名>[<常量表达式>];

说明：

（1）这里的**方括号** "[ ]" 是区分数组和变量的特征符号。方括号中指定的常量表达式必须要有一个确定的整型**数值**，且数值必须大于 0，它反映数组中元素的个数，或称为**数组的大小、数组的长度**。

（2）数组的**数据类型**用来指定数组中各元素的数据类型，它必须是 C 语言的合法数据类型名。与变量数据类型的性质一样，它决定了数组各个元素所占的内存空间的大小以及存取的是什么类型的数据。

（3）**数组名**与变量名一样，需要遵循 C 语言的标识符命名规则。

根据上述格式，可在程序中定义一维数组。例如：

　　　int　　a[10];

其中，a 表示数组名，方括号里的 10 表示该数组有 10 个元素，每个元素的类型都是 int。这样，a 就被定义成含有 10 个元素的整型数组。在定义中，还可将同类型的变量或其他数组的定义写在一行语句中，但它们之间要用逗号隔开。例如：

　　　int　　a[10], b[20], n;

其中，a 和 b 被定义成整型数组，a 含有 10 个元素，b 含有 20 个元素，n 是整型变量。

2. 一维数组的长度和空间大小

数组一旦定义后，编译器就会为其开辟内存空间。由于数组中各个元素的内存空间的大小都是相同的，且都是顺序排列的，因而编译器为其开辟的内存空间的大小就是**元素个数×sizeof（数据类型）**。这就是说，编译器为上述定义的数组 a 开辟的内存空间的大小为 10×sizeof(int)，在 ANSI C 中，其结果为 20 字节。

正是由于编译器会为定义后的数组开辟内存空间，因而数组的大小一定要明确。也就是说，在数组定义时，方括号中的常量表达式中不能包含变量或只读变量（const 修饰的变量），但可以包含常量和#define 符号常量。如：

```
int     a[4 - 2];                    /* 合法，表达式 4-2 是一个确定的值 2 */
float   b[3 * 6];                    /* 合法，表达式 3*6 是一个确定的值 18 */

const  int size = 18;
int     c[size];                     /* 不合法，size 是一个（只读的）变量 */

int S   = 18;
int     d[S];                        /* 不合法，S 是一个变量 */
#define  SIZE  18
int     e[SIZE];                     /* 合法，SIZE 是一个标识符常量 */
int     e[0];                        /* 不合法，定义时，下标必须大于 0 */
```

3. 一维数组元素的引用

数组定义后，就可以用下标运算符通过指定下标来引用数组中的元素，其格式如下：

> <数组名> [<表达式>]

说明：

（1）书写时，先写数组名，然后写方括号 "[ ]"。其中，数组名必须是已定义过的。**方括号 "[ ]" 是 C 语言的下标运算符。**

（2）方括号中的值用来反映元素在数组中的位置，往往将方括号中的值形象地称为数组元素的下标。C 语言规定，数组的**下标是从 0 开始的**。这就是说，若有数组定义：

```
int     a[5];
```

则该数组可以引用的元素是 a[0], a[1], a[2], a[3], a[4]等 5 个，a[4]是数组 a 的最后一个元素。注意：这里的数组 a 没有 a[5]这个数组元素。可见，**在引用一维数组元素时，若数组定义时指定的大小为 n 时，则下标范围为 0～(n–1)。**

（3）引用时，方括号中指定的下标可以是常量、变量或是表达式，但它们的值必须是整型，不能是实型，也不能是字符串，因为反映的是元素在数组中的位置序号。例如：

```
int     d[10], i;
…
for (i=0; i<10; i++)
    printf( "%d\t", d[i] );
```

printf 调用语句中的 d[i]就是一个对数组 d 中元素的合法引用，i 是一个整型变量，用来指定数组元素的下标，当 i=0 时，引用的是元素 d[0]，当 i=1 时，引用的是元素 d[1]，……，依次类推。要注意，若 for 中的 i<10 误写成 i<=10，则当 i=10 时，数组 d 的下标序号已超界，而这一错误是不会在编译与连接的过程中反映出来的，**为此在程序设计中必须保证数组下标取值的正确性。**

（4）引用数组元素的本质就是引用数组元素的内存空间，也就是说，数组元素的下标也反映元素内存单元在数组内存空间的位置。例如，"int a[5];"定义后，其内存空间分配可如图 8.1 所示。若数组 a 内存空间的首地址是 2000H，那么当引用 a[2]这个元素时，实质上就是引用数组内存中地址从 2004H 开始的 2 字节（ANSI C）的内存空间。可见，

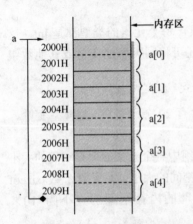

图 8.1　数组 a 各元素的存放次序

元素 a[0]～a[4]实质上就是数组 a 在内存中相应内存空间的**标识**，如同变量一样，只是这种**标识**是用数组名和下标运算符所构成的。

有了这样的理解后，就可以在程序中正确使用数组元素了。例如：

```
int    d[10], i;
for (i=0; i<10; i++)                /* 语句 A */
        d[i] = i;
for (i=0; i<10; i++)                /* 语句 B */
        printf( "%d\t", d[i] );
```

其中，循环语句 A 用来将数组 d 的各个元素分别赋值，使 d[0] = 0, d[1] = 1, …, d[9] = 9。而循环语句 B 则是将数组 d 的各个元素的值全部显示出来。结果为

```
0    1    2    3    4    5    6    7    8    9
```

可见，上述数组元素的引用和赋值操作与同类型的变量基本相同。但由于数组所占的内存空间是多块连续的内存单元，因而其初始化又与普通变量有着显著区别。那么，数组元素是如何进行初始化的呢？

8.1.2　一维数组的初始化

1．初始化格式

在 C 语言中，允许在数组定义的同时给数组元素赋初值，称为数组**初始化**。但与普通变量的初始化不同，对于一维数组来说，其初始化格式如下：

> **<数据类型>　<数组名>[<常量表达式>] = {初值列表};**

可见，数组元素的初始化是通过在数组定义格式中的方括号之后用"={初值列表}"的形式来进行的。这里，要理解"={初值列表}"的含义和用法：

（1）"={初值列表}"是专门为那些占据连续多个内存块单元的数据初始化而设计的，如数组的初始化以及以后讨论的结构变量的初始化等。其中的花括号"{}"是这种初始化类型的特征符，它反映了初值列表中指定的数值的开始（左花括号"{"）和结束（右花括号"}"），不能单独使用，也就是说，若写成：

```
int a[5] = { };                     /* 错误，初值列表中的值不能为空 */
```

则是错误的。

（2）"="符号的含义以前说过，它不是赋值运算符，而是将后面的初值列表中的数值从头开始依次写入到对应的内存空间中。由于数组的内存空间有限，因此初值列表中的数值个数不得多于数组元素个数，否则就会产生**超界编译错误**。指定时，多个数值之间要用逗号隔开。例如：

```
int    a[5] = {1, 2, 3, 4, 5};
```

是将花括号"{ }"里的初值（整数）1,2,3,4,5 分别依次填充到数组 a 的内存空间中，亦即将初值依次赋给数组 a 的各个元素。它的作用与下列的赋值语句相同：

```
a[0] = 1;    a[1] = 2;    a[2] = 3;    a[3] = 4;    a[4] = 5;
```

若是

```
int    a[5] = {1, 2, 3, 4, 5, 6};
```

则因指定的初值个数超出数组 a 元素的个数，因而会出现超界的编译错误。

（3）"={初值列表}"的方式只限用于数组（或结构变量）的初始化，不能出现在赋值语句中。例如：

```
int    c[4];                        /* 合法 */
```

```
       c[4] = {1, 2, 3, 4};                          /* 错误 */
```

2．初值个数

虽然初始化数组的值的个数不能多于数组元素个数，但允许指定的初值个数少于数组元素个数的情况出现。例如：

```
       int    b[5] = {1, 2};
```

由于初值是从数组 b 内存空间的开始位置写入的，因而这样的初始化仅使数组 b 的元素 b[0] = 1, b[1] = 2。那么此时的 b[2], b[3] 和 b[4] 元素的初值是多少呢？

C 语言规定，在对数组进行初始化中，没有明确列举初值的元素其初值均为 0。这就是说，元素 b[2], b[3], b[4] 的值均为默认的值 0。这样一来，若有：

```
       int    b[5] = {0};
```

则使得数组 b 的各个元素的初值均设为 0。若仅仅是

```
       int    b[5];
```

则数组 b 的各个元素的初值可能是系统默认值，也可能是该内存空间以前操作后留下来的无效数值，总之是不能确定的值。

既然"={初值列表}"可以使数组最前面的部分元素或全部元素设定初值，那么数组中任意一个元素的初值是如何设定的呢？例如：

```
       int    d[5];
```

若要将 d[2] 元素的初值设定为 10，则应如何进行？在 ANSI C 中，这样的问题只能通过赋值语句来解决，而无法在初始化中实现。即只能是

```
       d[2] = 10;
```

但在 C99 中，则允许在初值列表中使用下标形式来指定某个元素的初值。例如：

```
       int    d[6] = {[2] = 10};                      /* 使 d[2] 元素的初值为 10 */
```

3．数组的编译

由于数组的初始化是将赋值与定义同时进行，因而就意味着，各元素的初值是在**编译时**确定的，而不像赋值语句是在程序**运行时**进行的。也就是说，在"={初值列表}"中，初值不能是变量，但可以是常量或常量表达式。例如：

```
       double    f[5] = {1.0, 3.0*3.14, 8.0};         /* 合法 */
       double    d = 8.0;
       double    f[5] = {1.0, 3.0*3.14, d};           /* 不合法，d 是变量 */
```

同样，当使用了"={初值列表}"这种形式后，则一维数组的大小由于在编译时可以根据初值的个数来确定，因此在这种情况下，在一维数组定义时可不指定大小。例如：

```
       int     c[ ] = {1, 2, 3, 4, 5};
```

编译器将根据**数值的个数**自动设定数组 c 的长度，这里是 5。要注意，**必须在编译时明确数组的大小**。若只有：

```
       int    c[ ];                                   /* 不合法，未指定数组大小 */
```

则是**错误**的。

4．两个问题

第 1 个问题：前面说过，在程序中可以引用已定义数组中的元素，即可以进行如下操作：

```
       int    a1[4] = {1, 2, 3, 4};                   /* 合法 */
       int    a2[4];                                  /* 合法 */
       a2[0] = a1[0];                                 /* 合法 */
       a1[2] = a2[1];                                 /* 合法 */
```

那么，能否对数组名进行赋值操作呢？事实上，编译只是为数组元素开辟内存空间，并

没有为数组名开辟内存空间，这就意味着，数组名所表示的值是不可变的，显然数组名不是变量，自然也就不能作为左值了。即

        a2 = a1;

是错误的。那么，数组名所表示的值的含义是什么呢？以后在讲到指针的问题时会进一步讨论。简单地说，数组名表示它所占据的内存空间的首地址，也就是数组第 1 个元素对应的内存单元的首地址。

第 2 个问题： 在"={初值列表}"的初值列表中，多个数值要用逗号隔开，如果用了两个或两个以上的逗号，C 语言是否会允许？

在初值列表中，数值和逗号前后是可以出现一个或多个白字符（空格等）的，但不允许出现多个逗号连续的情况，即逗号前面必须要有常量或常量表达式。例如：

        int f[5] = {1, , 3, 4, 5};   /* 错误，第 2 个逗号前面没有值 */
        int g[5] = {1, 2, 3, };   /* 合法 */

了解一维数组定义、引用和初始化方法后，下面通过一个简单的实例介绍数组的应用。

【例 Ex_ArrMM1.c】   求数组元素中的最大值和最小值

在程序设计中，可定义变量 max 和 min 来存储数组元素中的最大值和最小值，并将数组中下标为 0 的元素的值作为 max 和 min 的初值，然后通过循环语句，依次将余下的数组元素与 max 和 min 进行比较，max 保留两者中较大的数，min 保留两者中较小的数。在比较完所有的数组元素后，max 和 min 保存的就是数组中所有元素的最大值和最小值。代码如下：

```c
#include <stdio.h>
#include <conio.h>
int    main()
{
    int    a[] = {20, 40, -50, 7, 13}, n;
    int    max = a[0];                        /* 设初值为下标为 0 的元素 */
    int    min = a[0];                        /* 设初值为下标为 0 的元素 */
    int    i;
    n = sizeof(a) / sizeof(int);              /* 计算数组 a 中元素的个数 */
    /* 下标从 1 开始，因为下标为 0 的元素假设为最大值和最小值 */
    /* 求最大值 */
    for ( i = 1; i < n; i++)
        if (max<a[i]) max = a[i];
    /* 求最小值 */
    for ( i = 1; i < n; i++)
        if (min>a[i]) min = a[i];
    for (i=0; i<n; i++)                        /* 循环输出各个元素 */
        printf("a[%d] = %d\n",  i,  a[i]);
    /* 输出最大值和最小值 */
    printf( "Max = %d, Min = %d\n", max, min );
    return 0;
}
```

程序的运行结果如下：

```
a[0] = 20
a[1] = 40
a[2] = −50
a[3] = 7
a[4] = 13
Max = 40, Min = −50
```

分析：

（1）代码中，"sizeof(a)/sizeof(int)"用来计算数组 a 中的元素个数，由于这种方法在 16 位或 32 位机上计算出来的元素个数都是一样的，因此具有很好的移植性。

（2）在求最大值的循环语句中，由于 max 的初值为 a[0]，即 20，因此循环是从数组下标为 1 开始比较的，若 max 小于 a[i]，则说明 max 不是最大值，需要将 a[i]赋给 max，这样通过条件判断，max 始终是数组 a 中已经参加过比较的元素中的最大值。类似地，可以分析求最小值的循环代码。

（3）由于求最大值和最小值的循环条件都是一样的，因此可以将最大值和最小值的 if 语句放在同一个循环体中。

8.2 二维和多维数组

前面讨论了许多关于一维数组的内容，事实上，在 C 语言还允许使用二维数组、三维数组等多维数组。那么，多维数组在程序中是如何定义呢？多维数组中的元素又是如何引用的呢？它们的使用特点又有哪些呢？

8.2.1 二维和多维数组的定义和引用

1. 二维数组的定义

二维数组定义的格式如下：

> <数据类型>　<数组名>[<常量表达式 1>][<常量表达式 2>];

从中可以看出，二维数组的定义格式与一维数组的定义格式基本相同，只是多了一对方括号。同样，若定义一个三维数组，则应在二维数组定义格式的基础上再增加一对方括号，依次类推。可见，在数组定义中，数组维数的多少是由定义格式中的方括号的对数来决定的。这样，对于数组定义的统一格式就可表示为

> <数据类型>　<数组名>[<常量表达式 1>][<常量表达式 2>]…[<常量表达式 n>];

其中，各对方括号中的常量表达式用来指定相应维的大小。例如：

```
float  b[2][3];
char   c[4][5][6];
int    d[3][4][5][6];
double f[2][3][4][5][6];
```

其中，b 是二维数组，每个元素的类型都是 float 型。c 是三维数组，每个元素的类型都是字符型。d 是四维数组，每个元素的类型都是 int 型。f 是五维数组，每个元素的类型都是 double 型。

2. 多维数组的引用

一旦定义了多维数组，就可以通过下面的格式来引用数组中的元素：

> <数组名> [<下标表达式 1>][<下标表达式 2>]…[<下标表达式 n>]

这里的**下标表达式 1**、**下标表达式 2** 等分别与数组定义时的**维**相对应。也就是说，对于上述定义 "float b[2][3];" 中的二维数组 b 来说，其元素引用时需写成 "b[i][j]" 的形式。其中，每一维的下标都是从 0 开始，且都小于相应维定义时指定的大小。即：i 的取值只能是 0 和 1，j 的取值只能是 0,1 和 2。再如，对于上述定义 "char c[4][5][6];" 中的三维数组 c 来说，其合法的元素引用应是 "c[i][j][k]" 的形式，其中，i 的取值只能是 0～3 的整数，j 的取值只能是 0～4 的整数，k 的取值只能是 0～5 的整数。

可见，对于多维数组的元素来说，引用时只要写数组名加上各维的下标即可，但各维的下标范围应为 0～(*n*–1)。*n* 是数组定义时该维指定的大小。

同一维数组的元素一样，多维数组的元素也是等同于同数据类型的普通变量，可以像变量一样进行赋值、算术运算以及输入/输出等操作。例如：

```
        int     a1[1];
        int     a2[3][4];
        int     a3[6][7][8];
        …
    a1[0] = a2[0][2];              a3[2][3][4] = a2[2][2];
    a2[0][1] = a2[0][2];          a3[2][3] = a3[2][2][2];
```

等，都是合法的对数组元素的引用。

8.2.2 多维数组的本质

1. 内存次序

由于一维数组和内存空间的维数相同（内存空间总是一维的），因此一维数组的元素的下标顺序也就是各元素在内存空间中的次序。那么，对于多维数组呢？它们的各个元素在内存中的下标次序是怎样的呢？多维数组中元素的总数又是如何计算的呢？

先来看一看二维数组，若有：

```
        int     a[3][4];
```

则二维数组 a 各元素在内存中的存放次序如图 8.2 所示。从图中可以看出：内存中，数组 a 各元素的次序是先从 a[0][0] 变化到 a[1][3]，然后再从 a[1][0] 变化到 a[0][3]，最后是 a[2][0] 变化到 a[2][3]。可见，a[0][0] 是数组 a 的第 1 个元素，而 a[2][3] 是数组 a 的最后 1 个元素，一共有 12 个元素，共占用内存 12 × sizeof(int)，结果在 ANSI C 中为 24 字节。即

（1）多维数组的元素的总数是各维大小的乘积。例如，若有：

```
        int     ·d[3][4][5][6];
```

则四维数组 d 的元素个数为 2×4×5×6 = 240 个，占据的内存为 240×sizeof(int)，在 ANSIC 中的结果为 480 字节。显然，对于多维数组来说，尽管各维的大小不一定很大，但整个数组所占的内存空间一般将随维数的增加而增大。

（2）从内存中的次序可以看出，多维数组中越靠近数组名的维的下标变化越慢，越远离数组名的维的下标变化越快。为了叙述方便，通常将下标变化快的维称为**低维**，而将下标变化慢的维称为**高维**。这类似于十进制数中的个位、十位、百位、千位……的变化次序，如图 8.3 所示，四维数组 d 的维的次序依次从右向左逐渐升高，最右边的是最低维，最左边的是最高

维。这样，在内存中多维数组中元素的下标总是从低维到高维顺序变化。

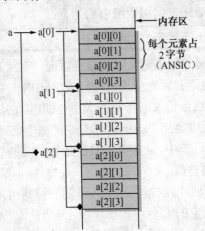

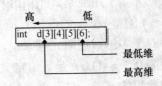

图 8.2　二维数组 a 在内存中的存放次序　　　图 8.3　多维数组的维次序

2．多维数组的遍历

所谓**遍历**，就是访问多维数组的全部元素。在程序中，遍历元素的最简单的方法是通过循环来实现的，但此时的循环所嵌套的层数一般应与数组的维数相同。即对于二维数组的元素遍历可用二层循环来实现，例如：

```
int    a[3][4], i, j;
…
/*  遍历输出全部元素 */
for (i=0; i<3; i++)
{
        for (j=0; j<4; j++)
            printf( "%d\t", a[i][j] );
        printf( "\n");
}
```

其中循环变量 i 对应高维（"a 定义中的[3]"），j 对应低维（"a 定义中的[4]"）。同样，对于三维数组的元素遍历，则应用三层循环来实现，例如：

```
int    a[3][4][5], i, j, k;
…
/*  遍历输出全部元素 */
for (i=0; i<3; i++)
        for (j=0; j<4; j++)
              for (k=0; k<5; k++)
                  printf( "%d\t", a[i][j][k] );
```

循环变量 i 对应最高维（"a 定义中的[3]"），k 对应最低维（"a 定义中的[5]"），而 j 对应中间维（"a 定义中的[4]"）。

从上述代码可以看出：循环遍历中，数组元素的下标变化次序与元素在内存中的下标变化次序是相同的。即变化最快的最内层循环与数组的最低维相对应，而变化最慢的最外层循环与数组的最高维相对应。这是比较好的习惯，否则极易产生混乱。

3．多维数组的意义

由于内存空间是一维的，因而从数组所占内存空间的角度来看，多维数组和一维数组的本质都是一样的。那么为什么 C 语言还允许多维数组的出现呢？

简单地说，多维数组是为了应用的需要而产生的语法格式。例如，一维数组可以描述一个队列，而二维数组则可以描述一个由行和列组成的**表**，它可以是**行列式**或**矩阵**等。由于三维或更高维的数组一般难以匹配具体的应用模型，因而除非程序的特殊需要，一般很少使用到三维及其以上的多维数组。

8.2.3 二维数组的初始化和赋值

正是由于二维数组可以用来描述一个具有行和列的数据表，因而为了程序应用的便利需要，对于二维数组的初始化形式也与一维数组有所不同。例如：

> int   a[3][4];

则编译器将为 a 开辟 3×4＝12 个 int 类型的元素所需要的内存空间，尽管各个元素在内存中是按一维顺序排列的，但是二维数组是应用于表模型的，其中最高维的大小表示**行数**，最低维的大小表示**列数**。即数组 a 元素的应用次序是按 3 行 4 列来排列的：

> **a[0]:** a[0][0],   a[0][1],   a[0][2],   a[0][3],   /* 第 0 行 */
> **a[1]:** a[1][0],   a[1][1],   a[1][2],   a[1][3],   /* 第 1 行 */
> **a[2]:** a[2][0],   a[2][1],   a[2][2],   a[2][3]。 /* 第 2 行 */

正是由于二维数组的这种应用特点，因而在二维数组初始化 "={初值列表}"中的初值，允许采用以"**行**"为单位的形式来列举。例如：

> int   a[3][4] = { {1, 2, 3, 4}, {5, 6, 7, 8}, {9, 10, 11, 12}};

可见，数组初始化中，花括号里还可以有花括号"{}"，此时的花括号用来表示行的含义，"{}"与"{}"之间要用逗号隔开，并且每一对"{}"根据其书写的次序依次对应于二维数组的第 0 行、第 1 行、……、第 *i* 行。这就是说，{1, 2, 3, 4}是对第 0 行元素进行初始化，{5, 6, 7, 8}是对第 1 行元素进行初始化，{9, 10, 11, 12}是对第 2 行元素进行初始化。

为了以后叙述方便，将初值列表中的"{}"形式称为**行初值指**定形式。需要说明的是：

（1）对于二维数组的**行初值指定**，有时往往写成下列形式：

> int   a[3][4] = { {1,   2,   3,   4},
> {5,   6,   7,   8},
> {9,   10,   11,   12}};

显然，二维数组的行和列的层次就和**表**模型的应用结构相统一，提高了程序的可读性。

（2）当然，二维数组的初始化可以直接采用初值列表形式。例如：

> int   a[3][4] = { 1, 2, 3, 4, 5, 6, 7, 8, 9, 10, 11, 12};

它是将初值依次填入到数组 a 的内存空间中，从而使 a[0][0]=1，a[0][1]=2，…，a[2][3] = 12。若指定部分初值时，例如：

> int   a[3][4] = { 1, 2, 3, 4, 5};

则使 a[0][0]=1, a[0][1]=2, a[0][2]=3, a[0][3]=4, a[1][0]=5。其他未指定的元素的初值默认为 0。由于数组 a 的元素个数为 3×4＝12 个，因而上述形式所指定的初值个数不能超过这个总数，否则会出现编译错误。

（3）二维数组的**行初值指定**形式中，每行的初值个数不能多于列数，但允许出现少于列数的情况，即允许行初值的部分指定。例如：

> int   a[3][4] = {{1, 2}, {3}, {4, 5, 6}};

没有明确列举元素值的元素，其值均默认为 0，因而上述初始化等同于：

> int   a[3][4] = {{1, 2, 0, 0}, {3, 0, 0, 0}, {4, 5, 6, 0}};

（4）要注意二维数组的**行初值指定**和初值列表并存时的情况。例如：

```
int a[3][4] = {{1, 2}, {3, 4, 5}, 6};
```

则{1,2}对应于 a 的第 0 行，{3,4,5}对应于 a 的第 1 行，后面的 6 无论是否有花括号，都对应于 a 的下一行。可见上述初始化等同于：

```
int a[3][4] = {{1, 2, 0, 0}, {3, 4, 5, 0}, {6, 0, 0, 0}};
```

要注意"{}"前面最好不能有单独的数值，例如：

```
int a[3][4] = {{1, 2}, 3, {4}, 5};                              /* 不要这么做 */
```

"{4}"前面有一个"3"，虽在有的编译器中是正确的，但最好不要这么做。因为此时的"{4}"含义不统一。Visual C++和 Turbo C 认为此时{4}中的"{}"失去"行"的含义，被视为**仅对其中某一个元素赋初值**。因此它等同于：

```
int a[3][4] = {{1, 2}, 3, 4, 5};
```

亦等同于：

```
int a[3][4] = {{1, 2}, {3, 4, 5}};
```

即使 a[0][0]=1, a[0][1]=2, a[1][0]=3, a[1][1]=4, a[1][2]=5，其余元素均为 0。

但若是

```
int a[3][4] = {{1, 2}, 3, {4, 5}};                              /* 错误 */
```

则是**错误**的。因为"{4,5}"前面有单独的数值 3，此时"{4,5}"中的"{}"失去"行"的含义，被视为仅对其中某一个元素赋初值，即将花括号里的 4 和 5 同时赋给数组中的某一个元素。显然，这是不可能的。

（5）对于多维数组来说，若有初始化，则在数组定义时可只忽略最高维的大小，但其他任意一维的大小都不能省略。也就是说，**在二维数组定义中，行的大小可以不指定，但列的大小必须指定**。例如：

```
int b[][4] = {1, 2, 3, 4, 5, 6, 7, 8, 9, 10, 11, 12};          /* 结果为 b[3][4] */
int b[][4] = {{1, 2, 3, 4}, {5, 6}, {7}, { 8, 9, 10, 11}, 12};  /* 结果为 b[5][4] */
int b[][4] = {1, 2, 3};                                        /* 结果为 b[1][4] */
int b[][4] = {{1}, 2, 3};                                      /* 结果为 b[2][4] */
```

8.2.4　二维数组的基本应用

二维数组最典型的基本应用是用于矩阵求值和操作等，例如下面两个例子，分别用来求矩阵中最大的元素和矩阵转置。

1. 求矩阵中最大的元素

与求一维数组中的最大元素相类似，求解过程中需在程序中保存行和列的下标。然而，对于矩阵来说，起始的行号和列号都是从 1 开始的，在输出矩阵中最大元素的行号和列号时需要在求出来的元素下标加上 1。

【例 Ex_MatMax.c】　求 4 × 4 阶矩阵的最大的元素

```
#include <stdio.h>
#include <conio.h>
int    main()
{
       int    mat[4][4] = {    { 12,      76,        4,         1 },
                               { -19,     28,        55,        -6 },
                               { 2,       10,        13,        -2 },
                               { 3,       -9,        110,       22 }};
       int    row, col;                    /* 最大元素的行下标序号 row，列下标序号 col */
       int    i, j;
```

```c
        row = 0;           col = 0;
        /* 遍历和输出所有元素，并求最大的元素 */
        for (i=0; i<4; i++)
        {
            for (j=0; j<4; j++)
            {
                printf("%6d\t", mat[i][j]);
                if ( mat[row][col] < mat[i][j])
                {
                    row = i;           col = j;           /* 保存最大元素的行和列的下标 */
                }
            }
            printf("\n");
        }
        printf("MAX: mat[%d][%d] = %d\n", row, col, mat[row][col]);    /* 输出结果 */
        return 0;
}
```

程序运行的结果如下：

12	**76**	**4**	**1**
−19	**28**	**55**	**−6**
2	**10**	**13**	**−2**
3	**−9**	**110**	**22**

MAX: mat[3][2] = 110

2．矩阵转置

矩阵转置是将一个矩阵的行和列互换，例如，若有一个 3×4 的矩阵，则转置前后的结果如图 8.4 所示。可见，3×4 的矩阵转置后变成 4×3 的矩阵。

$$\begin{bmatrix} 1 & 2 & 3 & 4 \\ 5 & 6 & 7 & 8 \\ 9 & 10 & 11 & 12 \end{bmatrix} \xrightarrow{\text{转置}} \begin{bmatrix} 1 & 5 & 9 \\ 2 & 6 & 10 \\ 3 & 7 & 11 \\ 4 & 8 & 12 \end{bmatrix}$$

图 8.4　3×4 矩阵的转置

【例 Ex_MatInv.c】　求 3×4 矩阵的转置

```c
#include <stdio.h>
#include <conio.h>
int    main()
{
    int    a[3][4] = { {1,   2,   3,   4}, {5,   6,   7,   8}, {9,   10,   11,   12}};
    int    b[4][3];                         /* 存储转置后的矩阵 */
    int    i, j;
    /* 转置 */
    for (i=0; i<3; i++)
        for (j=0; j<4; j++)
            b[j][i] = a[i][j];
    /* 输出结果 */
    printf( "After: \n" );
```

```
        for (i=0; i<4; i++)
        {
                for (j=0; j<3; j++)        printf("%6d\t", b[i][j]);
                printf("\n");
        }
        return 0;
    }
```

程序运行的结果如下：

```
 After:
       1        5        9
       2        6       10
       3        7       11
       4        8       12
```

8.3 字符数组和字符串

当定义的数组的数据类型为 char 时，这样的数组就称为**字符数组**，字符数组中的每个元素都是字符型变量。由于字符数组存放的是一个字符序列，因而它和字符串常量有着密切的关系。在 C 语言中，可用字符串常量来初始化字符数组，或通过字符数组名来引用字符串等。

8.3.1 一维字符数组

对于一维字符数组来说，它的初始化有两种方式。一种方式是

    char   ch[ ] = {'H', 'e', 'l', 'l', 'o', '!', '\0'};

另一种方式是使用字符串常量来给字符数组赋初值，例如：

    char   ch[ ] = {"Hello!"};

其中的花括号可以省略，即

    char   ch[ ] = "Hello!";

这几种方式都可使元素为 ch[0]='H', ch[1]='e', ch[2]='l', ch[3]='l', ch[4]='o', ch[5]='!', ch[6]='\0'，如图 8.5 所示（括号中的值是内存中存储的内容）。

需要说明：

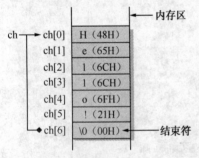

图 8.5 字符数组 ch 的初始化

（1）当字符数组用字符串常量方式进行初始化时，要注意数组的长度还应包含字符串的结束符 '\0'。若指定的数组长度大于字符串中的字符个数，那么其余的元素将自动设定为'\0'。例如：

    char   ch[9] = "Hello!";

因"Hello!"的字符个数为 6，由于还要包括一个空字符 '\0'，故数组长度至少是 7，从 ch[6]开始到 ch[8]都等于空字符'\0'。

（2）**要注意字符数组与其他数组的区别**，例如：

    char ch[6] = "Hello!";   /* 数组长度至少是 7 */

虽然初始化代码不会引起编译错误，但由于改写了数组空间以外的内存单元，所以是危险的。正因为这一点，Visual C++ 6.0 将其列为数组超界错误。

（3）不能将字符串常量直接通过赋值语句赋给一个字符数组。例如，下列语句是**错**

· 156 ·

误的：

```
char  str[20];
str = "Hello!";                    /* 错误 */
```

因为这里的字符数组名 str 不能作为**左值**。所以，这样的"赋值"操作在 C 语言中常常是通过头文件 string.h 中定义的库函数 strcpy 来实现的（以后会讨论）。

8.3.2 二维字符数组

一维字符数组常用于存取一个字符串，而二维字符数组可存取多个字符串。例如：

```
char str[][20] = {"How",  "are",  "you"};
```

这时，数组元素 str[0][0]表示一个 char 型字符变量，值为'H'；而 str[0]表示字符串"How"，str[1]表示字符串"are"，str[2]表示字符串"you"。由于省略了二维字符数组的最高维的大小，编译器会根据初始化的字符串常量，自动将其设为 3。要注意，二维字符数组的最低维的大小应不小于初始化初值列表中**最长字符串常量的字符个数+1**。下面举一个例子来统计多个字符串中字母 a 出现的次数。

【例 Ex_MStr.c】 在多个字符串中统计字母 a 的出现次数

```c
#include <stdio.h>
#include <conio.h>
int    main()
{
    int n = 0;                          /* 统计字母 a 的出现次数，初值为 0 */
    int i;
    char str[2][40] = { "This is a Test!", "Using char array"};
    for (i=0; i<2; i++)
    {
        int j = 0;
        while (str[i][j] != '\0')
        {
            if ('a' == str[i][j] ) n++;
            j++;
        }
    }
    printf("It has %d a!\n", n );
    return 0;
}
```

程序运行的结果如下：

```
It has 4 a!
```

事实上，C 语言处理字符串时并不只用字符数组，更多的是用字符指针以及附录 C 中相应的字符串处理库函数来进行。

8.4 数组与函数

数组也可作为函数的形参和实参，若数组元素作为函数的实参，则其用法与一般变量相同。而当数组名作为函数的实参和形参时，其传递就和以往的值传递有着本质区别，那么此时的传递是什么方式呢？

8.4.1 传递一维数组

以前所讨论的函数调用都是按实参和形参的对应关系将实际参数的**值**传递给形参，这种参数传递称为**值传递**。在值传递方式下，函数本身不对实参进行操作，也就是说，即使形参的值在函数中发生了变化，实参的值也不会受到影响。

由于数组元素就是一个同类型的变量，它具有普通变量的所有性质。因此，当数组元素作为函数实参使用时，与普通变量是完全相同的。在发生函数调用时，把作为实参的数组元素的值传送给形参，实现实参向形参的**值传递**方式。

但如果传递函数的参数是某个内存空间的地址时，则称为**地址传递**，由于函数形参和实参都指向内存空间的同一个地址，形参值的改变也就是实参地址所指向的内存空间的内容改变，从而实参的值也将随之改变。通过地址传递，可以由函数带回一个或多个值。

若一个函数的形参在定义时指定的是数组（或指针），则传递的就是地址。由于一维数组名代表了数组所开辟内存空间的首地址，亦代表了数组第 1 个元素（下标为 0 的元素）的首地址，因而可以将数组名作为函数实参实现地址传递。

形参数组也可以不指定大小，在指定数组名时后面仅跟一个空的方括号即可，例如"int data[]"。但为了满足在被调用函数中处理数组元素的需要，还应另设一个参数 n，用来指定要传递的数组元素的个数。

【例 Ex_Ave.c】 求一维数组中所有元素的平均值

```c
#include <stdio.h>
#include <conio.h>
float ave(int data[], int n);                    /* 声明函数原型 */
int    main()
{
    int a[] = {60, 70, 80, 87, 94};
    int n = sizeof(a)/sizeof(int);               /* 求数组元素个数*/
    printf( "Average of the array: %g\n", ave( a, n ) );
    return 0;
}
float ave(int data[], int n)                     /* 函数定义 */
{
    float  sum = 0.0f;
    int        i;
    for (i=0; i<n; i++)        sum += data[i];
    return    sum/(float)(n);
}
```

程序运行的结果如下：

```
Average of the array: 78.2
```

程序中 ave 函数的第一个形参定义成一维数组 data[]，在调用时只需指定实际一维数组 a[] 的数组名 a 即可，如 printf 语句中的"ave(a, n)"。可见，通过数组传递可以在一个函数中处理更多的数据。

需要说明的是，用数组名作为函数参数时，形参数组和实参数组的长度可以不相同，因为在调用时，只传送数组的首地址而不检查参数数组的长度。这样，当实参和形参数组的长度不一致时（比如数组 a[] 的长度和指定的 n 不一致），虽不会出现语法错误（编译能通过），但由于访问超界时就会产生致命的运行错误，因此应予以注意。

8.4.2 传递多维数组

与一维数组名作为函数参数相似，二维或多维数组名也可作为函数的参数。此时，函数的形参在定义时既可以指定每一维的大小，也可以省略最高维的大小。例如，以下定义均是合法的：

```
int   fun( int data[3][8] ){}
int   three( int data[3][5][8] ){}
```

或

```
int   fun( int data[ ][8] ){}          /*  省略最高维大小  */
int   three( int data[ ][5][8] ){}      /*  省略最高维大小  */
```

但是不能将最低维以及其他维的大小说明省略，也不能只指定最高维的大小而省略其他维的大小。例如，以下定义均是**不合法**的：

```
int   fun( int data[ ][ ] ){}
int   three( int data[ ][ ][ ] ){}
```

或：

```
int   fun( int data[3][]  ){}
int   three( int data[3 ][5 ][ ] ){}
int   three( int data[ 3][ ][8 ] ){}
```

这是由于多维数组在内存中是按一维来存放的，且内存单元又是连续的。因此，在定义二维数组时，只有指定了列数的大小（即最先变化的低维的大小），才能确定指定的内存块中所包含的行数（高一维的大小），否则编译系统无法识别出这个二维数组的各维的大小。

下面的示例定义了一个求 n 阶矩阵转置的函数 MatInv 并输出转置后的结果。

【例 Ex_MatRev.c】 求 n 阶矩阵转置的函数

```c
#include <stdio.h>
#include <conio.h>
void MatInv(int data[][4], int n);
int    main()
{
    int a[4][4] = {    {1,   2,    3,    4},      {5,   6,    7,    8},
                        {9,   10,  11,  12},      {13, 14,  15,  16}};
    int i, j;
    MatInv( a, 4 );                      /*  调用时，只需指定数组名  */
    /*  输出转置后的结果  */
    for (i=0; i<4; i++)
    {
        for (j=0; j<4; j++)
            printf("%10d", a[i][j] );
        printf("\n");
    }
    return 0;
}
void MatInv(int data[][4], int n)
{
    int t, i, j;
```

```
        for (i=0; i<n-1; i++)
            for ( j=i+1; j<4; j++)
            {
                t = data[i][j];          data[i][j]   = data[j][i];          data[j][i]   = t;
            }
    }
```

代码中，函数形参的二维数组 data 的最高维可不指定大小，但最低维必须指定，否则编译器无法识别。且传递过来的实参二维数组的最低维大小也应与形参二维数组的最低维大小相同，否则不会得到正确的运行结果。程序运行的结果如下：

1	5	9	13
2	6	10	14
3	7	11	15
4	8	12	16

下面来分析函数 MatInv 的算法。

函数 MatInv 用来将一个 4×4 矩阵进行转置，即行元素和列元素对调。在转置时，对角线上的元素是不需要进行转置的，如图 8.6 所示（加框的是对角线上的元素）。

图 8.6　矩阵转置过程

从图中可以看出，对于 4×4 矩阵只要进行 3 次内循环就可以了。第 1 次内循环是将除首元素 data[0][0] 之外的第 0 列的 3 个列元素与第 0 行的 3 个行元素交换，第 2 次内循环是将除元素 data[1][1] 之外的第 1 列后的 2 个列元素与第 1 行的后 2 个行元素交换，第 3 次内循环是将除元素 data[2][2] 之外的第 2 列后的 1 个列元素与第 2 行后的 1 个行元素交换。由于最后剩下来的元素 data[3][3] 是对角线上的元素，故不需交换。于是，转置结束。可见，对于 n×n 矩阵，外循环变量 i 应从 0 变化到 n−1，而内循环变量 j 应从 i+1 开始（忽略对角线上的元素）至 n 变化结束。这样，就得到了函数 MatInv 的代码。

8.5　综合实例：冒泡排序法

排序是数组最典型的一个应用实例，是程序经常进行的一种操作，其目的是将一组无序的数调整为有序的序列。排序算法有许多，这里介绍最简单的**冒泡排序法**。

冒泡排序法又称**起泡法**。设有一维数组 data，元素个数为 n，若按从小到大排序，则其算法过程是这样的：

首先将 n 个元素中的第 1 个元素与其后面的元素进行比较，若当前的元素比下一个元素**大**，则相互交换位置，然后第 2 个元素再与其相邻的下一个元素逐一比较，直到**最大**的元素"沉"到 data[n−1] 位置为止，再将剩下的前 n−1 个元素，从头开始进行相邻两个元素的比较，直到**最大**的元素"沉"到 data[n−2] 位置为止，这样不断重复下去，直到剩下最后一个元素 data[0]。

例如，设 int 数组 data 中的元素为 20, 40, –50, 7, 13，按从小到大排序，其排序过程可如图 8.7 所示，图中带底纹的是比较后的相邻两个元素，若需要相互交换，则它们两边还带有箭头符号。

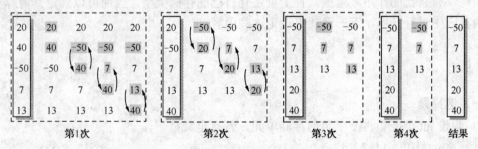

图 8.7　冒泡排序过程

显然，若将待排序的元素看做是竖着排列的"气泡"，则较小的元素比较轻，从而要往上浮，故而得名。通常把每一轮比较交换过程称为一次起泡。可以看出，完成一次起泡后，已排好序的元素就增加一个，要排序的元素就减少一个，从而使下次起泡过程的比较运算就减少一次，对于 n 个元素来说，各轮比较的次数依次为：$n–1, n–2, \cdots, 2, 1$。

根据上述过程，可有下列程序。函数 bubblesort 用来对一维 int 数组 data 中的 n 个元素按从小到大的次序用起泡法排序。

【例 Ex_BSort.c】　用起泡法将一维数组元素按从小到大的次序排序

```c
#include <stdio.h>
#include <conio.h>
void bubblesort( int data[], int n );
int    main()
{
        int a[] = {20, 40, –50, 7, 13};
        int n = sizeof(a)/sizeof(int), i;
        bubblesort( a, n );
        for (i=0; i<n; i++)
                printf("%10d", a[i] );
        printf("\n");
        return 0;
}
void bubblesort( int data[], int n )
{
        int temp, i, j;
        for (i=1; i<n; i++)
                for (j=0; j<n–i; j++)
                        if (data[j]>data[j+1])
                        {
                                temp = data[j];    data[j] = data[j+1];    data[j+1] = temp;
                        }
}
```

程序运行的结果如下：

　　总之，数组是同类型的数据的集合，由于通过数组名和下标序号可方便地对数组元素进行操作，因此数组在许多场合下得到广泛应用。事实上，程序中的变量名、函数名和数组名等标识符都有自己的作用域范围，且变量还有自己的存储类型，因而可以确定其内存空间在哪个内存区中进行开辟。下一章就来讨论这些内容。

习题 8

一、选择题

1．假设 int 型变量占 2 字节的存储单元，若有定义：

　　　　int x[10] = { 0, 2, 4 };

则数组 x 在内存中所占字节数为（　　　）。

　　A．3　　　　　　　B．6　　　　　　　C．10　　　　　　　D．20

2．下列合法的数组定义是（　　　）。

　　A．int a[] = "string";　　　　　　　B．int a[5] = { 0,1,2,3,4,5 };

　　C．char a = "string";　　　　　　　D．char a[] = { 0,1,2,3,4,5 };

3．若给出以下定义：

　　　　char x[] = "abcdefg";

　　　　char y[] = {'a', 'b', 'c', 'd', 'e', 'f', 'g' };

则正确的叙述为（　　　）。

　　A．数组 x 和数组 y 等价　　　　　　B．数组 x 和数组 y 的长度相同

　　C．数组 x 的长度大于数组 y 的长度　D．数组 x 的长度小于数组 y 的长度

4．以下不能对二维数组 a 进行正确初始化的语句是（　　　）。

　　A．int a[2][3]={0};　　　　　　　　B．int a[][3]={{1,2},{0}};

　　C．int a[2][3]={{1,2},{3,4},{5,6}};　D．int a[][3]={1,2,3,4,5,6};

5．若有说明：int a[][4]={0,0}；则下面叙述不正确的是（　　　）。

　　A．数组 a 的每个元素都可得到初值 0

　　B．二维数组 a 的第一维大小为 1

　　C．因为二维数组 a 中第二维大小的值除以初值个数的商为 1，故数组 a 的行数为 1

　　D．只有元素 a[0][0] 和 a[0][1] 可得到初值 0，其余元素均得不到初值 0

6．以下定义语句不正确的是（　　　）。

　　A．double x[5]={2.0, 4.0, 6.0, 8.0, 10.0};　B．int y[5]={0, 1, 3, 5, 7, 9};

　　C．char c1[ ]={'1', '2', '3', '4', '5'};　　　　D．char c2[ ]={'\x10', '\xa', '\x8'};

7．下面程序段的输出结果是（　　　）。

　　int k,a[3][3]={1,2,3,4,5,6,7,8,9};

　　for (k=0;k<3;k++) printf("%d",a[k][2−k]);

　　A．3 5 7　　　　　B．3 6 9　　　　　C．1 5 9　　　　　D．1 4 7

8．下面程序段的输出结果是（　　　）。

　　char c[5]={'a','b','\0','c','\0'}

　　printf("%s",c);

　　A．'a' 'b'　　　　　B．ab　　　　　　C．ab␣c　　　　　D．abc

二、程序填空题

1. 下列 invert 函数的功能是将数组 a 中 *n* 个元素逆序存放，填充下列程序中的方框使其完整。

```
void invert(int a[], int n)
{
    int i = 0, j = n-1;
    while (                    )
    {
        int t;
        t = a[i];               ; a[j] = t;
        i++;
                        ;
    }
}
```

2. 函数 findmax 的功能是找出数组 a 中最大元素的下标，并返回主函数，输出下标及最大值，填充下列程序中的方框使其完整。

```
int findmax(int a[], int n)
{
    int i, k;
    for (k=0, i=1; i<n; i++)
        if (                    )     k = i;
    return          ;
}
int    main()
{
    int data[10], i, n = 10;
    int pos;
    for (i=0; i<n; i++) scanf("%d", &data[i]);
    pos = findmax(data, n);
    printf("pos = %d, value = %d ",                  );
    return 0;
}
```

3. 下面程序可求出矩阵 *a* 的主对角线上的元素之和，填充程序中的方框使其完整。

```
int main ( )
{
    int a[3][3]={1,3,5,7,9,11,13,15,17} , sum=0, i, j ;
    for (i=0 ; i<3 ; i++)
        for (j=0 ; j<3 ; j++)
            if (                    )
                sum = sum  +             ;
    printf("sum=%d",sum);
    return 0;
}
```

4. 下面程序将十进制整数 *n* 转换成 base 进制，填充程序中的方框使其完整（提示：代码中，num 是转换后各位的数值）。

```
int main ( )
```

```
        {
            int i = 0, base, n, j, num[20] ;
            scanf("%d",&n);
            scanf("%d",&base) ;
            do {
                i++;
                num[i] = [                    ];
                n = [                    ];
            } while (n!=0);
            for ([                    ])
                printf("%d",num[j]) ;
            return 0;
        }
```

三、编程题

1. 输入一组非 0 整数（以输入 0 作为输入结束标志）到一维数组中，设计一程序，求出这一组数的平均值，并分别统计出这一组数中正数和负数的个数。

2. 输入 10 个数到一维数组中，按从大到小的次序排序后输出。分别用 3 个函数实现数据的输入、排序及输出。

第 9 章　程序组织和预处理

当程序较大时就需要考虑将程序分解成若干文件来组织，此时每个文件中的标识符，如变量名、函数名、数组名等就可能会遇到**重名**冲突，并且对于标识符存储类型、作用范围以及文件包含等都要进行更为全面的考虑，这些内容都属于程序的结构和组织。

9.1　作用域和可见性

变量、指针、函数和数组等名称属于 C 语言中的**标识符**。在程序中，每个标识符通常有两种属性，一是使用范围，亦即**作用域**，常与标识符说明的位置有关；二是生存期，亦即**有效性**，常与标识符说明的存储类型有关。这里先来介绍标识符的作用域。

作用域又称**作用范围**，是指程序中标识符的有效范围。一个标识符是否可以被引用（使用），称之为标识符的**可见性**。在一个 C 程序项目中，一个标识符只能在声明或定义它的范围内可见，即在它的作用域中是可以使用的，在此之外不能使用，是不可见的。

根据 C 语言标识符的作用范围，可将其作用域分为 4 种：**函数原型作用域、函数作用域、块作用域和文件作用域**。

9.1.1　函数原型作用域

函数原型作用域指的是在声明函数原型时所指定的**参数标识符**的作用范围。这个作用范围在函数原型声明中的左、右圆括号之间。正因为如此，在函数原型中声明的标识符可以与函数定义中说明的标识符名称不同。由于所声明的标识符与该函数的定义及调用无关，所以可以在函数原型声明中只进行参数的类型声明，而省略参数名。例如：

```
double    max(double x, double y);
```

和

```
double    max(double, double);
```

是等价的。不过，从程序的可读性考虑，在声明函数原型时，为每一个形参指定有意义的标识符，并且和函数定义时的参数名相同，是一个非常好的习惯。

9.1.2　函数作用域

具有函数作用域的标识符在声明它的函数内可见，但在此函数之外是不可见的。在 C 语言中，只有 goto 语句使用的标号是唯一具有函数作用域的标识符。

【例 Ex_FunScope.c】　函数作用域

```
#include <stdio.h>
#include <conio.h>
void fun(void);
int main()
{
```

```
                    fun();
                    return 0;
                }
                void fun(void)                        /* 形参中指定的 void 表示没有形参，void 可省略 */
                {
                    int a, sum = 0;
                    printf("Input 0 to the end, and other data to be continued!\n");
            START:                                     /* 标号声明 */
                    scanf( "%d", &a );
                    if (0 == a) goto END;
                    else
                    {
                        sum += a;
                        goto START;
                    }
            END:                                       /* 标号声明 */
                    printf("Sum of all data = %d\n", sum);
                }
```

其中，标号 START 和 END 在函数 fun 中的任何位置均有效，且不管标号是声明在前还是在后。但出了函数 fun 后，则标号 START 和 END 不可见；换言之，goto 不能跨函数跳转。

程序运行的结果如下：

Input 0 to the end, and other data to be continued!

23 ↵

45 ↵

60 ↵

0 ↵

Sum of all data=128

9.1.3　块作用域

这里的**块**就是以前提到过的**语句块**（复合语句）。在块中声明的标识符，其作用域从声明处开始，一直到结束块的花括号为止。块作用域也称为**局部作用域**，具有块作用域的变量称为**局部变量**。例如：

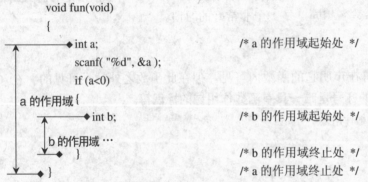

代码中，声明的局部变量 a 和 b 处在不同的块中。其中变量 a 是在 fun 函数的函数体的块中声明的，在函数体这个范围内，该变量是可见的。而 b 是在 if 语句块中声明的，它的作

用域是从声明处开始到 if 语句结束处终止。

需要说明的是，**当标识符的作用域完全相同时，不允许出现相同的标识符名**。而当标识符具有不同的作用域时，却允许标识符同名。例如：

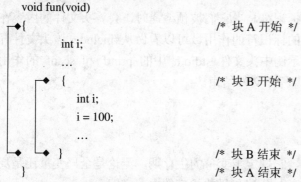

```
void fun(void)
{                                    /* 块 A 开始 */
    int i;
    …
    {                                /* 块 B 开始 */
        int i;
        i = 100;
        …
    }                                /* 块 B 结束 */
}                                    /* 块 A 结束 */
```

代码中，在 A 和 B 块中都声明了变量 i，这是允许的，因为块 A 和块 B 不是同一个作用域。但同时出现另外一个问题，语句"i = 100;"中的 i 是使用 A 块中的变量 i 还是使用 B 中的变量 i？

C 语言规定在这种作用域嵌套的情况下，如果内层（块 B）和外层（块 A）作用域声明了同名的标识符，那么在外层作用域中声明的标识符对于该内层作用域是**不可见**的。也就是说，在块 B 中声明的变量 i 与块 A 声明的变量 i 无关，当块 B 中的 i = 100 时，不会影响块 A 中变量 i 的值。

9.1.4　文件作用域

在所有函数外定义的标识符称为**全局标识符**，定义的变量称为**全局变量**。全局标识符的作用域是文件作用域，即它从声明之处开始，直到文件结束一直是可见的（可使用的）。在 C 语言中，标识符的文件作用域一般有以下几种情况：

（1）全局常量或全局变量的作用域从定义开始到源程序文件结束。例如：

```
const float PI = 3.14;               /* 全局常量 PI，其作用域从此开始到文件结束 */
int a;                               /* 全局变量 a，其作用域从此开始到文件结束 */
void main( )
{    /* … */
}
void funA(int x)
{    /* … */
}
```

其中，全局常量 PI 和全局变量 a 的作用域是文件作用域。

（2）若函数定义在后，调用在前，则必须进行函数原型声明。若函数定义在前，调用在后，函数定义包含了函数的原型声明。一旦声明了函数原型，函数标识符的作用域就从定义开始到源程序文件结束。例如：

```
void funA(int x );                   /* 函数 funA 的作用域从此开始到文件结束 */
void funB( )                         /* 函数 funB 的作用域从此开始到文件结束 */
{    /* … */
}
void main( )
{    /* … */
```

```
    }
    void funA(int x)
    {      /* … */
    }
```

（3）对于在头文件中定义的标识符，当它们被预编译时，会将头文件的内容在源文件的相应位置展开，在头文件中定义的标识符的作用域可以看做从#include 该头文件开始的位置到源程序文件结束。例如，以前示例中头文件 stdio.h 中的 printf 和 scanf 的作用域就是从#include 预处理指令开始一直到源程序文件结束。

9.2　变量存储类型

存储类型是针对变量而言的，它规定了变量的生存期。无论是全局变量还是局部变量，编译系统往往根据其存储方式定义、分配和释放相应的内存空间。

对于程序中的数据存储可以简单地用两类方式来区分，一类是**静态存储**方式，另一类是**动态存储**方式。

所谓**静态存储**方式，是指在程序运行期间存储空间一直存在的方式。例如，全局变量就是属于这类存储方式，它在定义时就确定存储单元并一直有效存在，直至整个程序结束才会释放它占用的存储单元。静态存储方式在内部常用堆内存来实现。

所谓**动态存储**方式，是指在程序执行过程中，使用它时才分配存储单元，使用完毕立即释放内存。典型的例子是函数的形式参数，在函数定义时并不给形参分配存储单元，只是在函数被调用时，才予以分配，调用函数完毕立即释放。如果一个函数被多次调用，则反复地分配、释放形参变量的存储单元。动态存储方式在内部常用栈内存来实现。

从以上分析可知，静态存储的内存单元是一直存在的，而动态存储的内存单元则时而存在时而消失。这种由于变量存储方式不同而产生的特性称为变量的**生存期**。它与作用域是有区别的，一个变量究竟属于哪一种存储方式，并不能仅从其作用域来判断，还应有明确的存储类型说明。

在 C 语言中，变量有 4 种存储类型：**自动类型、静态类型、寄存器类型和外部类型**，这些存储类型是在变量定义时来指定的，其一般格式如下：

> <存储类型>　<数据类型>　<变量名表>；

对应的存储类型关键字分别为 auto（自动）、register（寄存器）、static（静态）和 extern（外部）。其中，auto 和 register 属于动态存储方式，static 和 extern 属于静态存储方式。例如：

```
    static int a,b;                        /* 声明 a，b 为静态类型变量 */
    auto char c1,c2;                       /* 声明 c1，c2 为自动字符变量 */
    static int a[5]={1,2,3,4,5};           /* 声明 a 为静整型数组 */
    extern int x,y;                        /* 声明 x，y 为外部整型变量 */
```

下面分别介绍以上 4 种存储类型。

9.2.1　自动类型 auto

在 C 语言中，声明一个自动存储类型的变量的方法是在变量类型前加上关键字 auto，例如：
```
    auto  int  i;
```
若自动存储类型的变量是在函数内或语句块中声明的，则可省略关键字 auto。即只有局部变量的 auto 存储类型可以省略。例如：

```
void fun()
{
    int i;                          /* 省略 auto */
    /* … */
}
```

自动类型具有下列特点：

（1）一般说来，用自动存储类型声明的变量都是限制在某个程序范围内使用的，即为局部变量。在函数中定义的 auto 变量，只在该函数内有效。在复合语句中定义的 auto 变量只在该复合语句中有效。

（2）自动存储类型变量采用动态分配方式在**栈区**中来分配内存空间。当程序执行到超出该变量的作用域时，就释放它所占用的内存空间，变量的生存期也就结束了，变量不再可用，其值也随之消失。例如：

```
void main()
{    auto int a;
     printf("Input a number:\n");
     scanf("%d",&a);
     if (a>0)
     {
         auto int s, p;
         s = a+a;      p = a*a;
     }
     printf("s=%d p=%d\n",s,p);             /* 错误调用 s，p */
}
```

由于 s,p 是 if 语句块中定义的自动变量，只能在该复合语句内有效。而程序中 printf 语句却是退出复合语句之后输出 s,p 的值，这显然会引起错误。

（3）当没有指定 auto 变量的初值时，其初值是不确定的。例如：

```
auto int a = 10;
auto int b;
```

其中，变量 a 初始化为 10，而变量 b 的初值则是先前使用分配给 b 的这块空间时的值。

（4）由于全局变量默认的是静态存储方式，因此全局变量没有自动存储类型，也就是说，auto 对全局变量不起作用。

9.2.2　寄存器类型 register

使用关键字 register 声明寄存器类型的变量的目的是将所声明的变量放入寄存器内，从而加快程序的运行速度。例如：

```
register   int   i;                      /* 声明寄存器类型变量 */
```

需要说明：

（1）只有 auto 局部变量可以作为 register 变量，全局变量和其他静态存储的变量不能定义为 register 变量。

（2）CPU 的寄存器容量和个数是有限的，不能定义太多的 register 变量。若寄存器已经被其他数据占据时，寄存器类型的变量就会自动被当做 auto 变量。

（3）在程序设计中，一般没有必要定义 register 变量，因为大多数编译器都有优化处理的能力，能自动识别使用频繁的变量并将其转为 register 变量，因此程序中指定的 register 变量可能是无效的。

9.2.3　局部变量 static

从变量的生存期来说，一个变量的生存期可以是长久的，即在程序运行期间该变量一直存在，如**全局变量**；也可以是临时的，如**局部变量**，当流程执行到它的说明语句时，系统才为其在**栈区**中动态分配一个临时的内存空间，并在它的作用域中有效，一旦流程超出该变量的作用域，就释放它所占用的内存空间，其值也随之消失。

但是，若在局部变量类型的声明前面加上关键字 static，则将其定义成了一个静态类型的变量。这样的变量虽具有局部变量的作用域，但由于它用静态分配方式来分配内存空间，因此，在这种方式下，只要程序还在继续执行，静态类型变量的值就一直有效，不会随它所在的函数或语句块的结束而消失。简单地说，**静态类型的局部变量虽具有局部变量的作用域，但却有全局变量的生存期**。

需要说明的是，静态类型的局部变量只在第一次执行时进行初始化，正因为如此，在声明静态类型变量时一定要指定其初值，若没有指定，编译器就将其初值默认为 0。

【例 Ex_Static.c】　使用静态类型的局部变量

```
#include <stdio.h>
#include <conio.h>
void count()
{
    int    i = 0;
    static int j = 0;                    /* 静态类型 */
    i++;
    j++;
    printf("i = %d, static j = %d\n", i, j );
}
int    main()
{
    count();                             /* 第 1 次 */
    count();                             /* 第 2 次 */
    count();                             /* 第 3 次 */
    return 0;
}
```

程序中，当第 1 次调用函数 count 时，由于变量 j 是静态类型，因此其初值设置为 0 后不再进行初始化，执行 j++ 后，j 值为 1，并一直有效。第 2 次调用函数 count 时，由于 j 已分配内存且已经初始化，因此语句 "static int j = 0;" 被跳过，执行 j++ 后，j 值为 2，当第 3 次调用函数 count 后，j 值为 3。但局部变量 i 则与 j 不同，i 默认的存储类型是 auto，属于动态存储方式，当每次调用 count，遇到 "int i = 0;" 时，为 i 分配内存并设置初值 0，执行 i++ 后，i 值为 1。函数返回后，变量 i 的生存期就结束了。下次调用 count 时，又会重新分配 i 的内存并设置初值，然后执行 i++，故每次调用 count，输出 i 的结果总是为 1。

程序运行的结果如下：

```
i=1, static j=1
i=1, static j=2
i=1, static j=3
```

需要说明的是，由于静态类型采用的是在堆内存中分配的静态存储方式，堆内存通常要比动态存储的栈内存要大得多，所以对于需要大量空间的局部数组来说，也应该将其定义成静态存储类型。例如：

```
static int    array[5000];                    /* 指定静态存储类型 */
```

这样做的好处有两点：一是能保证内存分配，二是各数组元素的初值将会被自动设置为 0。

9.2.4 多源文件和 static 全局变量

在程序中声明的**全局变量**，由于是采用静态存储方式的变量，事实上，它总是具有静态**存储类型**的含义。若在全局变量前显性地加上 static，则这样的变量就称为**全局静态变量**或**静态全局变量**。

若一个程序由一个文件组成，在声明全局变量时，有无 static 并没有区别，但若多个源文件组成一个程序时，加与不加 static，其效果则完全不同。例如，有两个源文件 Ex_SS.c 和 Ex_SS1.c。其中，Ex_SS.c 中的代码如下：

```
/* 这是主文件 Ex_SS.c 的内容 */
#include <stdio.h>
#include <conio.h>
int n;
void f();                          /* 先进行函数原型声明，函数定义在另一个文件中 */
int main()
{
    n = 20;
    printf("Main: n = %d\n", n);
    f();
    return 0;
}
```

Ex_SS1.c 中的代码如下：

```
/* 这是另一文件 Ex_SS1.c 的内容 */
static int n;                          /* 默认初值为 0 */
void f()                               /* 函数定义 */
{
    n++;                               /* 这里的 n 是本文件定义的静态类型变量 */
    printf("n = %d\n", n);
}
```

这就是说，由两个或多个源文件也可组成一个程序，这样的程序称为**项目或工程**。注意，在源文件中没有包含（include）另一个文件的预处理指令。因而，这样的**项目或工程**的创建和编连过程与以前所介绍的源文件是不同的，在 Visual C++ 6.0 中，一般按下列步骤进行：

（1）单击标准工具栏 上的"新建"按钮 ，打开一个新的文档窗口，在这个窗口中输入 Ex_SS.c 文件中的代码。然后，选择"文件"→"保存"菜单或按快捷键 Ctrl+S 或单击标准工具栏的按钮 ，弹出"保存为"文件对话框。将文件定位到"D:\C 程序\第 10 章"文件夹中，文件名指定为"Ex_SS.c"（注意扩展名.c 不能省略）。

（2）类似地，按上一步的方法创建并保存 Ex_SS1.c 文件中的内容。

（3）调入 Ex_SS.c 文件或选择"窗口"→"Ex_SS.c"菜单命令，此时当前的窗口中显示的是 Ex_SS.c 文件内容，然后单击按钮▦进行编连，遇到编译连接错误时暂且不要管它。

（4）选择"工程"→"添加（增加）到工程"→"文件"菜单命令，在弹出的对话框中，指定 Ex_SS1.c 文件。

（5）重新编连并运行。程序运行的结果如下：

```
Main: n=20
n=1
```

可见，函数 f 输出 1 而不是 21，表明 Ex_SS.c 中的全局变量 n 和 Ex_SS1.c 中的静态全局变量 n 是互不相干的。这就是说，静态的全局变量具有文件作用域，但只能在本源文件中使用。因此，静态全局变量只对本源文件有效，对组成该程序的其他源文件是无效的，这就能很好地解决在程序多文件组织中全局变量的重名问题。

9.2.5　外部类型 extern

使用存储类型关键字 extern 声明的变量称为**外部变量**，一般是指定义在本程序外部的变量。当某个变量被声明成外部变量时，不必再次为它分配内存就可以在本程序中引用这个变量。在 C 语言中，只有在两种情况下需要使用外部变量。

第一种情况：在同一个源文件中，若定义的变量使用在前，声明在后，这时在使用前要声明为外部变量。

　【例 Ex_Ext1.c】　同一个源文件中的外部变量使用

```c
#include <stdio.h>
#include <conio.h>
extern int a;                        /* 声明外部变量 a,
                                     若没有此语句, 函数 count 中的语句将出错 */
void count()
{
    a++;
    printf("a = %d\n", a);
}
int   main()
{
    count();            count();
    return 0;
}
int   a = 10;                        /* 外部变量 a 的实际声明处 */
```

程序运行的结果如下：

```
a=11
a=12
```

第二种情况：当由多个文件组成一个完整的工程项目时，在一个源程序文件中定义的变量要被其他若干个源文件引用时，引用的文件中要用 extern 对该变量进行外部声明。

```
/* 这是主文件 Ex_Extm.c 的内容 */
#include <stdio.h>
#include <conio.h>
int n;
void f();
int   main()
{
     n = 20;
     printf("Main: n = %d\n", n);
     f();
     getch();
     return 0;
}
```

```
/* 这是次文件 Ex_Extn.c 的内容 */
extern int n;                              /* 外部变量声明，它在另一个文件中定义 */
void f()
{
     n++;
     printf("n = %d\n", n);
}
```

工程运行后，结果如下：

```
Main: n=20
n=21
```

需要注意：

（1）可以对同一个变量进行多次 extern 的声明。例如：

```
extern int n;                    /* 合法声明 */
extern int n = 1;                /* 合法声明*/
...
```

（2）虽然外部变量对不同源文件中或函数之间的数据传递特别有用。但也应该看到，这种能被许多函数共享的外部变量，其数值的任何一次改变，都将影响所有引用此变量的函数的执行结果，其危险性是显而易见的。

9.3　内部函数和外部函数

变量有存储类别之分，也有作用域之别。不同的存储类型影响着变量的生存期。而对于函数来说，其生存期是全局的，但调用又是动态的，即先为调用开辟内存来保护现场、传递参数，然后执行函数，函数返回后恢复现场、释放内存。

由于函数的定义不可在块中进行，也不可在函数体中进行，因此函数本身所具有的作用域应是文件作用域，即从它声明开始一直到本源文件结束都有效！但同时，当由多个源文件组成工程时，容易出现函数名的重名冲突问题。为此，C 语言允许在函数定义时加上适当的限定，这样函数就被分成**内部函数**和**外部函数**两大类。

9.3.1 内部函数

如果在一个源文件中定义的函数只能被本文件中的函数调用，而不能被同一工程（项目）其他文件中的函数调用，则这种函数称为**内部函数**。定义内部函数的一般形式为

```
static <函数类型>   <函数名>( )
{/* … */}
```

也就是说，定义内部函数时，可在函数最左面加关键字 static，表明该函数是一个内部函数，例如：

```
static int Add(int a,int b)
{
        return a+b;
}
```

这样，Add 只能被本文件的函数调用，任何其他文件试图调用 Add 函数都是非法的。需要说明：

（1）内部函数名前的 static 的含义已不是指存储方式，而是指函数的调用范围只局限于本文件，是 C 语言中的限定词，两者不能混淆。

（2）由于调用范围已限定在函数内部，因此不同源文件中可以定义相同名称的内部函数。

【例 Ex_SF1.c, Ex_SF2.c】 工程中多文件的内部函数重名

```
/* 文件 Ex_SF1.c 里的代码如下: */
#include <stdio.h>
#include <conio.h>
static void PrintSomething()
{
        printf("Print something in Ex_SF1.c.\n");
}
int main()
{
        PrintSomething ();
        func();
        return 0;
}
```

```
/* 文件 Ex_SF2.c 中的代码如下: */
static void PrintSomething()
{
        printf("Print something in Ex_SF2.c.\n");
}
void func()
{
        PrintSomething();
}
```

程序运行的结果如下：

```
Print something in Ex_SF1.c.
Print something in Ex SF2.c.
```

文件 Ex_SF1.c 和 Ex_SF2.c 中各自定义了一个内部函数 PrintSomething，由于它们的作用域各自限定于本文件中，因而二者互不影响。事实上，这两个文件中只要将其中的一个 PrintSomething 函数定义成内部函数就可以了，因为没有 static 限定的 PrintSomething 函数在工程中的作用域与内部函数相比，属于外层作用域，由于作用域层次不同，故允许同名存在。

9.3.2　外部函数

如果一个函数可以被其他源文件调用，该函数就称为**外部函数**。简单地说，外部函数在整个工程（项目）中都有效。定义外部函数时，可在函数最左面加关键字 extern，表明该函数是一个外部函数，例如：

```
extern int Add(int a,int b)
{
        return a+b;
}
```

C 语言规定，如果在定义函数时省略 extern 关键字，则默认为外部函数。事实上，前面章节中所用的函数均为外部函数。下面是一个调用其他文件外部函数的简单例子。

【例 Ex_EF1.c, Ex_EF2.c】　工程中多文件的内部函数重名

```
/* 文件 Ex_EF1.c 里的代码如下：*/
#include <stdio.h>
#include <conio.h>
extern void PrintHello();                /* extern 可以省略不写*/
int main()
{
        PrintHello ();
        return 0;
}


/* 文件 Ex_EF2.c 里的代码如下：*/
extern void PrintHello ()                /* extern 可以省略不写*/
{
        printf("Hello!\n");
}
```

文件 Ex_EF1.c 中的 main 函数调用了 Ex_EF2.c 的外部函数 PrintHello。程序运行结果为

```
Hello!
```

9.4　编译预处理

在进行 C 编程时，可以在源程序中包括一些编译命令，以告诉编译器对源程序如何进行编译。由于这些命令是在程序正式编译前被执行的，也就是说，在源程序编译以前，先处理这些编译命令，所以，也把它们称为**编译预处理**。实际上，编译预处理命令不能算是 C 语言的一部分，但它扩展了 C 程序设计的能力，合理地使用编译预处理功能，可以使编写的程序便于阅读、修改、移植和调试。

C 语言常用的预处理命令主要有**宏定义命令**和**文件包含命令**。这些命令在程序中都是以"#"来引导，每一条预处理命令必须单独占用 1 行；由于它不是 C 语言的语句，因此在结

尾没有分号";"。

9.4.1　宏定义

宏定义就是用一个指定的标识符来代替一个字符串，C 语言中**宏定义是通过宏定义命令 #define 来实现的**，它有两种形式：**不带参数的宏定义和带参数的宏定义**。

1．不带参数的宏定义

在以前的程序中，曾用#define 定义过一个标识符常量，如下：

  #define PI 3.141593

其中，#define 是宏定义命令，PI 称为**宏名**。在程序编译时，编译器首先将程序中的 PI 用 3.141593 来替换，然后再进行代码编译。需要注意：

（1）#define,PI 和 3.141593 之间一定要有空格，且一般将**宏名**定义成大写，以与普通标识符相区别。

（2）宏后面的内容实际上是**字符串**，编译器本身不对其进行任何语法检查，仅仅是用来在程序中进行与宏名的简单替换。例如，若有：

  #define PI 3.141ABC593

则它是一个合法的宏定义。**要注意"宏名后面的内容实际上是一个字符串"的这个宏的本质**。例如：

  #define TESTSTR "AB\CD\t\0\n"

宏名 TESTSTR 后面的内容是加了引号的字符串，那么它与不加引号的宏内容有什么区别呢？C 语言的#define 预处理命令在进行宏名替换操作时，宏的内容是构成程序代码的一部分，它与代码中其他成分一样具有词法、句法和语法功能。但当宏的内容加上双引号后，预处理后的宏内容就会被编译器识别为字符串常量，而不会再对字符串常量本身进行词法分析。也就是说，程序中：

  printf("%d, %d\n", strlen(TESTSTR), sizeof(TESTSTR));/* 语句 A */

预处理后，上述语句 A 的程序代码就变成了：

  printf("%d, %d\n", strlen("AB\CD\t\0\n"), sizeof("AB\CD\t\0\n"));

这是合法的。若宏 TESTSTR 后面的内容**不加双引号**，即有这样的宏定义：

  #define TESTSTR AB\CD\t\0\n

预处理后，则语句 A 的程序代码变成：

  printf("%d, %d\n", strlen(AB\CD\t\0\n), sizeof(AB\CD\t\0\n));

因 AB\CD\t\0\n 被编译器当成标识符而进行语法分析，显然是不合法的。

（3）宏被定义后，可使用下列命令重新定义：

#undef 宏名

（4）一个定义过的宏名可以用来定义其他新的宏，但要注意其中的括号，例如：

#define WIDTH 80

#define LENGTH (WIDTH + 10)

宏 LENGTH 等价于：

#define LENGTH (80 + 10)

但其中的括号不能省略，因为如果有：

  var = LENGTH * 20;

若宏 LENGTH 定义中有括号，则预处理后变成：

  var = (80 + 10) * 20;

若宏 LENGTH 定义中没有括号，则预处理后变成：

$$var = 80 + 10 * 20;$$

显然，两者的结果是不一样的。

2. 带参数的宏定义

带参数的宏义命令的一般格式为

> **#define** 〈宏名〉(参数名表) 字符串

例如：

> #define   MAX(a,b)   ((a)>(b)?(a):(b))

其中(a,b)是宏 MAX 的参数表，如果在程序出现下列语句：

> x = MAX(3, 9);

则预处理后变成：

> x = ((3)>(9)?(3):(9));   /* 结果为 9 */

很显然，带参数的宏相当于一个函数的功能，但却比函数简洁。但要注意：

（1）定义有参宏时，宏名与左圆括号之间不能留有空格。否则，编译器会将空格以后的所有字符均作为替代字符串，而将该宏视为无参数的宏定义。

（2）带参数的宏内容字符串中，参数一定要加圆括号，否则不会有正确的结果。例如：

> #define   AREA(r)   (3.14159*r*r)

如果在程序出现下列语句：

> x = AREA(3+2);

则预处理后变成：

> x = (3.14159*3+2*3+2);   /* 结果显然不等于 3.14159*5*5*/

9.4.2 文件包含命令

所谓**文件包含**是指将另一个源文件的内容合并到源程序中。文件包含命令是很有用的，它可以避免程序设计人员重复劳动。例如，在编程中，有时要经常使用一些符号常量（如 PI = 3.14159265，E = 2.718），用户可以将这些宏定义命令组成一个文件，然后其他用户就都可以用 #include 命令将这些符号常量包含到自己所写的源文件中，避免了这些符号常量的再定义。

C 语言提供了#include 命令用来实现文件包含的操作，它有下列两种格式：

> **#include**   <文件名>   /* 标准方式 */
> **#include**   "文件名"   /* 用户方式 */

以前讨论过：第 1 种方式称为**标准方式**，第 2 种方式称为**用户方式**。这里要说明的是：一条 #include 命令只能包含一个文件，若想包含多个文件应用多条包含命令一一指定。例如：

```
#include <stdio.h>
#include <conio.h>
...
```

9.4.3 文件重复包含处理

文件重复包含在比较大的程序中经常出现。例如，设有 a.h 和 b.h，其内容如图 9.1 所示。

```
/*a. h文件内容*/
int a=10;
```

```
/*b. h文件内容*/
#include "a. h"
int b=20;
```

图 9.1 头文件 a.h 和 b.h 的内容

在主文件 test.c 中，其内容如下：

```
#include <stdio.h>
#include "a.h"                                    /* a.h 文件包含 */
#include "b.h"                                    /* b.h 文件包含 */
int main()
{
        printf("%d, %d\n", a, b );
        return 0;
}
```

则程序编译时会出现 a 重复定义编译错误。这是由于主文件 test.c 包含了头文件 a.h 和 b.h，而 b.h 文件中又包含了头文件 a.h，这样主文件包含进来的代码就是有两个 "int a = 10;" 语句，从而发生了编译错误。

> C 语言中，头文件是不允许相互包含的。所谓**相互包含**是指 a.h 文件中包含了 b.h，而 b.h 文件中又包含了 a.h。

解决上述问题的方法有如下两种。

一种方法是将头文件中的代码使用**条件编译命令**来限定，这是一种通用的方法。条件编译命令可以使编译器按照其指定的条件来决定是否编译某些代码。例如，对于 a.h 和 b.h 文件内容可改写为如图 9.2 所示的代码。其中，#ifndef 和#endif 都是关键字，这种形式的含义是：如果没有用#define 定义过 A_H，则#define A_H（这是为了测试头文件是否被包含而人为设置的宏名，无实际作用），并且编译代码 "int a = 10;"，否则忽略。

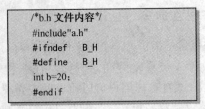

图 9.2　改写头文件 a.h 和 b.h 的内容

当第一次包含 a.h 或 b.h 时，相应的宏名 A_H 或 B_H 被定义，而当第二次包含 a.h 或 b.h 时，因为文件宏名已定义，因而#ifndef 和#endif 之间的代码不会再包含进来，从而保证了每个头文件只包含一次，就不会出现 a 重复定义之类的编译错误了。

> 作为技巧，每个头文件所定义的宏名应与文件名相同，并将文件名中的点 "." 用下画线代替，且宏名应大写以示区别。此约定能避免两个不同文件的宏名相同后，其中一个头文件无法被打开。

另一种方法是使用 Visual C++编译器支持的预编译命令#pragma once，它用来使文件只被编译器包含（打开）一次。

例如，对于 a.h 和 b.h 文件内容可改写为如图 9.3 所示的代码。

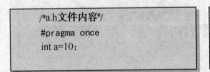

图 9.3　头文件 a.h 和 b.h 的内容

以上是 C++的最常用的预处理命令，它们都是在程序被正常编译之前执行的，而且它们可以根据需要放在程序的任何位置，但为了保证程序结构的清晰性，提高程序的可读性，最好将它们放在程序的开头。

9.5 综合实例：数组模型

在程序中，数据的处理往往要依附其存储模型来进行，而数组就是一个常用的数据模型。那么对数组元素的操作有哪些呢？这些操作又如何实现呢？

在数组中，常见的对数组元素的操作有：插入、删除、查找和遍历等。若设数组已有的元素为 m 个，其下标为 $0\sim m-1$，那么：

（1）当插入一个元素时，若插入的位置（下标索引号）i 在 $0\sim m-1$ 范围内，则要将 i 下标号后面的元素依次先向后移动一个位置，然后才能将元素插入到位置 i。若 i 不在 $0\sim m-1$ 范围内，则位置号 i 无效，元素直接插入到下标为 m 的位置处。一旦插入成功，则数组中已有的元素个数就变成了（$m=m+1$）个。

（2）当要删除一个元素时，则需要先查找该元素在数组中的位置，若其位置是数组下标 pos，则删除时将 pos 下标号后面的元素依次向前覆盖。成功删除后，数组中已有的元素个数就变成了（$m=m-1$）个。

（3）当要查找一个元素时，则只要通过循环来遍历比较数组中已有的元素即可。通常，查找成功后返回元素在数组中的下标序号，否则返回 -1。

（4）数组的遍历操作极为简单，只要使用循环通过下标即可访问到数组中所有的元素。

根据上述分析，可将数组模型的相关操作的实现代码保存到 Ex_Arr.c 源文件中，而将数组模型的相关操作的函数原型声明保存到 Ex_Arr.h 头文件中，数组模型的测试代码保存到 Ex_UseArr.c 中。这样，就有 3 个文件，那么它们又是如何组建成一个工程的呢？

① 单击标准工具栏 上的"新建"按钮 ，打开一个新的文档窗口，在这个窗口中输入 Ex_Arr.h 文件中的代码：

```
#ifndef    EX_ARR_H
#define    EX_ARR_H
/* 数组模型操作 */
int   arr_ins( int pos, int data );      /* 插入 */
int   arr_del( int data );               /* 删除 */
int   arr_find( int data );              /* 查找 */
void arr_list( void );                   /* 遍历列表输出 */
#endif
```

② 选择"文件"→"保存"菜单或按快捷键 Ctrl+S 或单击标准工具栏的按钮 ，弹出"保存为"文件对话框。将文件定位到"D:\C 程序\第 10 章"文件夹中，文件名指定为 Ex_Arr.h。

③ 按以上两步的方式，创建 Ex_Arr.c 文件，输入下列代码：

```
#include <stdio.h>
#include <conio.h>
#include "Ex_Arr.h"
/* 数组模型操作实现 */
/* 定义最大的元素个数 */
#define MAXNUM    20
/* 开辟数组空间 */
```

```c
static int BUFFER[ MAXNUM ];
/* 当前元素的位置 */
static int curPos = 0;
/* 当插入的位置  pos = -1 或超过当前位置 curPos 时，数据向后添加，
否则插入到当前位置 pos，后面的数据要向前移动 */
int    arr_ins( int pos, int data )
{
      int inspos = curPos;
      if ( curPos >=   MAXNUM ) return -1;
      /* 先向后移动数据 */
      if ( (pos >= 0) && ( pos < curPos ) && ( curPos > 0 ))
      {
            int i;
            for ( i = curPos; i>pos; i--)
                    BUFFER[ i ] = BUFFER[ i-1 ];
            inspos = pos;
      }
      /* 插入数据 */
      BUFFER[inspos] = data;
      curPos++;
      return curPos;
}
int    arr_del( int data )
{
      int pos = arr_find( data );
      if ( pos < 0 ) return pos;
      /* 向前移动 */
      {
            int i;
            for ( i = pos; i<curPos; i++)
                    BUFFER[ i ] = BUFFER[ i+1 ];
      }
      curPos--;
      return curPos;
}
/* 查到时返回其位置，否则返回-1 */
int    arr_find( int data )
{
      int i, pos = -1;
      for ( i = 0; i < curPos; i++)
      {
            if ( BUFFER[ i ] == data )
            {    pos = i;      break;      }
      }
      return pos;
}
void arr_list( void )
{
```

```
        int i;
        printf("%d NUMS:", curPos);
        for ( i = 0; i< curPos; i++)
                printf("%10d", BUFFER[ i ]);
        printf("\n");
}
```

④ 按同样的方式创建 Ex_UserArr.c 文件，输入下列代码：

```
#include <stdio.h>
#include <conio.h>
#include "Ex_Arr.h"
int main()
{
        arr_ins( -1, 80 ); arr_ins( -1, 90 ); arr_ins( -1, 72 ); arr_ins( -1, -80 );          arr_list();
        arr_ins( 2, 100 ); arr_list();
        arr_del( 72 );        arr_list();
        return 0;
}
```

⑤ 调入 Ex_UserArr.c 文件或选择"窗口"→"Ex_UserArr.c"菜单命令，此时当前的窗口中显示的是 Ex_UserArr.c 文件内容，然后单击按钮▓进行编连，遇到编译连接错误时暂且不要管它。

⑥ 选择"工程"→"添加到工程"→"文件"菜单命令，在打开的对话框中，指定 Ex_Arr.c 文件。

⑦ 重新编连并运行，结果如下所示：

4 NUMS:	80	90	72	−80	
5 NUMS:	80	90	100	72	−80
4 NUMS:	80	90	100	−80	

总之，理解了程序中标识符的属性，就可以掌握标识符的作用域和生存期，也就能理解工程中多个源文件的重名冲突问题应如何解决！另外，从综合示例中可以看出，当出现元素插入操作时，由于要移动大量的数据，从而使对数组这个简单的数据结构的操作变得复杂起来。因此，一个好的数据模型的数据操作应简单有效，且应可以动态分配内存，以提高空间利用效率。指针就是实现这样的数据模型的手段之一，下一章就来讨论。

习题 9

一、选择题

1. 以下说法不正确的是（   ）。
    A. 在不同函数中可以使用相同名字的变量
    B. 形式参数是局部变量
    C. 在函数内定义的变量只在本函数范围内有效
    D. 在函数内的复合语句（块）中定义的变量在本函数范围内有效

2. 如果一个函数被声明为 static，那么（   ）。
    A. 该函数只能被 main 函数调用
    B. 该函数能被当前文件中的函数调用，但不能被其他文件中的函数调用

C．该函数不能被当前文件中的函数调用，可以被其他文件中的函数调用

D．任何文件中的函数都可以调用该函数

3．C 语言中，对于存储类型为（　　　）的变量，只有在使用它们时才占用内存。

    A．static 或 auto   B．register 或 extern

    C．register 或 static   D．auto 或 register

4．在一个源文件中定义的外部变量作用域为（　　　）。

    A．本文件的全部范围   B．本程序的全部范围

    C．本函数的全部范围   D．从定义该变量的位置开始到本文件结束

5．以下关于全局变量的描述中，错误的是（　　　）。

    A．所有在函数体外定义的变量都是全局变量

    B．全局变量可以和局部变量同名称

    C．全局变量第一次被引用时，系统为其分配内存

    D．全局变量直到程序结束时才被释放

6．以下程序的输出结果是（　　　）。

```
#include<stdio. h>
void main()
{
    extern   int a;
    a+=3;
    f();
    printf("%d\n",a);
}
int a=2;
f()
{    printf("%d,",a*a);      a+=a;      }
```

    A．4,4   B．9,6   C．25,10   D．4,6

7．以下程序的输出结果是（　　　）。

```
#include<stdio.h>
#define   F(y)        8. 19-y
#define   PRINF(a)    printf("%d",(int)(a))
void main()
{
    int x=2;
    PRINT(x*F(3));
}
```

    A．10   B．13   C．11   D．出错

8．执行以下程序后，m 的值是（　　　）。

```
#define   MIN(x,y)        (x)<(y)?(x):(y)
void main()
{
    int i=12, j=8, m;
    m=10*MIN( i, j);
    printf("%d\n",m);
}
```

A. 120　　　　B. 80　　　　C. 12　　　　D. 8

9. 以下为计算 $x \times x + 2 \times x - 3$ 的值而定义的宏中，形式正确、使用可靠的是（　　）。

A. #define　F(x)　((x)*(x)+2*(x)−3)

B. #define　F(x) = (x) * (x)+2*(x)−3

C. #define　F(x)　x*x+2*x−3

D. #define　F(x*x+2*x−3)

10. 以下程序运行后，输出结果是（　　）。

```
#define   ADD(x)   x+x
void main()
{
    int m=1,n=2,s=3;
    s*=ADD(m+n);
    printf("s=%d\n",s);
}
```

A. s=8　　　　B. s=9　　　　C. s=6　　　　D. s=18

二、编程和简答题

1. 设计一个程序，定义带参数的宏 MAX(A, B)和 MIN(A, B)，分别求出两数中的最大值和最小值。在主函数 main 中输入 3 个数，并求出这 3 个数中的最大值和最小值。

2. 已知三角形的三边 a,b,c，则三角形的面积为

$$area = \sqrt{s(s-a)(s-b)(s-c)}$$

其中，$s = (a+b+c)/2$。编写程序，分别用带参数的宏和函数求三角形的面积。

3. 文件重复包含问题的解决方法有哪些？

第10章 指　针

指针是 C 语言最重要的特点之一。正确而灵活地使用指针，可以使程序变得简洁、高效。但由于指针的使用比较复杂，也比较难掌握，而且指针的误用还会导致严重后果。因此，在学习时要注意领会其特点和本质。

10.1　指针的定义和操作

那么什么是指针呢？指针的本质是什么呢？指针在程序中又是如何定义和使用的呢？下面就来讨论。

10.1.1　地址和指针

在弄清指针的本质之前，先来看一看变量和内存空间的关系。

1．变量和内存空间

如果在程序中定义了一个**变量**，编译器就会给这个变量分配一定数量的连续的内存单元，且内存单元的具体数量由变量定义时的**数据类型**决定。例如：

　　　　int　　nNum;　　　　　　　　/* 整型变量 */

因是 int 型，故 ANSI C 在编译时就会为其分配由 2 字节的连续内存单元组成的内存空间。之后，在程序中就可通过变量名 nNum 对其内存空间进行存取操作。例如：

　　　　nNum = 258;

则赋值运算符 "=" 负责将右边的 258（十六进制为 0102H）存储到左边变量名 nNum 所对应的内存空间中。设 nNum 对应的内存空间的第 1 个内存单元的地址（即**首地址**）是 2000H，则其值 258 存储在内存空间的结果如图 10.1 所示。

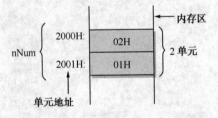

图 10.1　nNum 对应的内存空间

可见，**一个变量对应的内存空间可用其首地址和数据类型来唯一确定**。在程序中，**变量名是变量所对应的内存空间的标识**，对变量名的操作也就是对其内存空间的操作。

2．指针

诚然，在程序中用变量名来操作其内存空间的最大好处是不必关心所对应的内存空间的地址和大小。但同时，由于变量一旦定义后，变量名和内存空间的对应关系在**编译时**就确定下来了。且这种对应关系在变量的运行生存周期中是无法改变的。这种编译时的对应关系有时并不能满足程序对内存空间的随机访问的需求。因此为了在**运行时**能改变标识和内存空间的对应关系，以便对内存空间进行随机访问，C 语言引入了**指针**（pointer）这个概念。

那么什么是指针呢？前面说过，任何一块内存空间都可用其**首地址**和单元个数（**大小**）来唯一确定。这就是说，内存块在整个内存区的位置首先由内存块的首地址决定，显然不同位置的内存块，其首地址也各不相同。若要使**指针**能访问不同的内存空间，则**指针本身存放**的值应该能反映其所对应的内存空间的位置，即**地址**。由于可以存放不同的地址值，所以**指针本身是一个变量**，既然是变量，就可以在程序中进行定义了。

其次还要有反映内存块大小的数据类型，显然，**指针**的**数据类型**不是反映指针本身存取数值的类型，而是用来确定该指针所能访问的内存空间的**大小**。这样一来，指针概念也就建立了。可见，它与普通变量的主要区别有：

（1）指针本身是一个变量，其存取的值是要对应内存空间的地址。为了叙述方便，通常将指针与内存空间的对应关系用"**指向**"这个概念来描述。

（2）指针的**数据类型**用来指定所对应的内存空间的**大小**，同时还反映指针引用所指向的内存块中数据的类型。

10.1.2 指针的定义

既然指针变量（或简称为**指针**）和普通变量有着显著的区别，指针的定义和操作与普通变量一定也有所不同。那么，在 C 语言中，指针变量是如何定义的呢？

与其他标识符使用规则一样，在程序中**指针**只有先定义后，其指针名才可以被合法地引用。在 C 语言中，定义一个指针变量（指针）的格式如下：

```
<数据类型> *<指针名 1>[, *<指针名 2>, …];
```

说明：

（1）式中的"*****"是定义指针的说明符。每个指针名前面都需要有这样的说明符"*****"来标明，但它不是指定指针名的一部分。

（2）由于指针的值是某个内存空间的首地址，而地址的长度都是一样的，因此**指针自身所占的内存空间大小都是相同的，在 32 位系统中都是 4 字节，在 16 位系统中都是 2 字节**。

（3）一般地，为了使指针变量名与其他普通变量名有所区别，在定义时常将指针名前面的第 1 个字母用小写字母 p 来表示。

例如：

```
int        *pInt1, *pInt2;        /* 整型指针 */
float      *pFloat;               /* 单精度实型指针 */
char       *pChar;                /* 字符型指针 */
```

则定义了整型指针 pInt1，pInt2，单精度实型指针 pFloat 和字符型指针 pChar。其中，由于指针 pInt1 和 pInt2 的类型是 int，因此 pInt1 和 pInt2 用来指向一个 2 字节（ANSI C）的内存空间。类似地，pFloat 用来指向一个 4 字节的内存空间，而 pChar 仅能指向一个单字节的内存空间。一旦定义了指针，就可以在程序中使用指针名对指针进行操作了。

10.1.3 指针的运算符&和*

在 C 语言中，专门为指针提供的两个运算符："**&**"和"*****"。它们都是**单目运算符**，其使用格式如下：

```
&操作对象
*指针
```

1. 运算符&

简单地说，运算符"&"的功能是**获取操作对象的指针**。但对于不同的操作对象，其含义将略有所不同。例如：

        int   a[5], i;

对于变量 i 来说，"&i"是用来获取该变量所对应的内存空间的**首地址**。对于数组 a 中元素来说，它与变量的含义一样，"&a[0]"用来获取 a[0] 内存空间的首地址。但对于数组 a 来说，数组名 a 本身就是数组内存空间的首地址，可见"&a"与"&a[0]"和"&i"的含义完全不同。那么如何区分它们的不同呢？这里先来做两个约定。

约定 1：凡是类似&i 和&a[0]的形式，由于它们获取的都是**编译时**确定下来的内存空间的首地址，这个地址值在其生存周期中是不改变的，因此约定它们为**指针常量**。这样一来，&i 就是用来表示变量 i 内存空间的指针常量，而&a[0]是用来表示数组元素 a[0]内存空间的指针常量。由于数组名 a 本身是数组内存空间的首地址，而这个地址在编译后也是不变的，因此数组名 a 也称为**指针常量**。

约定 2：为了便于赋值或其他运算符操作时对**数据类型**的验证和转换，常将数据类型做下列约定。若有一维数组"int   a[5];"，则将 a 的数据类型约定为"int [5]"。若是二维数组，如"int   b[3][4];"，则将 b 的类型约定为"int [3][4]"。若是指针，如"int *p;"，则将 p 的类型约定为"int *"。这样，一个指针的类型可以约定描述为"type *"，其中的 type 是定义时指定的数据类型。

根据上述约定，对于上述数组 a 来说，由于 a 的数据类型约定为"int [5]"，那么，&a 的类型应为"int *[5]"，由于"*"运算符优先级比"[ ]"要低，因此&a 的类型应写成"int (*)[5]"。而数组元素 a[0]的数据类型为 int，&a[0]的类型就应为"int *"。显然"&a[0]"和"&a"的指针类型含义是完全**不一样**的，这一点要注意！

2. 运算符*

运算符"*"的功能是**引用**指针所指向的**内存空间**。当其作为**左值**时，则被引用的内存空间一定要是**可写**的，而当其作为**右值**时，则引用的是内存空间的**值**。例如：

        int   *p;
        …
        p = 8;   / 语句 A，写入 */
        int   a = *p;   /* 语句 B，读取 */

语句 A 中，是将 8 存放（**写入**）到"*p"的内存空间中，而语句 B 将"*p"内存空间的值**读取**，然后赋给变量 a。

需要说明的是，"*"和"&"运算符在逻辑（功能）上是**互斥**的，即当它们放置在一起时可以**相互抵消**。例如，若有变量 i，则&i 用来获取 i 的指针，此时*(&i)就是引用 i 的指针的内存空间，即变量 i。正因为如此，将"*"运算符的功能解释为"**解除&操作**"更为合理。同样，使用"&*p"就是使用指针 p。

10.1.4　指针的初始化和赋值

通过上述分析，指针的操作就清楚了。指针定义后，就需要给指针赋初值，以使指针与一个具体的内存空间相对应，称为指针**指向**（point to）内存空间。若指针没有初值，则指针的指向是不确定的，操作一个没有指向的指针是毫无意义的。

当然，指针的赋值操作还可以在指针定义的同时进行，称为指针的**初始化**。例如：

```
        int    i = 5;
        int    *p = &i;                              /* 等价于 "int*p; p = &i;" */
```

其中，i 是一个初值为 5 的整型变量，p 是一个整型指针变量。&I 是用来获取变量 i 的指针常量，其类型为 "int*"，由于指针 p 的类型也是 "int*"，类型相同，因此它们的赋值是合法的。当 p = &i 时，即将变量 i 的地址赋给指针 p，从而使指针 p **指向**变量 i 所对应的内存空间，简单地说，就称为 "p 指向变量 i"。此时，若有：

```
        *p = 8;
```

则将 8 存放在指针 p 所指向的内存空间中。由于指针 p 所指向的内存空间就是变量 i 所对应的内存空间，因而上述语句就等效于 i = 8。反过来，若

```
        i = 10;
        printf("%d\n",*p);
```

则输出结果为 10。当指针 p 指向变量 i 时，此时使用*p 和使用变量 i 是完全等价的。

> 从形式上来说，当 p = &i 时，则有*p = *(&i) =*&i = i，也就是说，*p = 8 就等价于 i = 8，i = 10 就等价于*p = 10。

当然，也可以重新给指针 p 赋值，以改变它的**指向**，例如：

```
        int    j = 9;
        p = &j;
```

则使得指针 p 指向另外一个变量 j。此时，**使用*p 和使用变量 j 完全等价**，而与变量 i 没有任何关系了。

可见，通过改变指针的指向，可以使指针在程序中改变它所操作的内存空间，从而使指针具有随机引用不同内存空间的能力。下面用指针将 *a* 和 *b* 两个整数按大小顺序输出。

【例 Ex_PSort1.c】 用指针将 *a* 和 *b* 两个整数按大小顺序输出

```
    #include <stdio.h>
    #include <conio.h>
    int    main()
    {
        int a, b;
        int *p1, *p2, t;
        printf("Input 2 integers: ");
        scanf("%d%d", &a, &b );
        p1 = &a;    p2 = &b;
        if (*p1 < *p2)
        {
            t = *p1;    *p1 = *p2;      *p2 = t;    /* 交换内容 */
        }
        printf("a = %d, b = %d\n", a, b );
        printf("*p1 = %d, *p2 = %d\n",*p1,*p2 );
        return 0;
    }
```

程序中，指针 p1 指向变量 a，指针 p2 指向变量 b。当*p1<*p2 时，即当 a<b 时，通过运算符 "*" 将指针 p1 和 p2 所指向的内存空间的内容交换，亦即变量 a 和 b 的内容交换，从而使 a,b 的值被改写，a 是最大值，b 是最小值。程序运行的结果如下：

上述程序中交换语句是将指针所指向的变量的**值**进行交换的，事实上还可将指针的**指向**进行交换。

【例 Ex_PSort2.c】 用指针将 *a* 和 *b* 两个整数按大小顺序输出

```
#include <stdio.h>
#include <conio.h>
int    main()
{
    int a, b;
    int *p1, *p2, *t;
    printf("Input 2 integers: ");
    scanf("%d%d", &a, &b );
    p1 = &a;    p2 = &b;
    if (*p1 <*p2)
    {
        t = p1;      p1 = p2;    p2 = t;              /* 交换指向 */
    }
    printf("a = %d, b = %d\n", a, b );
    printf("*p1 = %d, *p2 = %d\n", *p1, *p2 );
    return 0;
}
```

程序运行的结果如下：

```
Input 2 integers: 11 28 ↵
a = 11, b = 28
*p1 = 28,*p2 = 11
```

可见，交换指向也可使数据按大小顺序输出，但此时 a 和 b 的内存空间中的内容并没有发生改变。同时也要注意：**多次改变一个指针的指向会容易造成指针指向的混乱，且程序可读性也会下降。对于上述情况下的指针的指向改变要限制使用。**

需要注意以下几点：

（1）当变量的地址值赋给指针变量时，若两者类型不一致，可采用强制类型转换来进行，但这种转换有时是不安全的。例如：

```
int   j = 9;
long *p = (long *)(&j);
```

虽是合法的，但因 long 型指针变量 p 指向的单位内存的大小在 ANSI C 中是 4 字节，而 j 所对应的内存空间是 2 字节。这样，p 所操作的内存空间除了 j 变量的 2 字节之外，还要访问未知的 2 字节，这是非常危险的。

（2）不要直接将一个地址值赋给一个指针变量，例如：

```
int   *p = (int*)0x2000;
```

虽是合法的，但由于 p 指向的地址为 2000H 开始的 2 字节（ANSI C）内存空间有可能是其他变量或系统所占用的内存空间，对其操作有时会产生意想不到的危险。

10.1.5 指针的算术运算

除了前面指针的赋值操作外，指针还可以有**算术运算**和**关系运算**。指针的关系运算主要是各自所指向的内存空间在内存区中的位置的先后比较，即地址值的大小比较，后面还会用例子来说明。而**指针的算术运算**，在实际应用中，主要是对指针加上或减去一个整数值，即

> <指针> + n
> <指针>－n

要注意，指针的加减运算的意义和通常数值的加减运算的意义是不一样的。C 语言规定，当指针变量加上或减去整数值 n 时，不是指针本身的地址值加上或减去 n，而是将指针**所指向的内存块向上（减）或向下（加）移动 n 个位置**。

如图 10.2 所示，ptr 是 int 型指针，它所指向的内存块大小是 2 字节（ANSI C），设初始化后，它的首地址为 2000H，那么(ptr+1)所指向的是 ptr 下一位置的 2 字节内存块，首地址为 2002H，而(ptr+2)则指向的是 ptr 开始向下移动 2 个位置的 2 字节内存块，首地址为 2004H。即

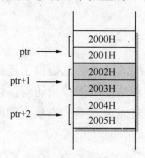

图 10.2　指针的算术运算

（1）指针加上或减去一个整数值 n 后，其结果**仍是一个指针**。

（2）一个指针加减一个常数 n 后，新指向的地址值是在原指向地址值的基础上加上或减去 **sizeof(指针数据类型)*n**。

（3）当 n 为 1 时，若有 ptr = ptr ± n 时，则为 ptr++或 pt--，这就是指针 ptr 的**自增 (++)**、**自减 (--)**运算。

以下例子的作用是用来获取一个 long 型变量所对应的内存空间的每一个内存单元的值。

【例 Ex_PUnit.c】 用指针访问整型变量的每一个内存单元

```
#include <stdio.h>
#include <conio.h>
int main()
{
    long    a = 0x11223344;
    unsigned char *p = (unsigned char *)&a;              /* 语句 A */
    int    i;
    printf( "The start address of a: %Xh\n", &a );
    for (i=0; i<sizeof(a); i++)
    {
        printf( "Address: %Xh,    Value: %X\n", p, *p );
        p++;
    }
    return 0;
}
```

程序中，由于&a 的类型是"long *"，而指针 p 的类型是"unsigned char *"，因此当&a 赋给指针 p 时，要通过强制类型转换才行（语句 A）。转换后，p 指针指向的单位内存的大小就是 1 字节的内存单元。这样，p++后指向的位置就是下一个内存单元的地址，从而通过循环遍历了 a 内存空间的所有内存单元。程序运行的结果如下：

```
The start address of a: 13FF7Ch
Address: 13FF7Ch, Value: 44
Address: 13FF7Dh, Value: 33
Address: 13FF7Eh, Value: 22
Address: 13FF7Fh, Value: 11
```

总之，一个指针变量的本身的值反映指针指向的位置，而自身的数据类型则决定了指针指向的单位内存的大小，指针的算术运算仅改变指针指向的位置，而与它所指向的内存空间的内容无关。

10.2　指针和数组

在程序中，数组为程序中同类型的多个数据提供了连续的内存空间，通过数组名和下标可以引用或访问这些内存空间。但若是使用指针来访问，则效率将会更高。那么，指针是如何访问数组的内存空间的呢？它们之间又有哪些本质上的联系和区别呢？本节就此来讨论。

10.2.1　指针和一维数组

1．一维数组名是指针常量

在 C 语言中，用于一维数组操作的**下标运算符"[ ]"**的真正含义是下列的等价式（设数组名为 a，其中"↔"表示等价符，本书做此约定）：

a[i] ↔ *(a+i)

由这个等价式可以得知：当 i = 0 时，a[0] ↔ *(a+0) ↔ *a，&a[0] ↔ &(*a) ↔ a；可见：a ↔ &a[0]。这就是说，一维数组中数组名 a 所表示的是下标序号为 0 的元素的**地址**，也就是整个一维数组 a 在内存空间中的首地址。

需要说明：

（1）在"a ↔ &a[0]"中，由于"&"取的是操作对象的指针，也就是说，**一维数组名 a 是一个指针**。这样，a+i 指向的就是从 a 开始的第 i 个位置的内存块，即 a[i]的内存空间。

（2）以前说过，一维数组定义后，数组名 a 只能看做是一个**指针常量**。但同时也应该注意到，数组在定义时，编译器没有为数组名本身分配内存空间。即数组名被看做是指针常量仅是语法上的含义。

2．指针的下标运算

事实上，下标运算符"[ ]"左边的操作对象除了可以是指针常量外，还可以是指针变量，甚至是一个指针表达式。例如：

(a+i)[j] ↔ *((a+i)+j) ↔ *(a+i+j) ↔ *(a+(i+j)) ↔ a[i+j]

若有一维数组 a，则数组名 a 和元素之间的关系常见的有：

a	↔	&a[0]		
a+i	↔	&a[i]		
*a	↔	*(a+0)	↔	a[0]
*(a+i)	↔	a[i]		

这样，若当一个指针变量 p 指向一维数组 a 时，由于一维数组名是一个指针常量，因此它可以直接赋给指针变量 p。即

```
int    a[5];
int    *p = a;                          /* 或"int*p = &a[0];"*/
```

此时，指针名 p 和数组名 a 都可以使用下标运算符，并有下列等价关系：

```
    p[i]   ↔   *(p+i)   ↔   *(a+i)   ↔   a[i]
```

其中的*(p+i)，由于 p 是一个指针变量，可以作为左值，因此*(p+i)可写成：

```
    p = p+i;    *p
```

3. 遍历数组元素的几种方法

理解了指针和数组之间的关系，就可以使用指针与&,*,[ ]运算符灵活地访问数组元素的内存空间或引用数组元素了。例如，下列几种方法都可用来输出数组的全部元素（即遍历数组元素）。

（1）使用数组名和"*"运算符：

```
int    a[] = {2, 7, 9, 1, 4}, i;
int    n = sizeof(a) / sizeof(int);          /* 计算数组 a 中的元素个数 */
for ( i=0; i<n; i++)
      printf("%10d", *(a+i));
```

（2）使用指针名和"[]"运算符：

```
int    a[] = {2, 7, 9, 1, 4},  i,  *p = a;
int    n = sizeof(a) / sizeof(int);          /* 计算数组 a 中的元素个数 */
for ( i=0; i<n; i++)
      printf("%10d", p[i]);
```

（3）使用指针名和"*"运算符：

```
int    a[] = {2, 7, 9, 1, 4}, i,  *p = a;
int    n = sizeof(a) / sizeof(int);          /* 计算数组 a 中的元素个数 */
for (int i=0; i<n; i++)
      printf("%10d", *p++);                  /* 见下面的分析 */
```

对于程序中的"*p++"来说，由于运算符"++"的优先级与引用运算符"*"相同，因此按其"从右至左"结合方向来运算，即先进行"++"运算，然后再进行"*"运算。由于这里的"++"是后缀自增运算符，因此"*p++"就等价于（*p, p = p+1）。也就是说，在 for 循环中，p 刚开始指向 a[0]元素，printf 输出*p 的内容就是 a[0]的值，然后 p=p+1，使 p 指向 a[1]；第 2 次循环时，printf 输出*p 的内容就是 a[1]的值，然后 p=p+1，使 p 指向 a[2]，……，如此反复，直到 printf 输出*p 的内容就是 a[4]的值为止，循环结束，此后 p 指向 a[5]元素。由于 a[5]不是数组 a 中的元素，因此，**在 for 循环后，p 指向的已不再是数组 a 中的有效内存空间了**，这一点要特别注意。

（4）使用指针变量和"*"运算符的另一种方式：

```
int    a[] = {2, 7, 9, 1, 4},  *p;
int    n = sizeof(a) / sizeof(int);          /* 计算数组 a 中的元素个数 */
for (p=a; p<a+n; p++)
      printf("%10d", *p);
```

for 中的循环终止条件表达式 p<a+n 是一个指针比较运算，由于它们的值都是地址值，因此这种运算就是比较它们所指向的内存空间在内存区中的前后关系。每次循环后，都要进行 p++运算，使 p 指向下一个数组元素，直到 p 的地址值不小于地址值 a+n 为止，从而使 printf 语句输出全部元素的值。

4. 指针比较运算

一个指针变量除了可以和一个指针常量进行比较外，还可与另一个指针变量或者指针表达式进行关系比较。例如，将一个一维数组 a 中的元素按逆序存放。

【例 Ex_PInv.c】 将一维整型数组中的元素按逆序存放

```c
#include <stdio.h>
#include <conio.h>
int main()
{
    int a[] = {2, 7, 9, 1, 4};
    int n = sizeof(a) / sizeof(int);
    int *pStart, *pEnd, t, i;
    for (i=0; i<n; i++)
        printf("%10d", a[i]);
    printf("\n");
    pStart = a;                         /* 指向第一个数组元素 */
    pEnd = a+n-1;                       /* 指向最后一个数组元素 */
    while (pStart<pEnd)                 /* 两指针变量比较 */
    {
        /* 交换 */
        t = *pStart;  *pStart = *pEnd;  *pEnd = t;
        pStart++;                       /* 向后移动 */
        pEnd--;                         /* 向前移动 */
    }
    printf("After: \n");
    for (i=0; i<n; i++)
        printf("%10d", a[i]);
    printf("\n");
    return 0;
}
```

程序中，指针变量 pStart 和 pEnd 开始时分别指向数组 a 中的第一个元素和最后一个元素。由于数组 a 定义后，编译器会为其分配一个连续的内存空间，各元素存储次序依次为 a[0],a[1],a[2],a[3]和 a[4]。因此，a[0]的地址最低，而 a[4]的地址最高。在 while 循环中，pStart++使 pStart 所指向的元素按 a[0]→a[1]→a[2]→a[3]→a[4]的顺序向后移动，而 pEnd--是使 pEnd 所指向的元素按 a[4]→a[3]→a[2]→a[1]→a[0]的顺序向前移动。当 pStart<pEnd 时，循环中将会使 a[0]和 a[4]交换、a[1]和 a[3]交换。当 pStart 指向 a[2]、pEnd 也指向 a[2]时，它们的地址相同，故 while 循环结束，完成数组元素的逆序存放，如图 10.3 所示。

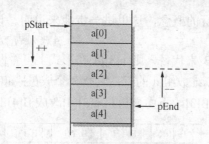

图 10.3　通过指向移动来操作

要注意，交换时只能交换 pStart 和 pEnd 的内容，而不能交换它们的指向，否则下一次循环时，pStart 和 pEnd 的指向会变得很混乱，难以得到正确的结果。程序运行结果如下：

```
          2    7    9    1    4
After:

          4    1    9    7    2
```

总之，指针可分为**指针常量**和**指针变量**。一个指针常量可以是数组名、地址值、常指针、&i（i 是普通变量）或是指针表达式，它们都可赋给一个指针变量。

10.2.2　指针和二维数组

用指针也可访问多维数组的元素，但其实现方法却与一维数组有较大区别，也更为复杂。这里仅讨论二维数组的情况，对于三维或更多维的数组可依次类推。

1.　二维数组元素与一维内存空间

二维数组的内存空间和一维数组的内存空间都是一维的，即二维数组的各个元素是依次连续地存放在一维的内存空间中的。若在指针初始化时将其指向指定为二维数组的第 1 个元素（各维下标都为 0 的元素），然后通过指针的自增操作，就可简单地实现二维数组元素的遍历操作。例如，下面的例子用来输出二维数组的各个元素。

【例 Ex_P2Arr1.c】　输出二维数组的各个元素

```c
#include <stdio.h>
int main()
{
    int    a[3][4] = { {1,    2,    3,    4},
                       {5,    6,    7,    8},
                       {9,   10,   11,   12}};
    int *p;
    for (p = &a[0][0]; p <= &a[2][3]; p++)
        printf("%5d", *p );
    printf("\n");
    return 0;
}
```

程序中，for 循环使指针变量 p 的指向从二维数组 a 的第 1 个元素 a[0][0]的位置一直变化到最后一个元素 a[2][3]的位置，从而实现二维数组元素的遍历。程序运行的结果如下：

```
  1    2    3    4    5    6    7    8    9   10   11   12
```

2.　二维数组的行、行地址和元素地址的关系

这里有必要先来看看二维数组的行、元素和地址之间的关系，这样在后面讨论中就可以用行指针来访问二维数组。

以前讨论过二维数组的行的概念，这里进一步地来说明。设有：

int a[3][4];   /* 3 是行数，4 是列数 */

在形式上，若将 a[3]用 B 来代替，则 a[3][4]在形式上可看做(a[3])[4]，即可看做一维数组 B[4]的形式。其中的 B 代表二维数组 a 的行，它有 3 个成员：a[0], a[1]和 a[2]，而每一行都有 4 个元素：B[0], B[1], B[2]和 B[3]。下面分析将 a[3][4]改成 B[4]的形式，如图 10.4 所示。

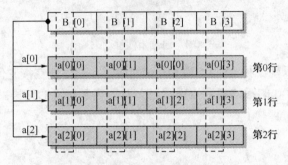

图 10.4　将 a[3][4]改成 B[4]的形式

（1）考察一维数组 B[4]，由于数组名 B 是一个指针常量，其值是 B[0]的地址，因此它的三个成员 a[0], a[1]和 a[2]也应是指针常量，其值应分别是 **a[0]**[0], **a[1]**[0], **a[2]**[0]的地址。由于 a[0]中，0 表示第 0 行，因此 a[0]的值也是第 0 行的首地址。类似地，a[1]的值是第 1 行的首地址，a[2]的值是第 2 行的首地址。这就是说，a[i]的值是 a[i][0]元素的地址，也是第 i 行元素所在的内存空间的首地址。

（2）在 a[0], a[1]和 a[2]这个一维数组形式中，数组名 a 也应是指针常量，其值应是 a[0], a[1]和 a[2]的首地址，即 a↔&a[0]。

（3）在 B[4]这个一维数组形式中，由于有 B+j↔&B[j]，因此 a[0]+j↔&a[0][j], a[1]+j↔&a[1][j], a[2]+j↔&a[2][j]，即 **a[i]+j↔&a[i][j]**。

3. 二维数组的下标运算

前面说过，对于一维数组 a 来说，其下标运算的含义是"a[i] ↔ *(a + i)"，那么对于二维数组来说，则下标运算应为"a[i][j] ↔ *(a[i] + j) ↔ *(*(a+i) + j)"。同样，对于三维数组来说，其下标运算的含义应是"a[i][j][k] ↔ *(a[i][j] + k) ↔ *(*(*(a+i) + j) + k)"。

根据上述分析结果，可以归纳出二维数组中元素或地址的各种等价关系：

a[0]	↔	**&a[0][0]**			
a	↔	**&a[0]**			
***a**	↔	*(&a[0])	↔	**a[0]**	
****a**	↔	*(*a)	↔	*(a[0])	↔ *(&a[0][0]) ↔ a[0][0]
a[i]	↔	**&a[i][0]**			
***a[i]**	↔	*(&a[i][0])	↔	**a[i][0]**	
a[i]+j	↔	**&a[i][j]**			
***(a[i]+j)**	↔	*(&a[i][j])	↔	**a[i][j]**	
a[i]	↔	*(a+i)			
a[i]+j	↔	*(a+i)+j			
a[i][j]	↔	*(a[i]+j)或(*(a+i))[j]	↔	*(*(a+i)+j)	

4. 行指针变量

当一个指针变量 pb 指向一个一维数组 b 时，可有下列定义：

```
int    b[3],   *pb = b;
```

这里有一个问题：从类型来看，一维数组 b 的类型是 "int []"，而指针 pb 的类型的是 "int *"，显然，它们的类型是不同的，那又怎么能直接将 b 赋给指针 pb 呢？

前面已说过，b 之所以能赋给指针 pb，是因为 b 是一个指针常量。这样的解释只是从其性质分析而得来的结论。事实上，由于一维数组在初始时可以不必指定数组的大小，其大小可以由初值的个数来确定，例如：

```
int    b[ ] = { 1, 2, 3};
```

这种可以由初值的个数来确定维的大小的方式，称为数组的**编译时**的动态确定。在 C 语言中，只有数组的维属于**编译时**的动态确定时才可以用指针来建立它们之间的关系。也就是说，"int []" 可以赋给 "int *"。

对于一个二维数组 a，若有定义：

```
int    a[3][4];
```

由于二维数组的最高维属于**编译时**的动态确定，因此只有将指针定义成：

```
int    (*p)[4];
```

才可以有下列赋值：

```
p = a;
```

或

```
int    (*p)[4] = a;
```

需要说明：

（1）由于运算符 "[ ]" 的优先级比 "*" 高，因此不能写成 "int *p[];"，此时就变成指针数组的定义（后面还会讨论）。

（2）由于二维数组定义中属于**编译时**的动态确定的**最高维**（a[3]）用来确定二维数组的行，因此 p 又称为**行指针**。

（3）**行指针**仅为指向二维数组而设计的指针变量，如上述的 p，无论是否初始化，p[i] 都仅表示第 i 行的地址，是一个指针常量，不能作为左值。类似地，若一个指针 p 指向一个三维数组，则应按下列定义：

```
int    b[3][4][5];
int    (*p)[4][5] = b;
```

下面来看一个例子，它的作用是用行指针变量来求 4 阶矩阵的主对角线元素之和。

【例 Ex_PRow.c】 用行指针变量来求 4 阶矩阵的主对角线元素之和

```c
#include <stdio.h>
#include <conio.h>
int main()
{
    int    a[4][4] = { {1,    2,    3,    4},
                       {5,    6,    7,    8},
                       {9,   10,   11,   12},
                       {13,  14,   15,   16}};
    int (*p)[4] = a, sum = 0, i;
    for (i = 0; i < 4; i++)
    {
        if (3 == i)
```

```
                    printf("%d", p[i][i] );                    /* 语句 A */
              else
                    printf("%d + ", *(p[i]+i) );               /* 语句 B */
              sum += *(*(p+i)+i);                              /* 语句 C */
       }
       printf(" = %d\n", sum );
       return 0;
}
```

代码中，加框的元素是 4 阶矩阵主对角线上的元素。语句 A,B 和 C 是元素引用的几种不同方式，都是用来引用对主对角线上元素 a[i][i]的。程序运行的结果如下：

> 1 + 6 + 11 + 16 = 34

10.2.3 指针数组

当某个数组被定义为指针类型时，则称这样的数组为**指针数组**。指针数组中的每个元素都是相同类型的一个指针变量。当定义的某个指针变量专门用来指向其他指针变量时，这样的指针变量就称为指向指针的指针变量，简称**二级指针变量**，依此类推可以定义**多级指针变量**。这里来讨论指针数组和二级指针变量。

1. 指针数组的定义和赋初值

指针数组除了每一个元素都是指针变量外，其他操作均与一般数组相同。定义指针数组的格式如下：

> 〈数据类型〉* 〈指针数组名〉[〈常量表达式〉];

例如：
```
       int    *p1[4];
       float  *p2[5];
```
p1 被定义成一个整型指针数组，它有 4 个元素：p1[0]～p1[3]，每个元素都是整型指针变量，用来指向 int 型的内存空间。p2 被定义成一个 float 型指针数组，它有 5 个元素：p2[0]～p2[4]，每个元素都是 float 型指针变量，用来指向 float 型的内存空间。

同样，指针数组可在定义的同时赋初值或在定义后赋初值，它与普通数组赋初值的格式相同。但每个指针元素的初值应是已定义的变量的地址、数组元素的地址或数组名等。例如：
```
       int    a, b, c, *p[3] = {&a, &b, &c};
```
它等价于：
```
       int    a, b, c, *p[3];
       p[0] = &a;       p[1] = &b;       p[2] = &c;
```
即定义了 int 型的指针数组 p，其 3 个元素：p[0], p[1], p[2]分别指向 3 个整型变量 a, b, c。要注意，由于整型变量 a, b, c 在指针数组 p 前定义，且定义后&a, &b, &c 都是指针常量，因此它们都可以作为指针数组 p 的初值。

指针数组在初始化时可以省略其下标大小，编译器会根据初值的个数自动定义指针数组的大小。例如：
```
       int    a[5], b[3], c, *p[] = {&a[0], b, &c};        /* 合法 */
```
由于&a[0], b 都是指针常量，因此它们可以出现在初始化的初值列表中。由于省略了指针数组 p 的下标，因此编译器会根据初值的实际个数 3 自动将下标大小设为 3。

2. 指针数组元素的引用

指针数组元素的引用方法和普通数组元素的引用方法完全相同。但要注意，**指针数组的每个元素都是指针**。例如：以下示例的作用是通过指针数组访问二维数组的元素。

【例 Ex_P2Arr2.c】 用指针数组遍历二维数组元素

```c
#include <stdio.h>
#include <conio.h>
int main()
{
    int    a[3][5] = { {1,   2,   3,   4,   5 },
                       {6,   7,   8,   9,   10},
                       {11,  12,  13,  14,  15}};
    int *p[3], i, j;
    for (i = 0; i < 3; i++)    p[i] = a[i];
    for (i=0; i<3; i++ )
    {
        for ( j=0; j<5; j++ )    printf("%10d", p[i][j] );
        printf("\n");
    }
    return 0;
}
```

程序中，p 是一个指针数组，它的 3 个元素分别通过赋值指向二维数组 a 的各行。然后通过循环语句利用下标运算符输出所有的元素。程序运行的结果如下：

1	2	3	4	5
6	7	8	9	10
11	12	13	14	15

10.2.4 多级指针

1. 多级指针的定义

在 C 语言中，当定义了一个指针变量 p 时，编译器会为指针变量 p 分配内存空间。若再定义一个指针变量 pp，它指向指针变量 p，此时称 pp 为指向指针变量的指针变量，简称为**二级指针变量**。若再定义一个指针变量 ppp，它指向二级指针变量 pp，此时称 ppp 为指向二级指针变量的指针变量，简称为**三级指针变量**。在 C 语言中，由于指向的定义没有限制，因此可以有更多级的指针变量出现，但实际使用时往往二级指针变量就已经足够了。例如：

```c
int   a = 8;
int   *p = &a;                      /* 指针变量，指向 a */
int   **pp = &p;                    /* 二级指针变量，指向指针变量 p */
int   ***ppp = &pp;                 /* 三级指针变量，指向二级指针变量 pp */
```

2. 区别

要注意二维数组名、行指针变量名、指针数组名和二级指针变量名的区别。例如：

```c
int   a[3][4];                      /* 二维数组 a */
int   (*p1)[4] = a;                 /* 行指针变量 p1，专门用来指向二维数组 */
int   *p2[4];                       /* 指针数组 p2 */
int   **p3;                         /* 二级指针变量 p3 */
```

其中，二维数组名 a 仅是一个**指针常量**，它的值等于&a[0], a[0]或&a[0][0]。由于它在**形式上**可以看做是指针的指针，因此才有∗∗a 的形式来表示 a[0][0]元素，或用∗(∗(a+i)+j)的形式来表示 a[i][j]元素。但它不具有"指针的指针"的实际意义，也就是说，二维数组名 a 不能直接赋给二级指针变量 p3。正因为如此，在后面讲到函数形参是二级指针变量时，不能将二维数组名 a 作为实参来传递，否则不会有正确的结果。

p1 是一个**行指针变量**，它专门用来指向一个二维数组，可以用二维数组名来赋初值。但 p1 不能直接赋给二级指针变量 p3。与普通二维数组相似，指针数组名 p2 虽是一个指针的指针，可以给一个二级指针变量赋值，但 **p2（数组名）是一个指针常量，不能作为左值**。二级指针变量 p3 才是一个真正意义上的指向指针的指针变量。

10.3 指针和函数

指针既可以作为函数的形参和实参，又可以作为返回值，也可以将一个指针指向一个函数。

10.3.1 指针作为函数的参数

函数的参数可以是 C 语言中任意合法类型的变量或数组，自然，也可以是一个指针变量。当函数的参数是指针时，由于在内部传递时传递的是参数地址，因此对这样函数的调用就是按地址传递的函数调用，简称**传址调用**。由于函数形参指针和实参指针指向同一个内存空间，因此形参内容的改变必将影响实参。在实际应用中，函数可以通过参数指针带回一个或多个值。当指针作为函数的参数时，常有下列几种形式。

1. 传递变量的地址

下面先来看一个示例，它的作用是用来交换两个变量的值。

【例 Ex_PSwap.c】 交换两个变量的值

```c
#include <stdio.h>
#include <conio.h>
void swap(int *x, int *y);
int main()
{
    int   a = 7,   b = 11;
    printf("before: a = %d, b = %d\n", a, b);
    swap(&a, &b);
    printf("after:   a = %d, b = %d\n", a, b);
    return 0;
}
void swap(int *x, int *y)
{
    int temp;
    temp = *x;   *x = *y;   *y = temp;
}
```

代码中，函数 swap 的形参是两个指针。在调用时，其**实参**应是某个内存空间的地址或是变量的指针。当执行 swap(&a, &b)时，由于传递的是变量 a 和 b 的地址，因此在函数中对∗x 和∗y 的操作，实际上就是操作变量 a 和 b 所对应的内存空间，通过局部变量 temp，使变量 a 和 b 的值被修改。程序运行的结果如下：

```
before: a = 7, b = 11
after: a = 11, b = 7
```

要注意，swap 函数体中交换的应是指针指向的内存空间的值，而不应是交换形参指针的指向。例如，若将函数 swap 函数和 main 函数改成下列代码：

```
void swap(int *x, int *y)
{
    int *temp;
    temp = x;   x = y;   y = temp;
}
int main()
{
    int   a = 7,   b = 11;
    int   *p1 = &a, *p2 = &b;
    printf("before: a = %d, b = %d\n", a, b);
    swap(p1, p2);
    printf("after:   a = %d, b = %d\n", a, b);
    return 0;
}
```

则结果为

```
before: a = 7, b = 11
after: a = 7, b = 11
```

分析和说明：

初始时，指针 p1 指向变量 a，而 p2 指向变量 b。参数传递后，形参 x 指向变量 a，y 指向变量 b。通过临时指针 temp，实现 x 和 y 的指向的交换，此时，x 指向变量 b，y 指向变量 a。但函数返回后，x 和 y 在栈内存中开辟的内存空间被释放，形参指针 x 和 y 失去意义。函数返回后，指针 p1 仍指向变量 a，而 p2 仍指向变量 b。自然，a 和 b 的值不会改变。

2. 传递数组

当用函数的参数传递一维数组时，只要将形参定义成一级指针即可。而当传递二维数组时，却不能将形参定义成二级指针，这是因为指针类型和数组类型转换时只允许最高维的"[ ]"转换成"*"类型，因此传递二维数组的形参必须是一个行指针，例如，下面示例的作用是用来查找二维数组的最大元素，并将该元素的下标通过形参指针变量返回。

【例 Ex_PFind.c】 查找二维数组中最大的元素

```
#include <stdio.h>
void find(int (*data)[4], int *row, int *col);
int main()
{
    int   mat[4][4]={ { 12,      76,       4,        1 },
                      { -19,     28,       55,      -6 },
                      { 2,       10,       13,      -2 },
                      { 3,       -9,       110,     22 }};
    int   row = 4, col = 4;
    find(mat, &row, &col);
    printf("MAX: mat[%d][%d] = %d\n", row, col,   mat[row][col] );
```

```
                return 0;
        }
        void find(int (*data)[4], int *row, int *col)
        {
                int    max = data[0][0];
                int    rowMax = *row;
                int    colMax = *col;
                int    i, j;
                for (i=0; i<rowMax; i++)
                        for (j=0; j<colMax; j++)
                                if (max < data[i][j])
                                {
                                        max = data[i][j];                /*  保存最大元素的值 */
                                        /*  保存最大元素的行和列的下标  */
                                        *row = i;            *col = j;
                                }
        }
```

程序中，函数 find 的第 1 个形参是一个行指针变量，用来传递一个二维数组。要注意，方括号中的列的大小不能省略且必须等于实参数组中的列的大小，否则不会有正确的结果。第 2 个和第 3 个形参指针变量 row 和 col 起到了双重作用，既可传递行和列的大小，又可将最大元素的行号和列号通过它们来返回。程序运行的结果如下：

MAX: mat[3][2] = 110

其实，上述函数 find 并不具有通用性，因为它只能传递列数为 4 的二维数组。如果想要传递一个通用的二维数组，则这样的形参该如何定义呢？

如果将函数的形参定义成二级指针变量，然后用二维数组名直接传递，显然是行不通的，因为无论是几维数组，数组名都代表数组内存空间的首地址，是一个指针常量，由于不具有"指针的指针"的实际意义，因此它无法对应于形参多级指针变量。即便用强制转换来通过编译，也不会有正确结果。

由于内存空间是一维的，因此实现多维数组传递的最简单的通用办法是将**函数的形参定义成一级指针**，然后将多维数组降为一维数组来处理。

10.3.2 返回指针的函数

若一个函数的返回值是一个指针时，则这样的函数就是返回指针的函数。在 C 语言中，定义返回指针的函数格式如下：

<函数类型> * <函数名>(<形式参数表>){ <函数体> }

它与一般函数定义基本相同，只不过在函数名前面增加了一个"*"号，用来指明该函数必须用 return 返回一个指针，该指针的类型与函数定义的类型必须相同，且返回的不能是函数内部声明的局部变量的指针。

【例 Ex_PRet.c】 一维数组的元素删除
```
        #include <stdio.h>
        #include <conio.h>
        int *del( int a[], int *n, int index );
        void list( int *p, int n );
        int main()
```

```
    {
        int a[] = {1,3,5,7,9};
        int n = sizeof( a ) / sizeof( int );
        int *p;
        list( a, n );          p = del( a, &n, 1 );
        list( p, n );          p = del( a, &n, 1 );
        list( p, n );
        return 0;
    }
    int *del( int a[], int *n, int index )
    {
        int i, flag = 0;
        for ( i=index; i<*n-1; i++)
        {
            flag = 1;          a[i] = a[i+1];
        }
        if (flag) (*n)--;
        return a;
    }
    void list( int *p, int n )
    {
        int i;
        for ( i=0; i<n; i++ ) printf( "%5d", p[i] );
        printf("\n");
    }
```

程序中，函数 list 通过形参指针将传递过来的数组遍历输出，函数 del 定义成一个返回整型指针的函数，该函数的目的是删除传递来的数组中下标为 index 的元素，成功删除后，数组中的元素个数通过形参指针 n 返回，最后的数组通过函数返回。程序运行的结果如下：

1	3	5	7	9
1	5	7	9	
1	7	9		

需要说明：函数 del 中，对数组元素的删除分为两步操作，一是将后面的元素的值依次向前覆盖，二是当 index 下标处在数组有效的下标范围内，即循环条件满足时，则覆盖操作一定会被执行，在循环体中用增加 flag 来表示是否有此操作。当 flag 为 1（"真"）时，数组元素的个数减 1 后通过形参指针返回。

10.3.3　指向函数的指针

与变量相似，C 语言中的每一个函数也都有自己的地址。若当一个指针的值是函数地址时，则这样的指针称为**函数指针**，通过函数指针可以调用其所指向的函数。在 C 语言中，一个函数指针是按下列格式来定义的：

<函数类型>(* <指针名>)(<参数表>);

例如：

```
    int (*func)(char a, char b);
```

就是一个函数指针的合法定义。int 为函数指针可指向的函数的返回类型，*表示后面的 func 是一个函数指针名。它所指向的函数具有两个字符型参数 a 和 b。

需要说明的是，由于"()"的优先级大于"*"，所以下面是返回指针的函数定义而不是函数指针定义：

```
    int *func(char a, char b);
```

一旦定义了函数指针，就可以给它赋初值了。由于函数名表示该函数的入口地址，因此可以将函数名直接赋给函数指针，从而使函数指针指向该函数。一般来说，**赋给函数指针的函数的返回值类型与参数个数及其顺序一定要和函数指针相同**。例如：

```
int fn1(char a, char b);          /* 一个普通函数 */
int *fn2(char a, char b);         /* 一个返回指针的函数 */
int fn3(int n);                   /* 一个普通函数 */
int (*fp1)(char x, char y);       /* 函数指针 */
int (*fp2)(int x);                /* 函数指针 */
fp1 = fn1 ;                       /* 正确，fn1 函数与指针 fp1 指向的函数一致 */
fp1 = fn2 ;                       /* 警告错误，fn2 函数类型与指针 fp1 指向的函数不一致 */
fp2 = fn3 ;                       /* 正确，fn3 函数与指针 fp2 指向的函数一致 */
fp2 = fp1 ;                       /* 警告错误，两个指针指向的函数不一致 */
fp2 = fn3(5) ;                    /* 警告错误，函数赋给函数指针时，不能加括号 */
```

一旦函数指针赋值后，就可以使用函数指针来调用它所指向的函数了。函数指针调用函数的格式如下：

```
( * <指针名>)( <实数表> );
    <指针名>( <实数表> );
```

例如：(*fp2)(5); 或 fp2(5);

【例 Ex_PFun.c】 函数指针的使用

```c
#include <stdio.h>
#include <conio.h>
double add(double x, double y)
{
    return (x+y);
}
double mul(double x, double y)
{
    return (x*y);
}
int main()
{
    double    (*func)(double,double);        /* 定义一个函数指针变量 */
    double    a, b;
    char  op;
    printf("Input 2 double numbers and '+' or '*' : ");
    scanf("%lf%lf%c", &a, &b, &op );
    if (op == '+')
        func = add;                          /* 将函数名赋给指针 */
    else
        func = mul;
    printf("%g %c %g = %g\n", a, op, b, func( a, b ) );
    return 0;
}
```

程序运行的结果如下：

```
Input 2 double numbers and '+' or '*'    : 12 25.5+↵
12 + 25.5 = 37.5
```

从上例可以看出，当程序中有多个同类型和同形参变量的函数时，用函数指针来统一管理并调用它们是非常方便的。但由于各个函数的地址在内存空间中并**非连续存放**，因此不能用函数指针的"++"或"--"运算来使函数指针指向下一个或上一个函数。

实际上，函数指针还可以作为一个函数的参数。

【例 Ex_PFunp.c】 函数指针用做函数的参数

```c
#include <stdio.h>
double add(double x, double y)
{
        return (x+y);
}
double mul(double x, double y)
{
        return (x*y);
}
void op(double(*func)(double,double), double x, double y)
{
        printf("x = %g, y = %g, res = %g\n", x, y, func( x, y ) );
}
int main()
{
        printf("Use add function : " );
        op(add, 3, 7);
        printf("Use mul function : " );
        op(mul, 3, 7);
        return 0;
}
```

代码中，op 函数的第 1 个参数为函数指针，该指针指向的函数有两个 double 形参并返回 double 类型值。定义的 add 函数和 mul 函数也是有两个 double 形参并返回 double 类型值，因此它们可作为实参传递给函数 op 的形参函数指针 func。程序运行的结果如下：

```
Use add function :    x = 3, y = 7, res = 10
Use mul function :    x = 3, y = 7, res = 21
```

10.4 void 指针和动态内存

尽管数组是一种应用非常广泛、非常简单的数据结构，但由于数组所占的内存空间在定义时已经确定，不能在程序运行过程中动态改变，因而使数组的空间利用效率不高。例如，若定义了一个字符数组 str[80]，用来存放实参传递过来的字符串，若字符串的长度超过80，则该数组空间因不够用而导致程序异常终止，但大数情况下，传递的字符串的长度一般都比较小，此时该数组的内存空间因过多开辟而造成内存空间使用效率低下。为此，C 语言允许在程序中动态开辟内存，即用多少开辟多少。由于是动态开辟，因而内存空间就需要指针来引用、访问了。为了使指针可以指向任何类型对象（变量、数组等）的内存空间，C 语言还允许将指针定义成通用类型 **void***。

10.4.1 void 指针

C 语言中，关键字 void 是**空**的意思，但 void*指针的真正含义却是**不确定类型指针**，在程序常常理解为是**通用类型指针**，即这样的指针可指向任何数据类型的内存空间。

在 C 语言中，定义一个 void*指针的一般格式如下：

void *<指针变量>;

例如：

```
void *p;
```

则 p 是一个能指向任何合法类型的内存空间的指针。**由于 p 的类型是不确定的，也就无法确定指向的内存空间的单位大小，因此无法有 p++或 p--等这样的指针算术运算**。但 p 可有下列初始化或赋值语句：

```
int x, a[10];
void *p = &x;                          /* 合法 */
p = a;                                 /* 合法 */
p++;                                   /* 错误，不能有指针算术运算 */
```

为了能让 void*指针操作所指向的内存空间，在实际应用中，还应通过强制类型转换将其指向的内存空间的单位大小明确下来。例如：

```
int x;
void *p = &x;                          /* 合法 */
*(int *)p = 25;                        /* 合法 */
printf("%d\n", x);                     /* 输出 25 */
```

代码中，(int *)p 强制使指针变量 p 指向一个 int 内存空间，也就是说，(int *)p 指向的内存空间的大小与变量 x 的内存空间大小相同，由于 p 的指向值是 x 的地址值，因此(int *)p 就是对 x 变量的内存空间的引用，当*(int *)p = 25 时，也就使变量 x 的值置为 25。

下面来看一个示例，它的作用是通过 void*指针变量给一个整型一维数组中的元素赋值，并求各元素的和，然后输出。

【例 Ex_Void.c】　void*指针变量示例

```
#include <stdio.h>
#include <conio.h>
int main()
{
    int a[10], i;
    int sum = 0;
    void *p = &a;
    for (i=0; i<10; i++)
        ((int *)p)[i] = i+1;              /* 使用下标运算符[ ]访问各元素的内存空间 */
    for (i=0; i<10; i++)
    {
        sum += *(int *)p;                 /* 语句 A */
        p = (int *)p + 1;                 /* 通过强制转换使 p 具有指针的算术运算 */
    }
    printf("sum = %d\n", sum );
    return 0;
}
```

代码中，由于 p 的初值是数组 a 的首地址，当有((int *)p)[i]时，((int *)p)使 p 指向一块 int 型内存空间，因此((int *)p)[i]就是指向 a[i]元素，从而使 a[i]得到相应的赋值。在语句"p = (int *)p+ 1;"中，由于(int *)p 所指向的内存空间的大小已确定，因此(int *)p + 1 满足指针的算术运算，其结果等于 p 的地址值加上 sizeof(int)。执行该语句后，p 的地址值就等于数组 a 的下一个元素的地址值。再通过语句 A 获取 p 所指向的元素的值，从而通过循环求得数组 a 的所有元素的和。程序运行的结果如下：

```
sum = 55
```

10.4.2 内存分配和释放

在程序设计中，动态内存的使用是十分广泛的。许多内存模型的操作都离不开动态内存的使用，如栈、队列、链表等模型。在 C 语言中，用于动态内存操作的标准库函数是定义在头文件 stdlib.h 中的，在使用动态内存操作时，一定要在程序文件的前面添加该头文件的包含命令。

1. 内存分配或开辟

在 ANSI C 标准库文件 stdlib.h 中，用于内存开辟的库函数有：malloc，calloc 和 realloc，它们的函数原型如下：

```
void    * malloc (size_t size);
void    * calloc (size_t nitems, size_t size);
void    * realloc(void *block, size_t size);
```

这 3 个函数都是用来开辟指定内存空间的大小的，一旦开辟成功，就会返回所开辟内存空间的首地址值。否则，开辟失败就返回 NULL（在 C 语言中，NULL 是一个预定义标识符，其含义是"(void *)0"，即**空指针**）。在函数的形参中，size_t 是 unsigned int 类型的别名，这就是说 size, nitems 形参变量的类型都是 unsigned int 或 unsigned。

malloc 函数的作用是向系统申请分配 size 个字节的内存空间。例如：

    int* p;

    p = (int *) malloc (sizeof(int));

则将使 p 指向一块动态分配的大小为 sizeof(int)的内存空间。需要说明：

（1）malloc 函数返回的是 void * 类型，如果写成"p = malloc (sizeof(int));"则程序无法通过编译，原因是"不能将 void* 赋值给 int *类型变量"。所以必须通过(int *)来强制转换。

（2）函数的实参"sizeof(int)"用来指明一个整型数据所需要的空间大小。如果写成：

    int* p = (int *) malloc (1);

代码也能通过编译，但事实上只分配了 1 字节大小的内存空间。当向其中存入一个整数时，由于整数需要的空间在 ANSI C 中是 2 字节，这样就会有 1 字节"无家可归"，而直接"住进邻居家"！造成的结果是后面的内存中原有数据内容被覆盖。类似地，若要为 100 个整型数据开辟内存空间，则应写成：

    p = (int *) malloc (sizeof(int) * 100);   /* 正确 */

而不是

    p = (int *) malloc (**100**);   /* 不是 100 个整型内存单元 */

（3）malloc 只管分配内存，并不能对所得的内存进行初始化，可见在得到的新内存中，其值将是随机的（或是不确定的）。

与 malloc 相类似，calloc 也是向系统申请分配一定字节的内存空间。只不过它有 2 个形参，第 1 个形参 nitems 用来指定"内存单位"个数，第 2 个参数 size 用来指定"内存单位"的大小。例如，要为 100 个整型数据开辟内存空间，则有：

    int *p = (int *) calloc (100, sizeof(int));

换一句话说，calloc 开辟的内存空间的字节数等于 nitems×size。而且，在由 calloc 得到的新内存中，其值会被初始化为 0，这一点与 malloc 不一样。

realloc 可以对给定的指针所指的空间进行扩大或者缩小，无论是扩张或是缩小，原有内存中的内容将保持不变。当然，对于缩小，则被缩掉的那一部分的内容会丢失。需要说明的是，realloc 并不保证调整后的内存空间和原来的内存空间保持同一内存地址。相反，realloc 返回的指针很可能指向一个新的地址。显然，在代码中，必须将 realloc 返回的值重新赋给指针。例如：

    p = (int *) realloc (p, sizeof(int) *15);

甚至，可以传一个空指针（(void *)0 或 NULL）给 realloc，则此时 realloc 的作用完全相当于 malloc。例如：

    int* p = (int *) realloc (0,sizeof(int) * 10);

分配了一个全新的内存空间，它的作用完全等同于：

    int* p = (int *) malloc(sizeof(int) * 10);

2. 内存释放

由 malloc, calloc 和 realloc 分配的内存空间一旦使用完毕后，必须将已分配的内存空间及时释放，否则这些内存空间将一直被占用，直到计算机重新启动后才得到释放。

在 C 语言的头文件 stdlib.h 中，free 函数就是用来释放由上述 3 个函数分配的内存空间的，其函数原型如下：

> **void   free (void *block);**

其中，block 指定的指针必须是由 malloc, calloc 和 realloc 分配内存而获得的有效指针。例如：

    int* p = (int *) malloc (sizeof(int));
    *p = 10;
    …
    free(p);

需要说明的是，一旦"free(p);"执行后，指针 p 的指向可能是原来的值，也可能是其他的值，这取决于编译器对其处理的结果。正因为如此，从程序的健壮性来考虑，一定要**在使用 free 后，将指针置为 0 或 NULL，这是一个良好的编程习惯**。

需要注意：

（1）malloc, calloc 或 realloc 和 free 应配对使用。即用 malloc, calloc 或 realloc 为指针分配内存，当使用结束之后，一定要用 free 来释放已分配的内存空间。

（2）free 必须用于先前 malloc, calloc 或 realloc 分配的有效指针。如果使用了未定义的其他任何类型的指针，都可能带来严重问题，如系统崩溃等。

（3）用 malloc, calloc 或 realloc 给指针变量分配一个有效指针后，必须用 free 先释放，然后再用 malloc, calloc 或 realloc 重新分配或改变指向，否则先前分配的内存空间因无法被程序所引用而变成一个无用的内存垃圾，直到重新启动计算机，该内存才会被收回。例如：

    int   *p = malloc(sizeof(int));   /* A */
    p = malloc(sizeof(int));   /* B：虽编译通过，但 A 分配的内存变成无用的了 */
    free(p);   /* 释放的是 B 分配的内存，A 分配的内存无法释放 */

总之，动态内存使用之后一定要及时释放，并将释放后的指针置为 0 或 NULL。下面来看一个示例，它的作用是用 malloc 动态生成由 n 个元素组成的一维数组，输入 n 个值给一维数组，求出并输出一维元素的和，最后用 free 动态回收一维数组所占有的内存空间。

【例 Ex_Malloc.c】 动态内存的使用

```c
#include <stdio.h>
#include <conio.h>
#include <stdlib.h>
int main()
{
    int i, n, sum = 0;
    int *p;
    printf("Input size of array : ");
    scanf("%d", &n );
    p = (int*)malloc( n * sizeof(int));              /* 动态分配 */
    if (!p) return 1;
    printf( "Input %d numbers : ", n );
    for (i=0; i<n; i++)
        scanf("%d", &p[i] );
    /* 求和 */
    for (i=0; i<n; i++)
    {
        printf("%5d", p[i] );
        sum += p[i];
    }
    printf( "\nsum = %d\n", sum );
    free( p );    p = NULL;                          /* 释放内存 */
    return 0;
}
```

程序运行的结果如下：

```
Input size of array : 6↵
Input 6 numbers : 1357911↵
      1   3   5   7   9   11
sum = 36
```

需要说明的是，当使用 free(p) 释放所开辟的内存时，p 指针指向的一定要是原来的地址值。否则 p 的指向改变后，由于释放的内存数量不会改变，因而就会释放掉一些额外的内存空间，从而出现致命的错误。可见，在程序中要么将原来的指向用另一个指针保存，要么避免使用类似 p++ 这样的算术运算使 p 的指向改变。

10.5 字符指针和字符串操作

当一个指针定义指定的类型是"char*"时，则这样定义的指针为**字符指针**。当然，字符指针还可以定义成**字符指针数组**或**二级字符指针**，它们与字符串都有着密切的关系。字符串是 C 语言中最有用，也是最重要的数据之一，并且许多对"流"的操作也常常反映在字符串上。这些操作通常有输入、输出、拼接、复制、比较以及抽取等。

10.5.1 字符指针定义和初始化

与普通指针变量一样，在 C 语言中，定义一个**字符指针**变量（指针）的格式如下：

---
char *<指针名 1>[, *<指针名 2>, …];

例如：

```
char *str1, *str2;                    /* 字符指针 */
```

则定义的 str1 和 str2 都是字符指针变量。对于字符指针变量的初始化，可以用字符串常量或一维字符数组进行。

由于一个字符串常量也有一个地址，因而它可以赋给一个字符指针变量。例如：

```
char *p1 = "Hello";
```

或

```
char *p1;
p1 = "Hello";
```

都使得字符指针变量 p1 指向"Hello"字符串常量的内存空间。

由于一维字符数组可以存放字符串常量，此时的字符数组名就是一个指向字符串的指针常量，因此它也可用于字符指针变量的初始化或赋值操作。例如：

```
char *p1, str[] = "Hello";
p1 = str;
```

则使字符指针变量 p1 指向字符数组 str 的内存空间，而 str 存放的内容是"Hello"字符串常量，可见这种赋值实际上是使 p1 间接指向"Hello"字符串常量。

要注意，**用字符串常量和字符数组来初始化字符指针在本质上是不同的。**主要体现在：

（1）在有的编译系统中，相同字符串常量的地址可能是相同的，但相同字符串内容的两个字符数组的地址一定不同。例如：

```
char *p1, *p2;
p1 = "Hello";    p2 = "Hello";
```

由于字符指针 p1 和 p2 指向的是同一个字符串变量，因此它们的地址值在有的编译系统（如 Visual C++）中是相同的。正因为如此，许多操作系统允许用一个字符串常量来标识一个内存块。但如果：

```
char *p1, *p2;
char str1[] = "Hello",   str2[] = "Hello";
p1 = str1;   p2 = str2;
```

则虽字符指针 p1 和 p2 间接指向的是同一个字符串变量，但它们的地址值一定是不同的。因为它们指向的字符数组的空间地址不一样。

（2）在大多数编译系统（如 Visual C++）中，字符串常量所在的是**常量区**，其内存空间的内容在程序运行时是**不可修改的。**而字符数组的内存空间的内容是可修改的。例如，若

```
char str[80], *p1 = str;
scanf("%s", p1);            /* 合法 */
printf("%s\n", p1);         /* 合法 */
```

但

```
char *p1 = "Hello";
scanf("%s", p1);            /* 语句 A：合法，但在 Visual C++中会使程序异常终止*/
printf("%s\n", p1);         /* 合法 */
```

这里 p1 指向"Hello"所在的常量内存区。由于该内存空间的内容不可在程序运行中修改，因此语句 A 虽在编译时是合法的，但运行时它会试图修改常量区的内容，这是不允许

的，从而造成程序异常终止。

10.5.2 字符指针的使用

字符指针一旦初始化或赋初值后，就可在程序中使用它了，并且以前讨论过的指针操作都可以用于字符指针。例如，下面的示例是将一个字符串逆序输出。

【例 Ex_StrInv.c】 字符串逆序输出

```c
#include <stdio.h>
int main()
{
    char *p1 = "ABCDEFG", *p2 = p1;
    while (*p1 != '\0') p1++;              /* 将指针指向到字符常量的最后的结束符 */
    while (p2<=p1--)
        printf("%c", *p1);
    printf("\n");
    return 0;
}
```

程序中，为了使字符串逆序输出，首先将 p1 指向字符串常量最后的结束符，然后从后往前移动，直到它移到字符串常量的首地址，指针 p2 的作用是用来保存这个首地址，程序运行的结果如下：

GFEDCBA

10.5.3 字符指针数组和多级字符指针

当某个字符数组被定义为指针类型时，则称这样的数组为**字符指针数组**。由于字符指针数组中的每个元素都是一个字符指针变量，因而字符指针数组特别适合于多个字符串的操作。例如：下面的示例是将多个字符串按从小到大的次序排序。

【例 Ex_StrSort.c】 字符串排序

```c
#include <stdio.h>
#include <conio.h>
#include <string.h>
int   main()
{
    char *str[4] = { "China", "Jiangsu", "Nanjing", "NNU"};
    int   n = 4, k, i, j;
    char *min;
    for (i=0; i<n-1; i++)                  /* 用选择法排序 */
    {
        min = str[i];          k = i;
        for (j=i+1; j<n; j++)
            if ( strcmp( min,str[j] ) > 0 )
            {
                min = str[j];          k = j;
            }
        str[k] = str[i];          str[i] = min;
    }
    for (i=0; i<n; i++)
        printf("%s\n", str[i]);
```

```
    return 0;
}
```

程序中，strcmp 是 string.h 头文件中定义的一个标准库函数，用来判断两个字符串的大小（此函数的具体用法下面还会进一步讨论）。程序运行的结果如下：

```
China
Jiangsu
NNU
Nanjing
```

需要说明的是，代码中的赋值语句"min = str[i];"和"str[k] = str[i];"等都不是对它们的字符串内容进行赋值，而是字符指针赋值，也就是改变字符指针变量原来的指向。可见用字符指针数组进行排序的速度要比二维字符数组快得多。

若多级指针的类型是字符型的话，则定义的就是**多级字符指针**。多级字符指针的含义与以前讨论的多级指针是一样的。这里给出一个示例，注意字符指针、字符指针数组和二级字符指针的用法及区别。

【例 Ex_StrPP.c】　求最长的字符串

```c
#include <stdio.h>
#include <conio.h>
#include <string.h>
int    main()
{
    char *str[] = { "China", "Jiangsu", "Nanjing", "NNU"};
    char *max, **pStr = str;
    max = *pStr;                              /* 设最初最长的字符串为第 0 个字符串 */
    while ( pStr <= &str[3] )
    {
        printf("%X : %s\n", *pStr, *pStr );
        if (strlen(max)<strlen(*pStr))
            max = *pStr;
        pStr++;
    }
    printf("MAX = %X : %s\n", max, max );
    return 0;
}
```

代码中，strlen 是 string.h 中定义的一个库函数，用来获取一个字符串中的字符个数，即字符串的长度。开始时，pStr 指向 str[0]，while 语句的判断条件是 pStr 的指向位置（地址值）要小于或等于最后一个字符指针元素 str[3]所在内存空间的首地址值，如图 10.5 所示，于是就能遍历到所有的字符串。

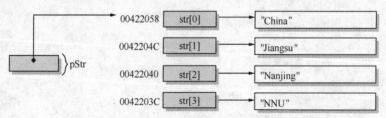

图 10.5　二级字符指针、字符指针数级和字符串的关系

程序运行的结果如下：

```
422058:    China
42204C:    Jiangsu
422040:    Nanjing
42203C:    NNU
MAX = 42204C : Jiangsu
```

10.5.4 字符串的输入

在程序中对字符串进行操作时，字符串本身要有足够的内存空间来存放。当在程序中输入字符串时，一定要先为读入的字符串开辟内存空间，然后才能使用 C 语言中的库函数 scanf 和 gets 来读取。

1．创建存储空间

在 C 语言中，字符串以 "\0" 为结束符，计算机本身在计算字符串长度时不会对其所占用的内存空间进行计算。例如：

```
char *name;
scanf("%s", name);
```

多数时候，上述代码都能通过编译。但是想过没有？name 字符指针没有初始化，其指向是不确定的，又怎么能将 scanf 读取的键盘输入字符串存入呢？显然，上述代码运行后，多数情况是会产生致命错误的。正确的方法是

```
char *name = (char *)malloc( 80 );        /* 动态开辟 80 字节的内存 */
scanf("%s", name);
…
free(name);
name = NULL;                              /* 用完要及时释放 */
```

或者

```
char str[80], *name = str;                /* name 指向数组空间 */
scanf("%s", name);
```

或者

```
char str[80];                            /* 直接使用字符数组来存放 */
scanf("%s", str);
```

可见，在为字符串开辟内存时，可以有两种方法：一种方法是使用字符数组，另一种方法是使用字符指针，并使之指向数组空间或动态开辟的内存空间。需要说明的是，无论采用什么方法，其开辟的内存空间的大小至少应是字符串中字符个数+1，因为字符串末尾还有一个结束符 "\0"。

2．scanf 函数

scanf 函数是以前经常使用的一个标准输入库函数，当输入字符串时，只要在格式字串中使用格式控制符%s 即可，与%s 对应的可以是字符数组的数组名或是指向一个可写的明确的内存空间的字符指针名。例如：

```
char str[100];
scanf("%s",str);
printf("%s\n",str);
```

程序运行到 scanf 语句后，假如输入 hello 并按 Enter 键，则 hello 这 5 个字符将被保存到 str[0]至 str[4] 5 个数组元素中，并且 "\0" 被写到 str[5]中。但使用 scanf 语句有一些不

足，例如，当遇到空格时，scanf 的输入操作会因为将空格视为数据域的分隔符而中止。显然，无法使用 scanf 输入一个包含空格的字符串。例如，如果上面的例子中，输入 hello world，保存到 str 数组里的将只有 hello，而不是完整的字符串 hello world。

使用 scanf 的最大好处是可以连续输入多个字符串。输入时，字符串之间要用空格分隔。例如：

```
char s1[100],s2[100],*s3 = (char *)malloc(100);
scanf("%s%s%s",s1,s2,s3);
…
free(s3);    s3 = NULL;
```

如果输入 how are you 并按 Enter 键，字符数组 s1 中将存放 how，s2 中存放 are，而字符指针 s3 指向的内存空间中存放 you。

3. gets 函数

gets 函数也是 stdio.h 头文件中定义的一个库函数。与 scanf 函数不同的是，gets 函数可以接受输入包含空格的完整字符串（句子），其函数原型如下：

char   * gets(char *s);

从原型可以看出，gets 函数可以有两种方法获取用户键盘输入：

（1）通过参数 s 来获取。若调用时指定的实参是字符数组名或指向一个可写的明确的内存空间的字符指针名时，则会将输入的字符串保存到相应的内存空间，如果接收到回车符则返回，并在字符串的末尾加上字符串结束符'\0'。例如：

```
char str[100];
gets(str);
printf("%s\n",str);
```

如果输入 how are you 并按 Enter 键，则 how are you 这些字符将被保存在 str 里，并在 printf 语句中输出。

（2）通过 gets 函数所返回的字符指针来获取。例如：

```
char str[100], *ptr;
ptr = gets(str);
printf("%s\n", ptr);
```

如果输入 how are you 并按 Enter 键后，printf 语句输出的就是输入的字符串。事实上，gets 的参数是输入字符串的内存空间的保证，而返回的字符指针就指向参数指定的内存空间。在实际应用时，若由于种种原因而导致输入失败，则 gets 返回的字符指针为 NULL（空指针），也就是说，可以通过判断 gets 返回的字符指针是否为 NULL 来确定输入或读取是否有效！

最后再次强调：无论是使用 scanf 还是 gets，存放输入字符串的内存空间一定要足够大，否则将因改写未知内存单元而可能导致程序异常中断。例如下面的代码：

```
char s[3];
gets(s);
```

如果在输入时输入字符串 hello，那么 scanf 和 gets 都不会检查字符数组定义的大小，而是将 hello 和 "\0" 这 6 个字符写入以 s 在内存中的起始地址为开始的 6 个内存单元中。由于数组 s 只有 3 个内存单元，那么后面的相邻 3 个内存单元也会被写入，因而可能导致错误。

10.5.5　字符串的输出

在 C 语言中，常用的字符串输出函数有 printf 和 puts，它们都是 stdio.h 头文件中定义的标准库函数。

1．printf 函数

使用 printf 函数输出字符串时可以使用%c 或%s 格式符。当使用%c 格式符时，利用循环可逐个输出字符串中的字符，例如：

```
char str[] = "loop output";
int i;
for( i=0; str[i]!='\0'; i++)      printf("%c",str[i]);
```

显然，这种使用方式需要利用字符串结束符'\0'来作为循环终止的条件，打印字符串中的所有字符。

当 printf 函数使用格式控制符%s 输出字符串时，要注意与%s 匹配的应是字符数组名、字符串常量或指向字符串的字符指针。总之，它们都是包含字符串内容的内存空间的地址值。例如：

```
char str[]="string output", *ptr = str;
printf("%s",str);                    /* 匹配字符数组名 */
printf("%s","string output ");       /* 匹配字符常量 */
printf("%s",ptr);                    /* 匹配字符指针 */
```

2．puts 函数

puts 函数的用法比较简单，它的原型如下：

```
int    puts(const char *s);
```

其中，"const char *"表示字符指针所指向的内存空间的内容不可修改，这就限定了函数地址传递的内容改变的功能。也就是说，实参内存空间的内容无法在该函数中被修改。具体调用时，其实参可以是字符数组名、字符串常量或字符指针等。例如：

```
#define   DEF   "string output"
const char * pstr = "string output";
char str[]="string output";
puts(DEF);
puts(pstr);
puts(str);
puts(&str[2]);                        /* 输出 ring output */
```

都是 puts 函数的合法调用。函数 puts 调用成功后，会返回一个非负数，否则返回"EOF"。EOF 是一个预定义的标识符，它在 stdio.h 文件中有如下定义：

```
#define   EOF       (−1)
```

总之，printf 和 puts 都可以将字符数组、字符串常量和字符指针所包含的字符串内容输出。但需要说明的是，不要试图输出一个没有字符串结束符'\0'的字符数组。例如，下面是**错误**的代码：

```
char str[]={'h','e','l','l','o'};
printf("%s",str);
puts(str);
```

由于字符数组 str 中没有'\0'，printf 和 puts 会在输出 hello 以后，继续遍历后续的内存单元，直到遇到 0 为止。这样的代码会导致不确定的字符输出。

10.5.6　字符串处理函数

对字符串的处理主要有拼接、复制、比较等，这些 C 语言函数主要在 string.h 头文件中定义，下面分别介绍。

1. strcat 和 strncat

函数名 strcat 是"string（字符串）catenate（连接）"的简写，其作用是将两个字符串连接起来，形成一个新的字符串。它的函数原型如下：

```
char *strcat(char *dest, const char *src);
```

其功能是将第 2 个参数 src 指定的字符串连接到由第 1 个参数 dest 指定的字符串的末尾，连接成新的字符串由参数 dest 返回。函数成功调用后，返回指向 dest 内存空间的指针，否则返回空指针 NULL。例如：

```
char s1[50] = "good⌴";
char s2[] = "morning";
strcat(s1,s2);
printf("%s",s1);
```

结果输出"good⌴morning"。需要说明：

（1）由于 str 开头的库函数名都是在 string.h 头文件中定义的，因而在程序中要添加该头文件的包含预处理命令。

（2）dest 指向的内存空间必须足够大，且是可写的，以便能存储连接好的新的字符串。这就是说，dest 位置处的实参不能是字符串常量，也不能是 const 字符指针。

（3）尽管 dest 和 scr 指定的字符串都有'\0'，但连接的时候，dest 字符串后面的'\0'被清除，这样连接后的新字符串只有末尾仍保留'\0'结束符。

（4）在 string.h 头文件中，还有一个 strncat 函数，其作用也是连接两个字符串，其函数原型如下：

```
char *strncat(char *dest, const char *src, size_t maxlen);
```

只不过，它还限定了连接到 dest 的字符串 src 的最大字符个数 maxlen。若字符串 src 字符个数小于或等于 maxlen，则等同于 strcat。若字符串 src 字符个数大于 maxlen，则只有字符串 src 的前 maxlen 个字符被连接到 dest 字符串末尾。例如：

```
char s1[50] = "good⌴";
char s2[] = "morning";              /* 7 个字符 */
strncat(s1,s2, 3);
printf("%s",s1);
```

则输出结果为"good⌴mor"。

2. strcpy 和 strncpy

string.h 头文件中定义的函数 strcpy 是"string copy（字符串复制）"的简写，用于字符串的"赋值"。其函数原型如下：

```
char *strcpy(char *dest, const char *src);
```

其功能是将第 2 个参数 src 指定的字符串复制到由第 1 个参数 dest 指定的内存空间中，包括结尾的字符串结束符'\0'。复制后的字符串由参数 dest 返回。函数成功调用后，返回指向 dest 内存空间的指针，否则返回空指针 NULL。例如：

```
char s1[50];
char s2[]="word";
strcpy(s1,s2);
printf("%s",s1);
```

结果输出"word"，说明 strcpy 已经将 s2 中的字符串复制到了 s1 中。需要说明：

（1）复制是内存空间的写入操作，需要 dest 所指向的内存空间足够大，且内存空间是可写入的，以便能容纳被复制的字符串 src。要注意，dest 所指向的内存空间的大小至少是 scr 的字符个数+1，因为末尾还有一个结束符'\0'。例如，下面代码的错误比较隐蔽：

```
char s2[]="ABC";
char s1[3];
strcpy(s1,s2);
printf("%s",s1);
```

表面上看 s2 只有 3 个字符，s1 定义长度为 3 就够了。但是 strcpy 的执行过程是将字符串结束符也一起复制过去的，可见 s1 的长度应该至少定义为 4。

（2）不要试图通过指针的指向改变来复制字符串。例如，下面的代码都不是复制：

```
char s2[]="ABC";
char s1[10], *pstr;
s1 = s2;              /* 错误：s1 是指针常量，不能作为左值 */
pstr = s1;            /* pstr 指向 s1 内存空间 */
pstr = s2;            /* pstr 指向 s2 内存空间 */
printf("%s", pstr);
```

虽然输出的结果也是 ABC，看似复制成功，但事实上只是 pstr 指向 s2 内存空间，并非 s1 的内存空间的内容是字符串"ABC"。

（3）可以使用 strncpy 函数来限制被复制的字符串 src 的字符个数。strncpy 函数原型如下：

```
char *strncpy(char *dest, const char *src, size_t maxlen);
```

其中，maxlen 用来指定被复制字符串 src 的最大字符个数（不含结束符'\0'）。若字符串中 src 字符个数小于或等于 maxlen，则等同于 strcpy。若字符串 src 中字符个数大于 maxlen，则只有字符串 src 的前 maxlen 个字符连同结束符"\0"被复制到 dest 指定的内存空间中。例如：

```
char s1[50];
char s2[]="word";
strncpy(s1,s2, 2);
printf("%s",s1);
```

结果输出"wo"。

3. strcmp 和 strncmp

string.h 头文件中定义的函数 strcmp 是"string compare（字符串比较）"的简写，用于两个字符串的"比较"。其函数原型如下：

```
int   strcmp(const char *s1, const char *s2);
```

其功能是：如果字符串 s1 和字符串 s2 完全相等，则函数返回 0；如果字符串 s1 大于字符串 s2，则函数返回一个正整数；如果字符串 s1 小于字符串 s2，则函数返回一个负整数。

在 strcmp 函数中，字符串比较的规则是：将两个字符串从左至右逐个字符按照 ASCII 码值的大小进行比较，直到发现 ASCII 码值不相等的字符或遇到'\0'为止。如果所有字符的 ASCII 码值都相等，则这两个字符串相等。如果出现了不相等的字符，以第一个不相等字符的 ASCII 码值比较结果为准。例如，字符串"these"和"that"的比较过程如图 10.6 所示。

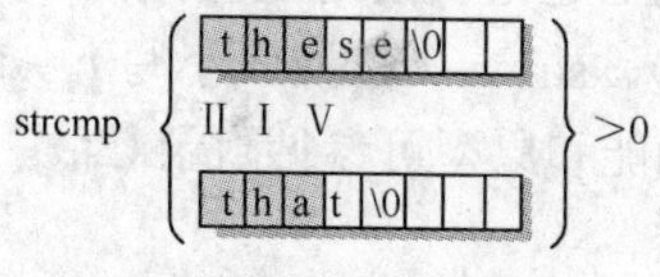

图 10.6   strcmp 比较规则

下面的代码用来输入两个字符串，比较它们的大小并输出结果。

【例 Ex_Strcmp.c】　字符串比较

```c
#include <stdio.h>
#include <conio.h>
#include <string.h>
int main()
{
        char s1[100],s2[100];
        int i;
        scanf("%s%s",s1,s2);
        i = strcmp(s1,s2);
        if( i == 0)
                printf("%s == %s\n", s1, s2 );
        else if( i > 0 )
                printf("%s > %s\n", s1, s2 );
        else
                printf("%s < %s\n", s1, s2 );
        return 0;
}
```

程序运行的结果如下：

these that↵
these > that

需要说明：

（1）在字符串比较操作中，不能直接使用"关系运算符"来比较两个字符数组名、字符串常量或字符指针来决定字符串本身是否相等。例如：

```c
char s1[100], s2[100];
scanf("%s%s",s1,s2);
if( s1 == s2 ) printf("same!");
```

这种比较只是比较 s1 和 s2 所在的内存空间的首地址，并非是字符串内容的比较。

（2）可以使用 strncmp 函数来限制两个字符串比较的字符个数。strncmp 函数原型如下：

int　　strncmp(const char ∗s1, const char ∗s2, size_t maxlen);

其中，maxlen 用来指定两个字符串比较的最大字符个数。若字符串 s1 或 s2 中任一字符串的字符个数小于或等于 maxlen，则等同于 strcmp。若字符串 s1 和 s2 中字符个数都大于maxlen，则参与比较的是前 maxlen 个字符。例如：

```c
char s1[] = "these";
char s2[] = "that";
int i = strncmp(s1,s2, 2);
printf("%d\n",i);
```

结果输出为 0，因为 s1 和 s2 字符串的前两个字符是相等的。

事实上，字符串操作还不止上述论及的这些库函数，string.h 头文件中定义的还有许多，例如 strlen（求字符串长度）、strlwr（转换成小写）、strupr（转换成大写）以及 strstr（查找子串）等。这些库函数的功能和原型可参见附录 C。

10.6 综合实例：josephus 问题

josephus 问题是说：一群 n 个小孩围成一圈，任意假定一个数 m，从第 s 个小孩起按顺时针方向从 1 开始报数，当报到 m 时，该小孩便离开，然后继续向后重新以 1 开始报数。这样，小孩不断离开，圈子不断缩小。最后剩下的一个小孩便是胜利者，那么究竟胜利者是原来第几个小孩呢？

根据题意，可定义一个函数，然后按下列步骤进行：

（1）根据小孩数 n 定义一个动态数组，即用 malloc, calloc 或 realloc 来分配内存空间；

（2）对每一个小孩赋以标识值来作为小孩离开（值为 0）和不离开（值为 1）的标志；

（3）用指针变量指向第 s 个小孩，并用 i 来计数，当 i 等于 m 时，该小孩离开圈子，此时将该小孩的值置为 0（作为离开的标志）；

（4）将指针变量指向下一个值不为 0 的小孩，i 重新计数，当 i 等于 m 时，该小孩离开圈子，再将该小孩的值置为 0，如此反复，直到剩下最后一个小孩；

（5）查找值不为 0 的那个小孩，然后将其序号值返回；

（6）释放由 malloc, calloc 或 realloc 分配的内存空间。

按上述分析和步骤，可有下列程序。

【例 Ex_Jos.c】 Josephus 问题解答

```c
#include <stdio.h>
#include <conio.h>
#include <stdlib.h>
int josephus(int n, int m, int s);
int main()
{
printf("Winner is NO.  %d\n", josephus( 10, 8, 1 ) );
printf("Winner is NO.  %d\n", josephus( 10, 2, 1 ) );
return 0;
}
/* 序号从 1 到 n */
int josephus(int n, int m, int s)
{
    int       win;                          /* 最后胜利者的序号 */
    int       *boy, *p, num = n;
    int       i;                            /* 计数 */
    int       k;                            /* 循环变量 */
    if ((s>n)||(s<1))
    {
        printf("%d is out of range!\n", s);
        return -1;
    }
    /* 分配内存 */
    boy = (int *)malloc( n * sizeof( int ) );       /* 保留开辟内存的初始地址 */
    for ( k=1; k<=n; k++)  boy[k-1] = 1;            /* 设初始的标识值都是 1 */
    p = boy+s-1;      i = 0;                        /* p 指向第 s 个孩子 */
    while ( num>1 )                                 /* 只有一个孩子时，循环终止 */
    {
```

```
        if (*p) i++;                            /* 值不为 0, 计数 */
        if (i==m)                               /* 报到 m 时 */
        {
            *p = 0;                             /* 置为 0 */
            i = 0;                              /* 重新计数 */
            num--;                              /* 小孩数减 1 */
        }
        p++;                                    /* 指向下一个孩子, 向后报数 */
        if (p>boy+n-1)   p = boy;
        /* 当指向最后一个元素之后时要回到第 0 个元素 */
    }
    /* 查找胜利者 */
    for ( k=1; k<=n; k++)
        if ( 0 != boy[k-1])
        {
            win = k;           break;
        }
    free(boy);                                  /* 释放内存 */
    return win;                                 /* 返回胜利者的位置序号 */
}
```

程序运行的结果如下:

> **Winner is NO. 1**
>
> **Winner is NO. 5**

总之, 指针是 C 语言最重要的特点之一。若能正确理解指针的指向和内存空间的概念, 掌握指针的算术运算、关系运算以及[ ], &, *运算符的含义, 则可灵活地使用指针了。需要说明的是, 指针最突出的应用是实现基于动态内存的数据结构, 在以后讨论到链表结构时还会进一步强调。另外, 使用指针还可以更好地操作字符串, 字符串是 C 语言中最有用, 也是最重要的数据类型之一, 它可以有字符串常量的直接形式, 也可以有字符数组、字符指针的内存空间形式。字符串也是程序中操作最多的数据, 常见的操作有拼接、复制以及比较等, 这些操作都可以使用相应的库函数或自定义函数来实现。当然, 前文介绍的数据类型还不能描述更为复杂的数据, 这就需要复杂类型的构造, 结构和联合等都是 C 语言中常用的类型构造手段, 下一章将讨论。

习题 10

一、选择题

1. 若有说明 "int *p,m=5,n;", 则以下程序段正确的是 (   )。

    A. p=&n ;   B. p = &n ;
       scanf("%d",&p);   scanf("%d",*p);

    C. scanf("%d",&n);   D. p = &n ;
       *p=n ;   *p = m ;

2. 若有程序段 "int a[2][3],(*p)[3]; p=a;", 则对 a 数组元素的引用正确的是 (   )。

    A. (p+1)[0]   B. *(*(p+2)+1)   C. *(p[1]+1)   D. p[1]+2

3. 以下正确的是（　　）。

    A．int *b[]={1,3,5,7,9} ;

    B．int a[5],*num[5]={&a[0],&a[1],&a[2],&a[3],&a[4]};

    C．int a[]={1,3,5,7,9}; int *num[5]={a[0],a[1],a[2],a[3],a[4]};

    D．int a[3][4],(*num)[4]; num[1]=&a[1][3];

4. 若有定义"int x[10]={0,1,2,3,4,5,6,7,8,9},*p1;"，则数值不为 3 的表达式是（　　）。

    A．x[3]   B．p1=x+3,*p1++

    C．p1=x+2,*(p1++)   D．p1=x+2,*++p1

5. 下面程序段的输出是（　　）。

    int a[ ]={2,4,6,8,10,12,14,16,18,20,22,24},*q[4],k;

    for (k=01 k<4; k++) q[k]=&a[k*3];

    printf("%d\n",q[3][0]);

    A．8   B．16   C．20   D．输出不合法

6. 若有定义"int a[4][6];"，则能正确表示 a 数组中任一元素 a[i][j]地址的表达式（　　）。

    A．&a[0][0]+6*i+j   B．&a[0][0]+4*j+i

    C．&a[0][0]+4*i+j   D．&a[0][0]+6*j+i

7. 下面程序的运行结果是（　　）。

```
main ( )
{
        int x[5]={2,4,6,8,10}, *p, **pp ;
        p=x , pp = &p ;
        printf("%d",*(p++));
        printf("%3d",**pp);
}
```

    A．4　4   B．2　4   C．2　2   D．4　6

8. 若有定义"int x[4][3]={1,2,3,4,5,6,7,8,9,10,11,12}; int (*p)[3]=x;"，则能够正确表示数组元素 x[1][2]的表达式是（　　）。

    A．*((*p+1)[2])   B．(*p+1)+2

    C．*(*(p+5))   D．*(*(p+1)+2)

9. 若指针 p 已正确定义，要使 p 指向两个连续的 ANSI C 整型动态存储单元，下列语句不正确的是（　　）。

    A．p = 2 * (int *)malloc(sizeof(int));   B．p = (int *)malloc(2 * sizeof(int));

    C．p = (int *)malloc(2 * 2);   D．p = (int *)calloc(2, sizeof(int));

二、计算和编程题

1. 已知 int　d=5, *pd=&d, b=3; 求下列表达式的值。

    A．*pd*b   B．++*pd−b   C．*pd++   D．++(*pd)

2. 用指针作为函数的参数，设计一个实现两个参数交换的函数。然后使用该函数来实现：输入 3 个实数，按升序排序后输出。

3. 编写函数"void fun(int *a, int *n, int pos, int x);"，其功能是将 x 值插入到指针 a 所指向的一维数组中，其中指针 n 用来指定数组元素个数，pos 用来指定插入位置的下标。编写完整的程序并测试。

4．编写函数"int find(int *data, int n, int x);"，其功能是在 data 所指向的一维数组中查找值为 x 的元素，若找到，则函数返回该元素的下标，若找不到，则函数返回–1。其中 n 用来指定数组元素个数。编写完整的程序并测试。

5．设计一个函数，用来实现 4×4 矩阵的转置。编写完整的程序并测试。

6．编写程序测试堆内存的容量：每次申请一个数组，内含 100 个整数，直到分配失败，并输出堆容量报告。

7．由 17 个围成一个圈，编号为 1～17，从第 1 号开始报数，报到 3 的倍数的人离开，一直数下去，直到最后只剩下 1 人。求此人的编号。

8．下面函数的功能是从输入的 10 个字符串中找出最大的那个串，请填空使程序完整。

```
void fun(char str[10][81],char **sp)
{
        int i;
        *sp = _____;
        for (i=1; i<10; i++)
                if (strlen (*sp)<strlen(str[i]))        _____;
}
```

9．下面函数的功能是统计子串 substr 在母串 str 中出现的次数，请填空使程序完整。

```
int count(char *str, char *substr)
{
        int i,j,k,num=0;
        for ( i=0;_____; i++)
                for (_____, k=0; substr[k]==str[j]; k++; j++)
                        if (substr [_____]== '\0')
                        {
                                num++ ; break ;
                        }
        return (num) ;
}
```

10．下面函数的功能是用递归法将一个整数存放到一个字符数组中，存放时按逆序存放，如"483"存放成"384"，请填空使程序完整。

```
void convert(char *a, int n)
{
        int i ;
        if ((i=n/10)!=0) convert(_____,i);
        *a = _____;
}
```

11．下面函数的功能是将两个字符串 s1 和 s2 连接起来，请填空使程序完整。

```
void conj(char *s1,char *s2)
{
        char *p=s1 ;
        while (*s1) _____;
        while (*s2) { *s1= _____; s1++,s2++; }
        *s1='\0' ;
        _____;
}
```

第11章 结构、联合和枚举

程序中所描述的数据往往来源于日常生活，比如一个学生有多门课程成绩，此时用一维数组来组织数据即可满足需要。若是多个学生有多门课程成绩，则此时用二维数组来组织仍可满足，但若还有每门课程的学分数据，则用三维数组就无法反映其对应关系了。事实上，可将数据这个概念拓展为**信息**，每条信息看做一条**记录**。显然，对记录的描述就不能用简单的一维或多维数组来组织了，而应该使用 C 语言的**结构**类型来构成。**结构**是 C 语言的构造数据类型，类似的还有**联合**、**枚举**等。

11.1 结构类型

在实际问题中，一组数据往往具有不同的数据类型。例如，在学生登记表中，姓名应为字符型；学号可为整型或字符型；年龄应为整型；性别应为字符型；成绩可为整型或实型。显然，不能简单地用一个数组来存放这一组数据。因为数组中各元素的类型和长度都必须一致，以便于编译系统处理。为了解决上述问题，C 语言中给出了另一种构造数据类型——**结构**，用来描述由多个数据成员变量组成的整体，每个数据成员变量的数据类型可以各不相同。

11.1.1 结构类型声明

结构既然是一种"构造"而成的数据类型，那么在使用之前必须先定义它，也就是构造它，如同在调用函数之前要先定义函数一样。

在 C 语言中，结构类型的声明可按下列格式进行：

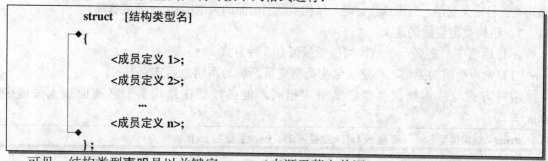

```
struct    [结构类型名]
{
    <成员定义1>;
    <成员定义2>;
        ...
    <成员定义n>;
};
```

可见，结构类型**声明**是以关键字 struct（来源于英文单词 structure，译意为"结构"）开始的，接着是**结构类型名**，然后是由一对花括号"{}"构成的**结构体**，结构体中包含了各个成员的定义，最后用**分号**"；"来结束结构类型声明（**最后的分号"；"不能漏掉**）。

需要说明：

（1）**结构类型名**应是一个有效的、合法的 C 语言标识符。在实际应用时，为了与其他数据类型相区别，往往将结构类型名用**大写**的标识符来表示。

（2）结构体中的每个成员都必须通过**成员定义**来确定其**数据类型**和**成员名**。每个成员的数据类型既可以是基本数据类型，也可以是其他已声明的合法的数据类型，甚至是一个已声明的结构类型。

（3）ANSI C 语言规定了结构体中的成员不可以是函数，也不可以是常量，只能是变量。正因为如此，结构体中的成员又称为**成员变量**。由于变量是用来存取数据的，因而又可将成员变量称为**数据成员**。在结构体中，成员变量的形式可以是普通变量，也可以是数组或指针变量。

（4）结构类型的声明仅仅是一个数据类型的说明，编译器不会为其分配内存空间，只有当用结构类型定义变量时，编译器才会为这种变量分配内存空间。

例如，若声明的学生成绩结构类型为

```
struct   STUDENT
{
    int       no;                    /* 学号 */
    float     score[3];              /* 3 门课程成绩 */
    float     edit[3];               /* 3 门课程的学分 */
    float     total, ave;            /* 总成绩和平均成绩 */
    float     alledit;               /* 总学分 */
};                                   /* 分号不能漏掉 */
```

则结构体中的 no（学号）、score[3]（3 门课程成绩）、edit[3]（3 门课程的学分）、total（总成绩）、ave（平均成绩）和 alledit（总学分）等都是合法的成员定义。从中可以看出：在结构体中，成员定义与一般变量定义规则相同。并且，若成员变量的数据类型相同，还可写在一行定义语句中，如成员 total 和 ave 的定义。

11.1.2 结构类型变量的定义

一旦在程序中声明了一个结构类型，就为程序增添了一种新的数据类型，也就可以用这种自定义的数据类型定义该结构类型的变量了。这一点与以前的数组类型不一样，数组名不是类型名。正因为如此，不同的结构名表示不同的类型，而不管成员是否相同。例如，对于上述的STUDENT 来说，即使再声明一个结构类型 PERSON，其成员变量与 STUDENT 完全相同，它们也是两个不同的结构类型。但为了区分结构类型名与基本类型名的不同，C 语言规定：当用结构类型名定义变量、数组或指针时，结构类型名前面的关键字 struct **不能省略**。

1. 结构类型变量的定义

在 C 语言中，定义一个结构类型变量可有 3 种方式。

（1）先声明结构类型，再定义结构类型变量，称为**声明之后定义**方式。

这种方式与基本数据类型定义格式相同，但必须要在结构类型名前面加上关键字struct，即

> **struct** <结构类型名>   <变量名 1>[, <变量名 2>, … <变量名 n>];

例如：

```
struct   STUDENT
{
    int       no;                    /* 学号 */
    float     score[3];              /* 3 门课程成绩 */
    float     edit[3];               /* 3 门课程的学分 */
    float     total, ave;            /* 总成绩和平均成绩 */
    float     alledit;               /* 总学分 */
};
struct   STUDENT   stu1, stu2;
```

一旦定义了结构类型变量，编译器就会为其分配相应的内存空间，其内存空间的大小就是声明时指定的各个成员所占的内存空间大小之和，即 sizeof(stu1) = sizeof(stu2) = sizeof（STUDENT）= 38 字节（ANSI C 的结果），具体分配的内存单元如表 11.1 所示。这样，stu1 和 stu2 均占有 38 字节的内存空间。

表 11.1　STUDENT 内存单元分配

成　员	内存单元数（单位：字节）	成　员	内存单元数（单位：字节）
No	2（ANSI C）	total	4
score[3]	3×4 = 12	ave	4
edit[3]	3×4 = 12	alledit	4

（2）在结构类型声明的同时定义结构类型变量，称为**声明之时定义**方式。

这种方式是将结构类型的声明和变量的定义同时进行。在格式上，被定义的结构类型变量名应写在最后的花括号和分号之间，多个变量名之间要用逗号隔开。例如：

```
struct  STUDENT
{   …
} stu1, stu2;                              /* 定义结构类型变量 */
```

（3）在声明结构类型时，省略结构类型名，直接定义结构类型变量。

由于这种方式一般只用于程序不再使用该结构类型的场合，因此称这方式为**一次性定义**方式。例如：

```
struct   {
…
} stu1, stu2;                              /* 定义结构类型变量 */
```

此时应将左花括号"{"和关键字 struct 写在一行上，以便与其他方式相区别，这样也增加了程序的可读性。

事实上，结构类型常用于比较大的程序中，为了使声明的结构类型可被其他程序共享，往往将结构类型的声明存放在头文件中，程序要使用它时只需用包含命令将该头文件包含进来即可。可见，结构类型变量的定义**推荐用第一种方式**，即声明之后定义方式。

2．结构类型变量的初始化

与一般变量和数组一样，结构类型变量也允许在定义的同时赋初值，即结构类型变量的初始化，其一般形式是在定义的结构类型变量后面加上"= {<初值列表>};"。例如：

```
struct STUDENT   stu1 = {1001, 90, 95, 75, 3, 2, 2};
```

此条语句将花括号中的初值按其成员变量定义的顺序依次给成员变量赋初值，也就是说，此时 stu1 中的 no = 1001, score[0] = 90, score[1] = 95, score[2] = 75, edit[0] = 3, edit[1] = 2, edit[2] = 2。其他未指定的成员变量的初值，大多数编译器（如 Visual C++ 6.0）将它们默认为 0（对于整型变量）或 0.0（对于实型变量）。

需要说明的是，可以在上述 stu1 的初值列表中，适当地增加一些花括号，以增强可读性，例如，stu1 的成员 score 和 edit 都是一维数组，可以这样初始化：

```
struct STUDENT   stu1 = {1001, {90, 95, 75}, {3, 2, 2}};
```

此时初值中的花括号仅起分隔作用。但若是对结构类型数组进行初始化时，则不能这么做（后面会讨论）。

前面已提及，结构类型中的成员的数据类型还可以是另一个已定义的结构类型，例如：

```
struct POINT
{
```

```
                int x,   y;
        };
        struct RECT
        {
                struct POINT      ptLeftTop;                    /* 使用已定义过的结构类型 POINT */
                int               nWidth;
                int               nHeight;
        };
```

此时对 struct RECT 变量初始化时，可使用花括号来增强其可读性。例如：
```
        struct RECT   rc1 = {{20, 30}, 100, 80};               /* 里面的花括号增强可读性 */
```
若还有：
```
        struct AREA
        {
                struct POINT      pt;                          /* 使用已定义过的结构类型 POINT */
                struct RECT       rc;                          /* 使用已定义过的结构类型 RECT */
        };
```
则可有下列 AREA 变量初始化的形式：
```
        struct AREA   a1 = {{10,10}, {{20, 30}, 100, 80}};/* 里面的花括号增强可读性*/
```

11.1.3　结构类型变量的引用

当一个结构类型变量定义之后，就可引用这个变量了。使用时，应遵循下列规则：

（1）只能引用结构类型变量中的成员变量，并使用下列格式：

<结构类型变量名>.<成员变量名>

其中，"．"是成员运算符，它和"()"、"[ ]"等运算符一样，优先级都是最高的。引用时，先写类型变量名，接着写成员运算符"．"，然后再写要引用的成员变量名。例如：
```
        struct POINT
        {     int x,   y;
        } spot = {20, 30};
        printf("%d, %d\n", spot.x, spot.y );
```
则 spot. x 和 spot. y 就是对 spot 结构变量中的成员 x 和 y 的引用。由于 spot 在初始化时，设置的初值为 20,30，即 spot 中的成员 x=20, y=30。故 printf 输出的结果是"20,30"。从引用的形式来看，spot. x 和 spot. y 各自可以看做是一个整体，可以像普通变量那样进行赋值或进行其他各种运算。

（2）若成员本身又是一个结构类型变量，则这样的成员就称为**结构成员**。引用时，还需要使用多个成员运算符进行。例如：
```
        struct RECT
        {
                struct POINT      ptLeftTop;
                struct POINT      ptRightDown;
        } rc = {{10,20},{40,50}};
```
若要引用 ptLeftTop 中的 x 和 y 数据成员，则引用的形式为 rc. ptLeftTop.x 和 rc. ptLeftTop.y。这样，若执行：
```
        printf("%d, %d\n", rc.ptLeftTop.x, rc.ptLeftTop.y );
```
则输出"10, 20"。

（3）多数情况下，同一个结构类型的多个变量之间可以直接赋值，这种赋值等效于各个成员的依次赋值。如：

```
struct POINT
{
    int x,  y;
};
struct POINT   pt1 = {10, 20};
struct POINT   pt2 = pt1;                          /* 用 pt1 直接赋给 pt2 */
printf("%d, %d\n", pt2.x, pt2.y);
```

其中，pt2 = pt1 等效于"pt2.x = pt1.x;pt2.y = pt1.y;"printf 输出的结果为"10, 20"。

（4）在结构类型中，用于表示字符串的成员应使用字符数组，而不要用字符指针，否则还要为字符指针另辟内存空间而使操作变得复杂。

11.2 结构数组和结构指针

前面已讨论过数组和指针的使用，但当时讨论的都是基本数据类型。事实上，数组和指针的数据类型还可以是自定义的结构类型。

11.2.1 定义和初始化

结构数组和结构指针变量的定义与结构变量的定义类似，它们可以用**声明之后定义、声明之时定义和一次性定义**这些方式定义。例如：

```
struct   POINT
{
    int x,  y;
};
struct   POINT   pt1[10], pt2[10][20];
struct   POINT   *ppt1, **ppt2, (*ppt3)[4], *ppt4[2];
```

则采用**声明之后定义**的方式分别定义了一维 POINT 结构数组 pt1、二维 POINT 结构数组 pt2 以及结构指针变量 ppt1、二级结构指针变量 ppt2、行结构指针变量 ppt3 和结构指针数组 ppt4。可见，这里除了数据类型是自定义的结构类型 struct POINT 外，其定义的格式均与以前讨论的一样。

同样，在定义结构类型的数组和指针的同时，也可对其进行初始化，其方法与以前讨论的基本相同，但仍有一些区别，下面分别来说明。

1. 结构数组的初始化

对于结构数组的初始化，需要说明：

（1）由于自定义的结构中包含多个成员（域），因而一个结构数组的实际含义往往就是一个二维线性表，在表中，每一行都是由结构数组元素所表示的一条记录信息。而以前所讨论的基本数据类型的数组中，只有二维数组反映一个二维线性表的含义，可见一维结构数组的初始化的形式应与二维普通数组相同。例如：

```
struct   STUDENT
{
    int        no;                            /* 学号 */
    float      score[3];                      /* 3 门课程成绩 */
    float      edit[3];                       /* 3 门课程的学分 */
```

```
float        total, ave;                    /* 总成绩和平均成绩 */
float        alledit;                        /* 总学分 */
};
struct  STUDENT   stu[3] = { {1001, 90, 95, 75, 3, 2, 2},
                            {1002, 80, 90, 78, 3, 2, 2},
                            {1003, 75, 80, 72, 3, 2, 2}};
```

此时初值中的花括号起到类似二维数组中的**行**的作用，并与二维数组初始化中的花括号的使用规则相同。这里依次将初值中的第 1 对花括号里的数值赋给元素 stu[0]中的成员，将初值中的第 2 对花括号里的数值赋给元素 stu[1]中的成员，将初值中的第 3 对花括号里的数值赋给元素 stu[2]中的成员。需要说明的是，与普通数组初始化相同，在结构数组初始化中，当成员未被指定初值时，这些成员的初值均为 0，如图 11.1 所示。

	n0	score[0]	score[1]	score[2]	ediu[0]	ediu[1]	ediu[2]	total	ave	alledit
stu[0]	1001	90	95	75	3	2	2	0	0	0	←行
stu[1]	1002	80	90	78	3	2	2	0	0	0
stu[2]	1003	75	80	72	3	2	2	0	0	0

图 11.1　一维结构数组和二维线性表的关系

（2）前面已提及，结构类型中的成员的数据类型还可以是另一个已定义的结构类型，如：
```
struct POINT
{    int x,  y;
};
struct RECT
{
        struct POINT    ptLeftTop;          /* 使用已定义过的结构类型 POINT */
        int             nWidth;
        int             nHeight;
};
```
则此时对 RECT 数组进行初始化时，可使用花括号来增强其可读性。例如：
```
struct RECT   rc[2] = {{{20, 30}, 100, 80},
                       {{10, 10}, 50, 30}};
```
在结构数组 rc 初值的花括号中，由于{20, 30}和{10, 10}和其他初值不处于同一个结构层次，因此可以加上花括号，此时的花括号还起到分层的作用。若还有：
```
struct AREA
{
        struct POINT    pt;                 /* 使用已定义过的结构类型 POINT */
        struct RECT     rc;                 /* 使用已定义过的结构类型 RECT */
};
```
则可有下列 AREA 结构数组初始化的形式：
```
struct AREA   a[2] = {  { {10,10}, {{20, 30}, 100, 80}},
                        { {20,20}, {{10, 10}, 50, 30}}};
```
（3）与一般数组相类似，结构数组在初始化时也可不指定最高维的大小，即对于一维结构数组来说可不指定其元素个数。例如：
```
struct STUDENT   stu[] =   { {1001, 90, 95, 75, 3, 2, 2},
                            {1002, 80, 90, 78, 3, 2, 2},
                            {1003, 75, 80, 72, 3, 2, 2}};
```

2. 结构指针的赋值和初始化

与基本数据类型指针变量一样，定义结构指针变量后，就可以用赋值语句将一块内存空间的首地址赋给结构指针变量，以使该结构指针变量指向该内存空间。为了使结构指针变量指向一个结构变量，可有下列初始化或赋值操作：

```
struct   POINT
{
        int x,   y;
};
struct   POINT   pt1, pt2;
struct   POINT   *p1 = &pt1;              /* 方式 1：将结构变量 pt1 的地址赋给 p1 */
p1 = (struct   POINT *)&pt2.x;            /* 方式 2：将结构变量 pt2 的成员 x 的地址赋给 p1 */
```

由于结构指针变量的值是一个内存空间的首地址，因此上述两种方式都是合法的赋值操作。但需要说明的是，对于第 2 种方式，由于 p1 指针变量的类型是 POINT，因此应通过强制类型转换使其成为合法的赋值操作。又由于 pt2 的地址和其第 1 个成员 x 的地址都等于 pt2 所对应的内存空间的首地址，因此"struct   POINT   *p2 = &pt2;"和"struct   POINT *p2 = (struct   POINT *)&pt2.x;"是等价的。

另外，结构指针变量还可以用结构数组名或数组元素的地址来赋值或初始化。例如：

```
struct   POINT   many[10], *pp;
pp = many;                               /* 等价于 "pp=&many[0];" */
```

11.2.2　结构数组元素的引用

一旦结构数组定义后，就可以在程序中引用该结构数组的元素了。由于结构数组的元素等同于一个同类型的结构变量，因此它的引用与结构变量相类似，格式如下：

> <结构数组名>[<下标表达式>].<成员>

例如，下面的示例先计算 STUDENT 结构数组中所有元素的成员 total, ave 和 alledit 的值，然后将平均成绩（成员 ave）最高的元素输出。

【例 Ex_STArr.c】　输出平均成绩最高的记录

```
#include <stdio.h>
#include <conio.h>
struct   STUDENT
{
    int      no;                         /* 学号 */
    float    score[3];                   /* 3 门课程成绩 */
    float    edit[3];                    /* 3 门课程的学分 */
    float    total, ave;                 /* 总成绩和平均成绩 */
    float    alledit;                    /* 总学分 */
};
int main()
{
    struct STUDENT     stu[] = { {1001, 60, 95, 75, 3, 2, 2},
                                 {1002, 80, 90, 78, 3, 2, 2},
                                 {1003, 75, 80, 72, 3, 2, 2}};
    int   n = sizeof(stu)/sizeof(struct STUDENT);
    /* 计算结构数组中元素的个数 */
    int   nMax = 0;                      /* 设平均成绩最高的元素下标初值为 0 */
```

```
        int i;
        /* 计算总成绩、平均成绩和总学分，同时判断平均成绩最高的元素下标  */
        for (i=0; i<n; i++)
        {
            stu[i].total   = stu[i].score[0] + stu[i].score[1] + stu[i].score[2];
            stu[i].ave    = stu[i].total/3.0f;
            stu[i].alledit = stu[i].edit[0] + stu[i].edit[1] + stu[i].edit[2];
            if (stu[i].ave > stu[nMax].ave)
                nMax = i;
        }
        /* 输出平均成绩最高的元素  */
        printf("The index of the maximal average score is:     %d\n", nMax);
        printf("NO:        %6d\n", stu[nMax].no);
        printf("SCORE: %6.2f, %6.2f, %6.2f\n",
            stu[nMax].score[0], stu[nMax].score[1], stu[nMax].score[2]);
        printf("EDIT:   %6.2f, %6.2f, %6.2f\n",
            stu[nMax].edit[0], stu[nMax].edit[1], stu[nMax].edit[2]);
        printf("TOTAL SCORE:       %6.2f\n", stu[nMax].total);
        printf("AVERAGE SCORE:     %6.2f\n", stu[nMax].ave);
        printf("TOTAL EDIT:        %6.2f\n", stu[nMax].alledit);
        getch();
        return 0;
    }
```

程序运行的结果如下：

```
The index of the maximal average score is:      1
NO:        1002
SCORE:     80.00,    90.00,    78.00
EDIT:       3.00,     2.00,     2.00
TOTAL SCORE:     248.00
AVERAGE SCORE:    82.67
TOTAL EDIT:        7.00
```

11.2.3　结构指针的成员引用

当一个指针变量指向变量时，它们有这样的等价含义：

```
    int   i,  *p = &i;
    *p = 5;                              /* 等价于 i = 5; */
```

可见，当 p 指向 i 后，"*p" 和 "i" 是等价的。同样，当一个结构指针变量指向结构变量时，它们也有这样的等价关系。例如：

```
    struct   POINT
    {    int x,  y;
    };
    struct   POINT  pt,  *p = &pt;
```

则因 p 指向 pt，因此 "*p" 和 "pt" 是等价的。也就是说，当结构变量 pt 通过 "." 运算符引用其成员时，*p 也可以。例如：

```
    (*p).x = 20;                         /* 等价于 pt.x = 20 */
```

要注意，由于成员运算符 "." 的优先级要比取值运算符 "*" 的优先级高，因此必须将 *p 用括号括起来，否则它等价于 "*(p.x)"，而不等价于 "pt.x"，且 "*(p.x)" 本身是不合法的，因为 p 是一个结构指针变量，即成员运算符 "." 的左边操作数必须是一个结构变量。

事实上，C 语言还引出了另一个成员运算符 "–>"（由减号和大于号组成，中间不能有空格）来访问结构成员，只不过该运算符的左边操作数必须是一个结构指针。例如，"p->x = 20;" 和 "(*p).x = 20;" 是两种不同的成员访问形式，但它们是等价的。

下面来看一个示例，它是在 Ex_STArr.c 的基础上进行修改的。

【例 Ex_STArrP.c】 输出平均成绩最高的记录

```c
#include <stdio.h>
#include <conio.h>
struct   STUDENT
{
    int    no;                          /* 学号 */
    float  score[3];                    /* 3 门课程成绩 */
    float  edit[3];                     /* 3 门课程的学分 */
    float  total, ave;                  /* 总成绩和平均成绩 */
    float  alledit;                     /* 总学分 */
};
int main()
{
    struct STUDENT stu[] = { {1001, 60, 95, 75, 3, 2, 2},
                             {1002, 80, 90, 78, 3, 2, 2},
                             {1003, 75, 80, 72, 3, 2, 2}};
    struct STUDENT *pStu = stu;                  /* 指向数组 stu */
    int    n = sizeof(stu)/sizeof(struct STUDENT);
    /* 计算结构数组中元素的个数 */
    int    nMax = 0;
    /* 设平均成绩最高的元素下标初值为 0    */
    int i;
    /* 计算总成绩、平均成绩和总学分，同时判断平均成绩最高的元素下标 */
    for (i=0; i<n; i++, pStu++)
    {
        (*pStu).total    = (*pStu).score[0] + (*pStu).score[1] + (*pStu).score[2];
        pStu->ave        = pStu->total/3.0f;
        pStu->alledit    = pStu->edit[0] + pStu->edit[1] + pStu->edit[2];
        if (pStu->ave > stu[nMax].ave)
            nMax = i;
    }
    /* 输出平均成绩最高的元素 */
    pStu = &stu[nMax];
    printf("The index of the maximal average score is:    %d\n", nMax);
    printf("NO:    %6d\n", (*pStu).no);
    printf("SCORE: %6.2f, %6.2f, %6.2f\n",
        pStu->score[0], pStu->score[1], pStu->score[2]);
    printf("EDIT:  %6.2f, %6.2f, %6.2f\n",
        pStu->edit[0], pStu->edit[1], pStu->edit[2]);
```

```
        pStu = stu;
        printf("TOTAL SCORE:      %6.2f\n", pStu[nMax].total);
        printf("AVERAGE SCORE:    %6.2f\n", pStu[nMax].ave);
        printf("TOTAL EDIT:       %6.2f\n", pStu[nMax].alledit);
        return 0;
    }
```

程序运行的结果如下：

```
The index of the maximal average score is:      1
NO:          1002
SCORE:       80.00,    90.00,    78.00
EDIT:            3.00,     2.00,     2.00
TOTAL SCORE:     248.00
AVERAGE SCORE:   82.67
TOTAL EDIT:          7.00
```

11.3 结构和函数

结构既可以作为函数的形参和实参，也可以作为函数的返回值。

11.3.1 传递结构参数

当结构类型变量作为函数的参数时，它与普通变量一样。由于结构类型变量不是地址，因此这种传递是**值传递**方式，整个结构都将被复制到结构类型的形参中去。

【例 Ex_STsv.c】　传递结构变量

```c
#include <stdio.h>
#include <conio.h>
struct PERSON
{
    int    age;                /* 年龄 */
    float  weight;             /* 体重 */
    char   name[25];           /* 姓名 */
};
void print( struct PERSON one);
int   main()
{
    struct PERSON all[] = { {20, 60, "Zhang"},    {28, 50, "Fang "},
                            {33, 78, "Ding "},    {19, 65, "Chen "}};
    int n = sizeof(all) / sizeof(struct PERSON);
    int i;
    for ( i=0; i<n; i++)      print(all[i]);
    return 0;
}
void print( struct PERSON one )
{
    printf("%10s, %6d, %6.1f\n", one.name, one.age, one.weight);
}
```

代码中，print 函数的形参是 PERSON 结构变量，在 main 函数调用 print 时，传递的是 PERSON 结构数组的元素。程序运行的结果如下：

Zhang,	20,	60.0
Fang,	28,	50.0
Ding,	33,	78.0
Chen,	19,	65.0

若函数传递的是结构数组，由于结构数组名是指针常量，因此此时的传递是**地址传递方**式，函数中对形参内容的改变必将影响实参。

【例 Ex_STsarr.c】 传递结构数组

```c
#include <stdio.h>
#include <conio.h>
#include <string.h>
struct PERSON
{
        int     age;                /* 年龄 */
        float   weight;             /* 体重 */
        char    name[25];           /* 姓名 */
};
void print( struct PERSON one);
/* 用选择法将姓名按年龄从小到大排序 */
void sort( struct PERSON all[], int n );
int     main()
{
        struct PERSON all[] = {    {20, 60, "Zhang"},  {28, 50, "Fang "},
                                   {33, 78, "Ding "},  {19, 65, "Chen "}};
        int n = sizeof(all) / sizeof(struct PERSON);
        int i;
        sort(all, n);
        for ( i=0; i<n; i++)
                print(all[i]);
        return 0;
}
void print( struct PERSON one )
{
        printf("%10s, %6d, %6.1f\n", one.name, one.age, one.weight);
}
void sort( struct PERSON all[], int n )
{
        int             pos;                    /* 最小元素下标 */
        struct PERSON   min;
        int             i, j;
        for (i=0; i<n-1; i++)
        {
                min = all[i];       pos = i;
                for (j=i+1; j<n; j++)
                {
```

```
                    if (strcmp(all[j].name, min.name) < 0 )
                    {
                            min = all[j];        pos = j;
                    }
                }
            all[pos] = all[i];  all[i] = min;      /* 交换 */
        }
    }
```

代码中，函数 sort 用来将含有 *n* 个元素的结构数组按姓名的年龄从小到大排序。在 main 函数调用时，传递的是 PERSON 结构数组，由于是地址传递，因此排序的结果将由实参带回。程序运行的结果如下：

Chen,	19,	65.0
Ding,	33,	78.0
Fang,	28,	50.0
Zhang,	20,	60.0

11.3.2 返回结构

自定义的结构类型还可以作为一个函数的返回类型，此时函数返回的是一个结构内容。

【例 Ex_STres.c】 返回结构

```
#include <stdio.h>
#include <conio.h>
struct PERSON
{
    int   age;                    /* 年龄 */
    float weight;                 /* 体重 */
    char  name[25];               /* 姓名 */
};
void print( struct PERSON one);
struct PERSON   input(void);
int   main()
{
    struct  PERSON all[4] ;
    int i;
    for (i=0; i<4; i++)
        all[i] = input();
    for (i=0; i<4; i++)
        print(all[i]);
    getch();
    return 0;
}
```

代码中，由于函数 input 返回的是一个结构类型的值，因此可以先在函数中定义一个局部作用域的临时结构变量 temp，当用户输入的数据保存到 temp 后，通过 return 返回。程序运行的结果如下：

```
Input name,    age and weight: Chen 19 65.↵
Input name,    age and weight: Ding 33 78.↵
Input name,    age and weight: Fang 28 50.↵
Input name,    age and weight: Zhang 20 60.↵
    Chen,           19,    65.0
    Ding,           33,    78.0
    Fang,           28,    50.0
    Zhang,          20,    60.0
```

实际上，在 C 语言中，函数返回的类型还可以是结构指针。由于它与函数返回普通指针的用法基本一样，因而这里不再重复。

11.4 联合

早期计算机的内存空间比较小，因而程序员在编程时往往为了节约内存空间而绞尽脑汁。虽然现在不需要这么做，但追求算法对内存空间的高效使用仍是现代程序设计的目标之一。为了满足这一需求，C 语言提出了**联合概念**，使程序中可使多个成员共享同一块内存空间。

11.4.1 联合的声明和定义

联合(union)，又称**共用**，是 C 语言的另一种构造数据类型。联合类型的定义和操作与结构类型几乎一样，不同的是，联合类型中的成员变量共用同一块内存空间。例如：

```
        union   ONE3ALL
        {
            int       iValue;              /* 整型变量，长 2 字节（ANSI C）  */
            long      lValue;              /* 长整型变量，长 4 字节*/
            double    dValue;              /* 实型，长 8 字节*/
        };
```

其中，union 是 C 语言用于声明联合类型的关键字，后跟的 ONE3ALL 是声明的联合类型名，它应是一个有效的标识符。花括号部分是**联合体**，联合体中所定义的变量都是联合的成员变量。像结构一样，需要注意：

（1）成员变量的数据类型可以是基本数据类型，也可以是数组、结构、联合等构造类型或其他已声明的合法的数据类型。

（2）联合类型的声明仅仅是一个数据类型的说明，编译器不会为其分配内存空间，只有当用联合类型定义结构类型的变量时，编译器才会为这种变量分配内存空间。

（3）联合类型声明中的最后分号 “;” 不要漏掉。

一旦在程序中声明了一个联合类型，就为程序增添一种新的数据类型，也就可以用这种 union 数据类型定义变量。联合类型变量的定义与结构类型一样，也有 3 种方式：**声明之后定义、声明之时定义**和**一次性定义**。例如：

```
        union   ONE3ALL   u1, u2;
```

联合类型变量 u1 和 u2 是在联合类型声明之后定义的。其中，联合类型名 ONE3ALL 前面的关键字 union **不能省略**。一旦定义了联合类型变量，编译器就会为其分配相应的内存空间，其内存空间的大小通常是声明时指定的各个成员中所占字节数最长的那个所占内存空间

的大小。由于 ONE3ALL 中占用内存空间最大的是成员变量 dValue，因此 u1 和 u2 均占有 8
字节的内存空间，如图 11.2 所示。

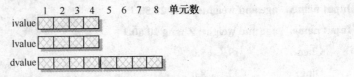

图 11.2　ONE3ALL 各成员所占内存空间大小

11.4.2　联合变量的引用

当一个联合类型变量定义之后，就可引用这个变量了，引用的规则与结构体相同。

【例 Ex_Union.c】　联合类型的定义和使用

```c
#include <stdio.h>
#include <conio.h>
struct POINT                                        /* 声明结构类型 */
{
    int    x, y;
};
union ONE4ALL                                       /* 声明联合类型 */
{
    struct POINT    pt;                             /* 结构类型 */
    int             iValue;                         /* 整型变量 */
    float           fValue;                         /* 单精度实型 */
};
/* 用来输出联合类型变量的各个成员 */
void print(union ONE4ALL one)
{
    printf("Union Member Value:\n");
    printf("%d\n%f\n", one.iValue, one.fValue);
    printf("pt(%d, %d)\n", one.pt.x, one.pt.y);
}
int    main()
{
    union ONE4ALL u1 = {10, 20};
    u1.iValue = 33;
    print(u1);
    u1.fValue = 80.0;
    {
        struct POINT pt={30, 40};
        print(u1);
        u1.pt = pt;
        print(u1);
    }
    return 0;
}
```

分析和说明：

（1）函数 print 用来输出一个联合类型 ONE4ALL 变量的所有成员的值。在 main 函数中，首先依次将 u1 成员分别设定初值，然后输出。

（2）在 C 语言中，**联合类型变量的成员在同一运行时期中只有一个成员处于活动状态，称为当前活动成员**。正因为如此，对联合类型变量的初始化，虽与结构变量初始化一样也有"={初值列表}"的格式，但花括号中的数值个数应刚好是为**第一个成员**进行初始化的个数，不能太多。例如，"union ONE4ALL u1 = {10, 20};"是对 u1 的第一个成员 pt 进行初始化。pt 是一个结构类型变量，有两个成员，故花括号中的数值个数应为两个。

程序运行的结果如下：

```
Union Member value:
33
0.000000
pt(33,   20)
Union Member Value:
1117782016
80.000000
pt(1117782016, 20)
Union Member Value:
30
0.000000
pt(30, 40)
```

11.5　枚举

在实际问题中，有些变量的取值被限定在一个有限的范围内。例如，1 个星期只有 7 天，1 年只有 12 个月，1 个班每周有 6 门课程等。如果把这些量声明为整型、字符型或其他类型显然都是不妥当的。为此，C 语言提供了一种称为"枚举"的类型。

在 C 语言中，枚举类型虽然可以看做是一种构造类型，但由于它是一系列的有标识符的**整型常量**的集合，因而枚举类型常常是用来构造多个**整型标识符常量**的手段，这一点与 struct 和 union 不同。

1. 枚举的声明

枚举类型声明时，先写关键字 enum，然后是要定义的枚举类型名、一对花括号 "{}"，最后以分号结尾。enum 和类型名之间至少要有一个空格，花括号里面是指定的各个枚举常量名，各枚举常量名之间要用逗号分隔。即下列格式：

```
enum   <枚举类型名> {<枚举常量 1, 枚举常量 2, …>};
```

例如：

```
    enum   COLORS { Black,   Red,   Green,   Blue,   White };
```

其中 COLORS 是要定义的枚举类型名，通常将枚举类型名写成大写字母以与其他标识符相区别。它有 5 个枚举常量（又称**枚举值、枚举元素**）。默认时，系统为每一个枚举常量都对应一个整数，并从 0 开始，逐个增 1，也就是说枚举常量 Black 等于 0，Red 等于 1，Green 等于 2，依次类推。

当然，这些枚举常量默认的值可单独重新指定，也可部分指定，例如：

```
enum  COLORS { Black = 5,  Red,  Green = 3,  Blue,  White = 7 };
```

由于 Red 没有赋值，则其值为前一个枚举常量值自动增 1，即为 6。同理，Blue 为 4，这样各枚举常量的值依次为 5, 6, 3, 4, 7。需要说明：

（1）枚举类型名和枚举常量名在同一个作用域中不能重复定义。例如：

```
enum  COLORS { Black,  Red,  Green,  Blue,  White };
enum  COLORS { B,  R,  G，  B，  W };          /* 不合法：COLORS 类型不能多重定义 */
enum  COLORS1 { Cyan,  Red,  Yellow};        /* 不合法：Red 重复定义 */
```

（2）枚举定义时，枚举常量的值除了可以用整数、整型常量表达式赋值外，还可用另一个已定义的枚举常量来参与赋值操作。例如：

```
enum { Black = 5,  Red,  Green = 3,  Blue,  White = 7 };
enum { IDD1 = Red };                          /* IDD1 的值为 6 */
enum { IDD2 = IDD1 + 2 };                      /* IDD2 的值为 8 */
enum { IDD3 = Red + IDD2, IDD4 = IDD3 };       /* IDD3 和 IDD4 的值都为 14 */
```

2. 枚举的定义

一旦在程序中声明了一个枚举类型，就为程序增添了一种新的数据类型，也就可以用这种 enum 数据类型定义变量了。枚举类型变量的定义与结构类型一样，也有 3 种方式：**声明之后定义、声明之时定义和一次性定义**。例如：

```
enum  WEEK{ Sun , Mon, Tue, Wed, Thu, Fri, Sat };
enum  WEEK  one, two;
```

枚举类型变量 one 和 two 是在枚举类型 WEEK 声明之后定义的。其中，联合类型名 WEEK 前面的关键字 **enum 不能省略**。

与普通变量一样，枚举变量也需要进行初始化或赋初值，一个没有初值的枚举变量的值同样是默认值或是不确定的值。但在赋值时应注意它们的类型。例如：

```
enum  COLORS { Black,  Red,  Green,  Blue,  White };
enum  WEEK{ Sun , Mon, Tue, Wed, Thu, Fri, Sat };
enum  WEEK  one = Sun;           /* 合法：one 值为 0 */
enum  WEEK  two = 1;             /* 不合法：1 是整型，无法转换成 WEEK 类型 */
enum  WEEK  three = (enum  WEEK)1;  /* 合法：将 1 强制转换成 enum  WEEK 类型 */
enum  WEEK  day1 = one;          /* 合法：day1 值为 0 */
enum  WEEK  day2 = Black;        /* 不合法：Black 是 COLORS 枚举常量，
                                    无法转换成 WEEK 类型 */
int    i = day1;                 /* 合法：i 值为 0 */
enum  WEEK  day3 = i;            /* 不合法：i 是整型无法转换成 WEEK 类型 */
```

事实上，如果在程序中不需要用枚举类型定义一个变量，则在枚举定义时可不指定枚举类型名。例如：

```
enum { Black = 5,  Red,  Green = 3,  Blue,  White = 7 };
```

3. 枚举常量和变量的引用

enum 类型不同于 struct 和 union，它没有成员的概念。故有些资料将 enum 类型列为基本类型。正是由于这个特点，一旦 enum 类型声明后，enum 类型变量和 enum 中的枚举常量便可在程序中直接引用。例如：

```
enum  COLORS { Black = 5,  Red,  Green = 3,  Blue,  White = 7 } a;
int n = Red;                     /* n 的初值为 6 */
a = Blue;
```

```
        printf("%d,%d\n", n, a );                        /* 输出 6, 4 */
        printf("%d\n", Blue + White );                   /* 输出 11 */
```

特别要指出的是，enum 在程序中的最大用处是一次可以定义多个标识符常量，不像 const 和#define 每次只能定义一个。例如，若在程序中使用 true 表示 1，false 表示 0，则可定义为

```
        enum  { false,  true};
```

11.6 使用 typedef

在 C 语言中，关键字 typedef 用来为一个已定义的合法的类型名**增加一个新名称**，从而在程序中使同一个类型具有不同的类型名，这样做的好处有两个：一是可以按统一的命名规则定义一套类型名称体系，从而可以提高程序的移植性；二是可以将一些难以理解的、冗长的数据类型名重新命名，使其变得容易理解和阅读。例如，若为 const char *类型名增加新的名称 CSTR，则在程序中不仅书写方便，而且更具可读性。再比如，前面的结构类型在定义变量时，总是还要写上关键字 struct，比较麻烦，当使用 typedef 为其另起一个类型名时，使用起来就简捷多了。

当然，新的类型名称命名得好坏直接影响程序的可读性，一般来说，用 typedef 定义的新的类型名通常将第 1 个字母大写或全部字母都大写，以便与原有的类型名相区别，并且常用"U"表示"unsigned"的含义，用"C"表示"const"的含义，用"L"表示"long"的含义，用"P"表示"pointer（指针）"的含义等。要注意，新的类型名不能与已有的类型名重名，否则会产生二义性。这里就不同数据类型来说明 typedef 的使用方法。

1. 为基本类型添加新的类型名

当使用 typedef 为基本数据类型名增加新的名称时，可使用下列格式：

typedef <基本数据类型名> <新的类型名>;

其功能是将**新的类型名**赋予基本数据类型的含义。其中，**基本数据类型名**可以是 char, short, int, long, float, double 等，也可以是带有 const, unsigned 或其他修饰符的基本类型名。例如：

```
        typedef     int             Int ;
        typedef     unsigned int    UInt ;
        typedef     const int       CInt ;
```

注意书写时 typedef 以及类型名之间必须要有 1 个或多个空格，且一条 typedef 语句只能定义一个新的类型名。这样，上述 3 条 typedef 语句就在原先基本数据类型名的基础上增加了 Int, UInt 和 CInt 类型名。之后，就可直接使用这些新的类型名来定义变量了。例如：

```
        UInt a, b;                        /* 等效于 "unsigned int a, b;"  */
        CInt c = 8;                       /* 等效于 "const int a = 8;"   */
```

再如，若有：

```
        typedef     short     Int16 ;
        typedef     int       Int32 ;
```

则新的类型名 Int16 和 Int32 可分别反映 16 位和 32 位的整型。这与在 32 位系统中的类型名和实际是吻合的。若在 16 位系统中，为了使 Int16 和 Int32 也具有上述含义，则可用 typedef 语句重新定义：

```
        typedef     int       Int16 ;
        typedef     long      Int32 ;
```

这样就保证了程序的可移植性。

2. 为数组类型增加新的类型名

当使用 typedef 为数组类型增加新的名称时，可使用下列格式：

> **typedef** <数组类型名> <新的类型名>[<下标>];

其功能是将**新的类型名**作为一个数组类型名，**下标**用来指定数组的大小。例如：

```
typedef    int        Ints[10] ;
typedef    float      Floats[20] ;
```

则新的类型名 Ints 和 Floats 分别表示具有 10 元素的整型数组类型和具有 20 元素的单精度实型数组类型。这样，可有：

```
Ints       a;                              /* 等效于"int a[10];" */
Floats     b;                              /* 等效于"float b[20];" */
```

3. 为结构类型名增加新的类型名

当使用 typedef 为结构类型增加新的类型名称时，可有两种方式。一是在结构类型声明的同时进行的，如下列格式：

> typedef   struct   [结构类型名]
>
> {
>
>   <成员定义>;…
>
> } <新的类型名>;

其功能是将**新的类型名**作为此结构类型的一个新名称。例如：

```
typedef   struct   student
{
      …
} STUDENT;
STUDENT   stu1;                            /* 等效于"struct student stu1;" */
```

另一种方式是在结构类型名声明后，再为其另起一个新名称。例如：

```
struct   student
{
      …
};
typedef   struct   student   STUDENT;
STUDENT   stu1;                            /* 等效于"struct student stu1;" */
```

4. 为指针类型名增加新的类型名称

由于指针类型不容易理解，因此 typedef 常用于指针类型名的重新命名。例如：

```
typedef    int*       PInt;
typedef    float*     PFloat;
typedef    char*      String;
PInt       a, b;                           /* 等效于"int *a, *b;" */
```

则 Pint, PFloat 和 String 分别被声明成整型指针类型名、单精度实型指针类型名和字符指针类型名。由于字符指针类型常用来操作一个字符串，因此常将字符指针类型名声明成 String 或 STR。

若是多级指针类型，也可用 typedef 来重新命名。例如：

```
typedef    int**      PPInt;
typedef    int***     PPPInt;
```

则 PPInt 和 PPPInt 分别被声明成整型二级指针类型名和整型三级指针类型名。

若是行指针和指针数组类型，则可用 typedef 重新命名如下：

```
int    (*p1)[4];                        /* 行指针变量 p1，专门用来指向二维数组  */
int   *p2[4];                           /* 指针数组 p2 */
typedef    int    (*PR)[4];
PR         p1;                          /* 等效于 "int   (*p1)[4];"  */
typedef    int   *PArr[4];
PArr       p2;                          /* 等效于 "int   *p2[4];"  */
```

若是函数指针类型，则可用 typedef 声明如下：

```
int (*fp1)(char x, char y);             /* 函数指针 */
int (*fp2)(int x);                      /* 函数指针 */
typedef    int (*PF1)(char x, char y);
PF1        fp1 ;                        /* 等效于 "int (*fp1)(char x, char y);"  */
typedef    int (*PF2)(int x);
PF2        fp2 ;                        /* 等效于 "int (*fp2)(int x);"  */
```

实际上，用 typedef 为一个已有的类型名声明新的类型名称时，就是按照下列通用步骤来进行的，这样我们就可用 typedef 对于上述未列情况的类型名进行重新命名：

（1）用已有的类型名写出定义一个变量的格式，例如：int   a;

（2）在格式中将变量名换成要声明的新的类型名称，例如：int   Int;

（3）在最前面添加上关键字 typedef 即可完成声明。例如：typedef   int Int;

（4）之后，就可使用新的类型名定义变量了。

以上述行指针类型来说明：先写出行指针类型变量的定义格式 "int   (*p1)[4];" 然后将 p1 换成要声明的新类型名 PR，即 "int   (*pR)[4];"，接着在前面添上关键字 typedef，即 "typedef   int (*PR)[4];"，这样，PR 就是新添加的整型行指针类型名。

事实上，typedef 还可将一个已声明的新类型名再重新声明，例如：

```
typedef    int   Int ;
typedef    Int   Int32;
```

则 Int32 虽是为 Int 声明的新类型名，但是都是基本数据类型 int 的**别名**。

特别强调的是，与 struct 构造类型不同的是，typedef 不能用于定义变量，也不会产生新的数据类型，它所声明的仅仅是一个已有数据类型的别名。另外，typedef 声明的标识符也有作用域范围，也遵循先声明后使用的原则。

11.7 综合实例：简单链表

前已论及，在使用数组存放数据前，必须事先定义好数组的长度。而且，相邻的数组元素的位置和距离都是固定的，也就是说任何一个数组元素的地址都可以用一个简单的公式计算出来，可见通过使用这种结构可以有效地对数组元素进行随机访问。但数组元素的插入和删除会引起大量数据的移动，从而使简单的数据处理变得非常复杂、低效。为了能有效地解决这些问题，一种称为**链表**的结构类型得到了广泛的应用。

11.7.1 链表概述

链表是一种动态数据结构，它的特点是用一组任意的存储单元（可以是连续的，也可以是不连续的）存放数据元素。一个简单的链表具有如图 11.3 所示的结构形式。

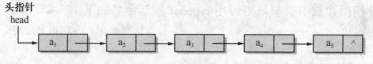

图 11.3　简单链表的结构形式

链表中每一个元素称为**节点**，每一个节点都是由**数据域**和**指针域**组成的，每个节点中的指针域都指向下一个节点。图中，head 是**头指针**，表示链表的开始，用来指向第一个节点，而最后一个节点的指针域应为 NULL（空指针，图中用^表示），表示链表的结束。

可以看出，链表结构必须利用指针变量才能实现。即一个节点中应包含一个指针变量，用来存放下一个节点的地址。实际上，链表中的每个节点可以有若干个数据和若干个指针。节点中只有一个指针的链表称为**单链表**，是最简单的链表结构。

在 C 语言中，实现一个单链表结构比较简单，例如：

```
struct   node
{
    int            data;
    struct   node    *next;
};
```

它是单链表结构的最简单形式，用到了前面的结构类型。其中，*next 是**指针域**，用来指向该节点的下一个节点，data 是一个整型变量，用来存放节点中的**数据**；当然，data 可以是任何数据类型，包括结构类型。由于 next 是自身结构类型指针，因此这种链表结构实质上是一种**递归结构类型**。

11.7.2　链表的创建和遍历

有了链表结构类型，就可以定义所需要的指针变量了。为了方便起见，这里先来给 node 另起一个类型名 NODE。这样就可有：

```
typedef   struct    node NODE;
NODE    *head;                  /* 定义头指针，用来指向第 1 个节点 */
NODE    *p;                     /* 定义一个节点 */
```

这时，(*p). data 或 p->data 用来指向节点 p 的数据域，(*p). next 或 p->next 用来指向节点 p 的下一个节点。那么有了这些基本操作后，如何创建链表和遍历节点呢？下面先来看一个示例。

【例 Ex_List.c】　链表的创建和遍历

```
#include <stdio.h>
#include <stdlib.h>
struct PERSON
{
    int    age;                     /* 年龄 */
    float  weight;                  /* 体重 */
    char   name[25];                /* 姓名 */
};
/* 定义链表结构 */
struct   node
{
    struct PERSON    data;          /* 数据域 */
    struct node      *next;         /* 指针域 */
};
```

```c
typedef   struct   node NODE;
/* 创建链表，并返回链表的头指针，n 用来指定创建的节点个数 */
NODE   *Create( int n );
void   OutList( NODE *head );                    /* 遍历并输出节点数据 */
int main()
{
    NODE *head = Create( 3 );
    OutList( head );
    return 0;
}
NODE   *Create( int n )
{
    NODE *pNew, *pCur;                    /* 新建节点和当前节点 */
    NODE *head = NULL;                    /* 开始时，链表头指针为空 */
    int num = 0;                          /* 用于节点计数 */
    if   (n<1) return head;               /* 当节点数小于 1 时，返回空指针 */
    while ( num < n )
    {
        struct PERSON one;
        printf("NO: %d/%d\n", num+1, n);
        printf("Input Name, age and weight : ");
        scanf("%s%d%f", one.name, &(one.age),   &(one.weight));
        pNew = (NODE *)malloc( sizeof(NODE) );    /* 为新节点分配内存空间   */
        /* 为新节点输入数据 */
        pNew->data = one;
        /* 将节点添加到链表中 */
        if ( NULL == head )
            head = pNew;
        else
            pCur->next = pNew;
        pCur = pNew;                      /* 指定当前节点 */
        num++;                            /* 节点计数 */
    }
    pCur->next = NULL;                    /* 链表最后一个节点的处理 */
    return head;                          /* 返回链表头指针 */
}
void   OutList( NODE *head )
{
    NODE *pCur = head;
    while ( pCur != NULL)
    {
        printf("%20s%10d%10.2f\n",
            (pCur->data).name,   (pCur->data).age, (pCur->data).weight );
        pCur = pCur->next;
    }
    printf("\n");
}
```

程序运行的结果如下：

```
NO: 1/3
Input Name, age and weight :    Chen 33 60↵
NO: 2/3
Input Name, age and weight :    Ding 39 90↵
NO: 3/3
Input Name, age and weight :    Wang 27 59↵
Chen        33      60.00
Ding        39      90.00
Wang        27      59.00
```

分析和说明：

（1）代码中，函数 OutList 用来遍历并输出各个节点的数据内容。由于链表中的各个节点是由指针链接在一起的，只要知道链表的头指针（即 head），那么就可以定义一个指针 pCur，先指向第 1 个节点，输出 pCur 所指向的节点数据，然后根据节点 pCur 找到下一个节点，再输出，直到链表的最后一个节点（指针为空）。实际上，遍历操作还可用递归函数来实现，例如，函数 OutList 可改为

```
void    OutList( NODE *head )
{
if (head){
        printf("%20s%10d%10.2f\n",
                (pCur->data).name,    (pCur->data).age, (pCur->data).weight );
        if (head->next)    OutList(head->next);
    }
}
```

（2）函数 Create 用来创建链表，并添加 n 个节点，然后返回链表的头指针。函数 Create 是通过循环来实现的：开始时，先定义数据域的 struct PERSON 局部临时变量 one，读取键盘输入的数据，然后用 malloc 为一个新节点分配相应的内存空间，构造该节点的数据域（pNew->data = one）；由于 head 开始时为 NULL，因此将 head 指向第 1 个节点，并用 pCur 保存该节点的指针。进入第 2 次循环后，通过键盘输入数据，随后又创建一个新节点并构造该节点的数据域，由于 head 此时不等于 NULL，而 pCur 保存的是上一个节点指针，因此 if 语句中执行的 "pCur->next = pNew;"，是将上一个节点的指针域设为指向刚才已创建的节点，流程进入第 3 次循环。如此反复，直到添加的节点个数为 n 时退出循环。由于此时最后一个添加到链表的节点的指针域还没有设定，因此循环退出后的第 1 条语句就是设定最后节点的指针域 NULL，表示链表的结尾，最后返回链表的头指针。

11.7.3　链表的删除

删除链表的操作通常是指删除链表中的节点或删除整个链表。

1．删除链表节点

如果要在链表中删除节点 a，并释放被删除的节点所占的内存空间，则需要考虑下列几种情况，如图 11.4 所示。

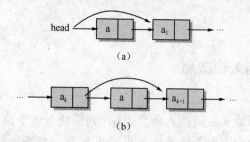

图 11.4 链表节点的删除

（1）若要删除的节点 a 是第 1 个节点，则应把 head 的指向设为 a 的下一个节点 a_1，然后删除节点 a，如图 11.4（a）所示。

（2）若要删除的节点 a 存在于链表中，但不是第 1 个节点，则应使 a 的上一个节点 a_k 的指针域指向 a 的下一个节点 a_{k+1}，然后删除节点 a，如图 11.4（b）所示。

（3）空表或要删除的节点 a 不存在，则不做任何改变。

事实上，链表节点删除操作一般还包含节点的查找操作，且查找到的节点可能有 0 个或 1 个或多个。例如，当要删除姓名为 name 的节点时，则可有下列程序。

```
/* 删除姓名为 name 的节点*/
void Delete(NODE **head, char *name)
{
    NODE    *p, *a;
    a = p = *head;
    if (NULL == p ) return;              /* 若是空表，符合情况（3），则返回 */
    if ( 0 == strcmp((p->data).name, name))    /* 若 a 是第 1 个节点，符合情况（1）  */
    {
        *head = p->next;        free( p );
    }else
    {
        /* 查找姓名为 name 的节点a，如果 while 条件不满足，要么是找到链表末尾节点，
           要么是找到姓名为 name 的节点 */
        while ((p->next!=NULL) && (strcmp((p->data).name, name)))
        {
            a = p;        p = p->next;
        }
        if ( 0 == strcmp((p->data).name, name)) /* 有节点 a，符合情况（2）  */
        {
            a->next = p->next;      free( p );
        }
    }
}
```

2. 删除整个链表

删除整个链表的最简单的方法是循环删除并释放第 1 个节点，如下面的程序代码。

```
void DeleteAll(NODE **head)
{
    NODE    *p = *head;
    while (*head)
    {
        *head = p->next;        free( p );        p = *head;
```

```
        }
    }
```

11.7.4　链表节点的插入和添加

1．链表节点的插入

如果要在链表中的节点 a 之前插入新节点 b，则需要考虑下列几种情况：

（1）插入前链表是一个空表，这时插入新节点 b 后，链表如图 11.5（a）所示，实线表示插入前的指针，虚线为插入后的指针（下同）。

（2）若 a 是链表的第 1 个节点，则插入后，节点 b 为第 1 个节点，如图 11.5（b）所示。

（3）若链表中存在 a，且不是第 1 个节点，则首先要找出 a 的上一个节点 a_k，令 a_k 的指针域指向 b，令 b 的指针域指向 a，即可完成插入，如图 11.5（c）所示。

（4）若链表中不存在 a，则先找到链表的最后一个节点 a_n，并令 a_n 的指针域指向节点 b，而 b 节点的指针域设为空。如图 11.5（d）所示。

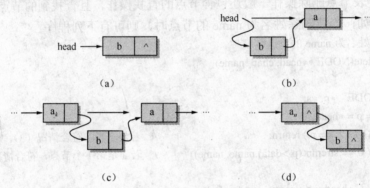

图 11.5　链表的插入

程序如下：

```
/* 将 one 构成要插入的节点 b，并插入到链表中姓名为 name 的节点 a 之前 */
void Insert(NODE **head, char *name, struct PERSON one)
{
    NODE    *p, *a, *b;
    p = *head;
    b = (NODE *)malloc( sizeof(NODE) );         /* 为要插入的新节点分配内存空间 */
    b->data = one;                              /* 指定要插入的节点的数据域 */
    if ( NULL == p)                             /* 若链表为空，符合插入情况（1） */
    {
        *head = b;        b->next = NULL;       /* 将 b 作为第 1 个节点 */
    }   else
    {
        if ( 0 == strcmp((p->data).name, name)) /* 若 a 是第 1 个节点，符合插入情况（2）*/
        {
            b->next = p;      *head = b;
        }   else
        {
            /*查找姓名为 name 的节点 a，如果 while 条件不满足，要么是找到链表末尾节点，
            要么是找到姓名为 name 的节点 */
            while ((p->next!=NULL) && (strcmp((p->data).name, name)))
```

```
            {
                a = p;        p = p->next;
            }
            if (0 == strcmp((p->data).name, name))
            {
                /* 找到节点 a, 符合插入情况（3）*/
                a->next = b; b->next = p;
            }    else
            {
                /* 没有找到节点 a, 符合插入情况（4）*/
                p->next = b;        b->next = NULL;
            }
        }
    }
}
```

2. 链表节点的添加

如果要将新节点 b 添加在链表中，则只有两种情况：

（1）添加前链表是一个空表，这时新节点 b 添加后，其链表如图 11.5（a）所示。

（2）添加前链表有节点，则先找到链表的最后 1 个节点 a，并令 a 的指针域指向节点 b，而 b 节点的指针域设为空，如图 11.5（d）所示。

程序如下：

```
/* 将 one 构成要添加的节点, 并添加到链表中 */
void Add(NODE **head, struct PERSON one)
{
    NODE   *p, *b;
    p = *head;
    b = (NODE *)malloc( sizeof(NODE) );       /* 为要插入的新节点分配内存空间 */
    b->data = one;                            /* 指定要插入的节点的数据域 */
    if ( NULL == p)                           /* 若链表为空, 符合添加情况（1）*/
    {
        *head = b;        b->next = NULL;     /* 将 b 作为第 1 个节点 */
    }    else
    {   /* 找到链表最后一个节点 */
        while (p->next != NULL)    p = p->next;
        p->next = b;        b->next = NULL;   /* 符合添加情况（2）*/
    }
}
```

总之，结构类型是构造动态链表的基础，也是描述复杂数据的方法。当然，对数据的操作不能仅仅局限于程序范围内的流动，对数据进行持久性的保存也是很重要的。文件就是体现数据持久性的一种方式，下一章将讨论它。

习题 11

一、填空题

1. C 语言允许定义由不同数据项组合而成的数据类型，称为_____、_____和

_____都是 C 语言的构造类型。

2．结构体变量成员的引用方式是使用_____运算符，结构体指针变量成员的引用方式是使用运算符_____。

3．若有定义：

```
struct num
{
    int a ; int b ; float f ;
} n = {1,3,5,0} ;
struct num *pn = &n ;
```

则表达式"pn->b/n,a*++pn->b"的值是_____。表达式"(*pn).a+pn->f"的值是_____。

4．C 语言可以定义枚举类型，其关键字为_____。

5．C 语言允许用_____声明新的类型名来代替已有的类型名。

二、程序阅读题

1．写出下面程序的运行结果。

```
struct ks {
    int a; int *b ;
} s[4], *p ;
void main ( )
{
    int n=1, i ;
    for (i=0 ; i<4; i++)
    {
        s[i].a = n ; s[i].b=&s[i].a ; n=n+2 ;
    }
    p=&s[0] ; p++ ;
    printf("%d, %d\n",(++p)->a,(p++)->a) ;
}
```

2．写出下面程序的运行结果。

```
struct man
{
    char name[20] ; int age ;
} person[ ] = { "liming", 18, "wanghua", 19, "zhangping",20 } ;
void main ( )
{   int old = 0 ;
    struct man *p=person, *q ;
    for ( ; p<=&person[2]; p++)
        if (old<p->age) { q=p ; old=p->age; }
    printf("$s %d\n",q->name,q->age) ;
}
```

3．写出下面程序的运行结果。

```
struct w
{
    char low ; char high ;
} ;
union u
```

```
        {
            struct w byte ; int word ;
        } uu;
        void main ( )
        {   uu.word = 0x1234 ;
            printf("%04x\n", uu.word); printf("%02x\n", uu.byte.high) ;
            printf("%02x\n", uu.byte.low);    uu.byte.low = 0xff ;
            printf("%04x\n", uu.word) ;
        }
```

4. 写出下面程序的运行结果。

```
    union
    {
        unsigned char    c;
        unsigned int    i[4];
    } z;
    int    main()
    {
        z.i[0]=0x39;        z.i[1]=0x36;
        printf("%02x\n", z.c);
        return 0;
    }
```

三、编程题

1. 定义一个日期结构类型 DATE，描述年、月、日信息。设计一个函数 DaysOfYear (struct DATE day)，求 day 在本年中是几天（考虑闰年情况）？结果通过函数返回。编写完整的程序并测试。

2. 定义一个用于描述三维点位置(x,y,z)的结构类型 POINT3D。设计一个函数 Distance (struct POINT3D pt1, POINT3D pt2)，求两点 pt1 和 pt2 之间的距离，结果通过函数返回。编写完整的程序并测试。

3. 定义一个用于描述一个矩形大小的结构类型 RECT，矩形大小用左上角坐标(x1, y1) 和右下角坐标(x2, y2)来确定。设计一个函数 Area(struct RECT rc)，求矩形 rc 的面积，其结果通过函数返回。编写完整的程序并测试。

4. 定义一个用于描述复数的结构类型 COMPLEX。设计两个函数 Add 和 Mul，分别用于实现两个复数的加法和乘法运算，计算结果都通过函数返回。编写完整的程序并测试。

5. 定义一个学生成绩结构类型 STUDENT，描述的信息有：学号、姓名、3 门课成绩、总分、平均分。为一个班级成绩定义该结构类型数组，编写 4 个函数 Input, Output, Cal 和 Sort。其中，Input 函数用来输入某个学生信息（不包含总分和平均分），输入的结果通过函数返回，要求有信息提示。Output 函数用来输出某个学生的全部信息。Cal 函数用来计算某个学生的总分和平均分，并填入成员变量中，最后结果通过形参返回。Sort 函数用来将结构类型数组中的元素按总分从小到大次序排序。编写完整的程序并测试。

6. 设计一个函数用来实现一个单向链表的逆置（如下所示），编写完整的程序并测试。

原链表（a,b,c,d 表示整型数）：

head ⟶ a ⟶ b ⟶ c ⟶ d ⟶NULL

逆置后的链表为

head ⟶ d ⟶ c ⟶ b ⟶ a ⟶NULL

7. 设计一个函数用来实现两个单向链表 a 和 b 的拼接，即使 a 的最后 1 个节点指向 b 的第 1 个节点，拼接后的链表通过函数返回。编写完整的程序并测试。

8. 建立一个 n 节点的单向链表，每个节点的数据域是学生成绩结构类型 STUDENT 数据，描述的信息有：学号、姓名、3 门课成绩、总分、平均分。编写 4 个函数 Output, Add, List 和 Find。Output 函数用来输出某个节点的数据域的全部信息；Add 函数用来输入学生信息，计算总分和平均分，构造节点并添加到链表中；List 函数用来遍历链表，调用函数 Output 输出所有节点的数据域的全部信息；Find 函数用来按姓名在链表中查找节点并输出找到的节点的数据域的全部信息或输出"没有找到！"信息结果。编写完整的程序并测试，测试时 n 取 10。

第12章 文 件

前面曾经提到过**流**的概念：当数据从键盘流入到程序中时，这样的流称为**输入流**，而当数据从程序中流向屏幕时，这样的流称为**输出流**。事实上，数据流有时还必须将数据在程序外进行存储以便实现数据流的可**持久**性。在程序中，文件是实现数据持久性的最常用方法，于是数据便需要向文件流入或从文件流出。本章便来讨论这方面的内容。

12.1 文件概述

所谓**文件**，是指一组相关数据的有序集合。这个数据集有一个名称，称做**文件名**。实际上在前面的各章中已经多次使用了文件，例如源程序文件、目标文件、可执行文件、库文件（头文件）等。文件通常是保存在外部介质（如磁盘等）上的，在使用时才调入到内存中来。

12.1.1 文件分类

从不同的角度可对文件进行不同的分类。

1. 普通文件和设备文件

从用户的角度看，文件可分为**普通文件**和**设备文件**两种。

（1）**普通文件**是指保存在磁盘或其他外部介质上的一个有序数据集，可以是源文件、目标文件、可执行程序，也可以是一组待输入处理的原始数据，或者是一组输出的结果。源文件、目标文件、可执行程序可以称之为**程序文件**，输入/输出数据可称之为**数据文件**。

（2）**设备文件**是指与主机相连的各种外部设备，如显示器、打印机、键盘等。在操作系统中，常常把外部设备也看做文件来进行管理，把它们的输入/输出等同于对磁盘文件的读/写。通常把显示器定义为**标准输出文件**，一般情况下在屏幕上显示有关信息就是指向标准输出文件输出。如以前经常使用的 printf 函数就属于这类输出。键盘通常被定义为**标准输入文件**，从键盘上输入就意味着通过标准输入文件输入数据。scanf 函数就属于这类输入。

2. ASCII 码文件和二进制码文件

从文件编码的方式来看，文件可分为 ASCII 码文件和二进制码文件两种。

（1）**ASCII 码文件**也称为**文本文件**，这种文件在磁盘中存放时每个字符对应 1 字节，用于存放对应的 ASCII 码。例如，数 345 的存储形式为各个数字的 ASCII 码。

```
ASCII 码:    0011 0011  0011 0100    0011 1001
                  ↓          ↓            ↓
字符:            '3'        '4'          '5'
```

共占用 3 字节。由于 ASCII 码文件在屏幕上是按字符显示的，因而我们能直接读懂文件的内容。例如，源程序文件就是 ASCII 码文件，在命令行中使用 TYPE 命令可显示文件的内容。

（2）**二进制码文件**是按二进制的编码方式来存放文件的。例如，数 $345 = (0000\ 0001\ 0101\ 1001)_2$，其中的二进制编码就是存储的内容，它只占两个字节。二进制码文件虽然也可在屏幕上显示，但其内容我们无法直接读懂。

12.1.2　文件指针

事实上，C 程序在处理这些文件时，并不区分文件的类型，而是都看做字符流，按字节进行处理。这就是说，输入/输出字符流的开始和结束只由程序控制而不受文件中符号（如回车符）的控制。在 C 语言中，这种文件的操作称为**文件流**操作。

在程序中，每一种文件流都需要用**文件指针**来操纵。也就是说，一个文件指针总是和一个文件相关联的，每一次当文件打开时，**文件指针**就指向文件的开始，随着对文件的处理，文件指针不断地在文件中移动，并一直指向最新被处理的字符（字节）位置。

定义文件类型指针的一般形式如下：

> **FILE** *指针变量名或指针变量列表**;**

其中，FILE 是头文件 stdio.h 中定义的一个文件结构类型，它含有文件名、文件状态和文件当前位置等信息。虽然各个 C 编译系统所指定的 FILE 结构类型的成员会有所不同，但类型名是相同的。这样，就可在程序中定义一个文件指针：

　　　　FILE *fp;

用来与某一个文件相关联，即指向一个文件。一旦正确指向文通后，就可以使用头文件 stdio.h 中定义的以字母 f 为开头的文件处理库函数了。这些库函数通常可以分为如下几类：

（1）文件打开与关闭函数；
（2）文件读/写函数；
（3）文件定位函数；
（4）文件状态跟踪函数。

12.1.3　文件打开和关闭

进行文件处理时，首先要打开一个文件，其后对文件进行操作，最后在操作完成之后关闭文件。

1. 文件打开

在 C 语言中，文件的打开操作是通过 stdio.h 头文件中的 fopen 函数来实现的，原型如下：

> **FILE *　　fopen (const char *path, const char *mode);**

其中，path 用来指定要打开的文件名或包含路径的文件名，它可以是字符串或字符数组名。mode 用来指定文件打开方式，指定时可以是一个字符串或字符数组名。例如：

```
FILE *fp;
fp = fopen ("filea.txt","r");
```

其意义是在当前目录下打开文件 filea.txt，且只允许进行"读"操作。如果操作成功，fopen 返回一个有效的文件指针，此时使 fp 指向该文件。注意，要学会检测 fopen 函数的返回值，防止打开文件失败后，继续对文件进行读/写而出现严重错误。例如，上述代码应改为

```
FILE *fp;
if ( (fp = fopen ("filea.txt","r")) == NULL )
{
    exit(1);                              /* 中断操作 */
}
```

再如：

    FILE *fphzk;

    fphzk= fopen ("c:\\hzk16',"rb");

其意义是打开 C 驱动器磁盘的根目录下的文件 hzk16， 这是一个二进制码文件，只允许按二进制方式进行读操作。由于在 C 语言中反斜杠"\"在字符串中会被优先识别为转义符，因而表示文件夹的反斜杠要指定成两个反斜杠符"\\"。文件的打开方式共有 12 种，如表 12.1 所示。

表 12.1 fopen 中的打开方式

char *mode	含 义	注 释
"r"	只读	打开文本文件，仅允许从文件读取数据
"w"	只写	打开文本文件，仅允许向文件输出数据
"a"	追加	打开文本文件，仅允许从文件尾部追加数据
"rb"	只读	打开二进制码文件，仅允许从文件读取数据
"wb"	只写	打开二进制码文件，仅允许向文件输出数据
"ab"	追加	打开二进制码文件，仅允许从文件尾部追加数据
"r+"	读/写	打开文本文件，允许输入/输出数据到文件
"w+"	读/写	创建新文本文件，允许输入/输出数据到文件
"a+"	读/写	打开文本文件，允许输入/输出数据到文件
"rb+"	读/写	打开二进制码文件，允许输入/输出数据到文件
"wb+"	读/写	创建新二进制码文件，允许输入/输出数据到文件
"ab+"	读/写	打开二进制码文件，允许输入/输出数据到文件

说明：

（1）文件打开方式由 r, w, a, t, b 和+ 6 个字符拼成，各字符的含义是

    r(read):   读
    w(write):   写
    a(append):   追加
    t(text):   文本文件，可省略不写
    b(binary):   二进制码文件
    +:   读/写都允许

（2）凡用"r"打开一个文件时，该文件必须已经存在，否则出错，且只能从该文件读出。

（3）用"w"打开的文件只能向该文件写入。若打开的文件不存在，则以指定的文件名建立该文件，若打开的文件已经存在，则将该文件删去，重建一个新文件。

（4）若要向一个已存在的文件追加新的信息，只能用"a"方式打开文件。但此时该文件必须是存在的，否则将会出错。文件打开后，文件指针移到文件末尾。

（5）把一个文本文件读入内存时，要将 ASCII 码转换成二进制码，而把文件以文本方式写入磁盘时，也要把二进制码转换成 ASCII 码，因此文本文件的读/写要花费较多的转换时间。对二进制文件的读/写则不存在这种转换。

（6）标准输入文件（键盘）、标准输出文件（显示器）、标准出错输出（出错信息）是由系统打开的，可在程序中直接使用预定义的文件指针 stdin（指向标准输入设备）、stdout（指向标准输出设备）和 stderr（指向标准出错输出设备）进行相关操作。

2. 文件关闭

在 C 语言中，文件关闭通过头文件 stdio.h 中的库函数 fclose 函数来实现，其原型如下：

```
int fclose (FILE *stream);
```

其中，参数 stream 指定的是要关闭的文件指针。当文件成功关闭后，函数返回 0，否则返回非 0 值。需要说明的是，文件处理完成之后，最后的一步操作是关闭文件，保证所有数据已经正确读/写完毕，并清理与当前文件相关的内存空间。在关闭文件之后，不可以再对文件进行读/写操作，除非再重新打开文件。

12.2 文件读/写

文件打开之后，就可以进行读/写操作。文件的读/写操作通过一组库函数实现，分为读函数和写函数。常用的读/写函数可分为：字符的读/写、字符串读/写、格式化读/写和块的读/写。

12.2.1 字符读/写

头文件 stdio.h 中定义了两个用于文件字符读/写的函数 fputc 与 fgetc，它们的原型如下：

```
int fputc (int c, FILE *stream);
int fgetc (FILE *stream);
```

说明：

（1）参数 stream 用来指定要操作的文件指针，c 用来指定要输出的字符。

（2）fputc 与标准输出函数 putchar 类似，其功能是从 stream 所指向的当前文件位置开始向文件输出一个字符。函数成功操作后，返回 c 值，否则返回–1（EOF，一个预定义的标识，其值为–1）。

（3）fgetc 与标准输入函数 getchar 类似，其功能是从 stream 所指向的当前文件位置读取一个字符。如果函数返回值为–1（EOF），则表示已经读到文件末尾，否则返回读到的字符。例如：编写程序实现命令 TYPE 的功能。

【例 Ex_Type.c】 TYPE 命令的实现

```
#include <stdio.h>
#include <conio.h>
int main(int argc, char *argv[])
{
        if (argc<=1)
        {
                printf("No File Name!\n");
        }
        else
        {
                FILE *fp = fopen( argv[1], "r" );              /* 打开文件只读 */
                char    ch;
                if ( fp )
                {
```

```
                    while (( ch = fgetc(fp)) != EOF )
                        putchar( ch );                      /* 显示在屏幕上 */
                    fclose( fp );                           /* 关闭文件 */
                }
            }
        return 0;
    }
```

分析：TYPE 是一个 DOS 命令，其后跟的参数即为要显示的文件名。要在程序中实现，需要通过程序来获取 main 中的命令行参数内容 argv[1]，然后打开该文件并获取其文件指针，最后通过 fgetc 来从头读取文件中的内容直到文件末尾（EOF）为止。循环中，每成功读取一个字符就要通过 putchar 显示在屏幕中。下面进行测试：

（1）程序用 Visual C++ 6.0 编译连接后，得可执行文件 Ex_Type.exe。

（2）将 Ex_Type.exe 和 Ex_Type.c 一起复制到 D 盘根目录下。

（3）打开 Windows "开始" → "运行"，输入 CMD，在打开的控制台窗口中输入命令：D:↵。

（4）此时命令行提示符变成了 "D:\>"，输入命令：Ex_Type Ex_Type.c↵。

需要强调的是，在文件读取和写入操作中，总有一个"**文件当前位置**"。若从文件中读取 1 字符后，则**当前位置**自动向下移动一个字符；若读取 n 字符或字节后，则**当前位置**自动向下移动 n 字符或字节；同样，若向文件当前位置写入 n 字符或字节后，则**当前位置**也会自动向下移动 n 字符或字节。同样，文件的写操作也是从这个**当前位置**开始的。当然，文件的**当前位置**还可在程序中直接指定，后面还会讨论。

12.2.2 字符串读/写

头文件 stdio.h 中定义了两个用于文件字符串读/写的函数 fgets 和 fputs，它们原型如下：

```
char * fgets (char *s, int n, FILE *stream);
int fputs (const char *s, FILE *stream);
```

说明：

（1）参数 stream 用来指定要操作的文件指针。

（2）函数 fgets 用来从 stream 所指向的当前文件位置读取最多 n 个字符，然后保存到 s 指定的内存空间中。实质上，fgets 从文件中读取 $n-1$ 个字符到 s 中，然后自动添加字符串结束符 '\0'。但是如果此文件中一行长度小于 n，则到此行的换行符为止，并将此换行符读取到 s 中。fgets 读取成功后，返回实际的结果 s，否则返回 NULL。

（3）函数 fputs 是向 stream 当前文件位置写入字符串 s 中的字符内容，字符串的结束符 '\0' 不会写到文件中。函数 fputs 写入成功后，返回一个非负值，否则返回 EOF。

下面来看一个示例代码的片断：

```
char szText[1024] = "Hello";
FILE *fp;
…
fputs (szText,fp);
…
fgets(szText,1024,fp);
```

12.2.3 格式化读/写

头文件 stdio.h 中定义了两个用于文件格式化读/写的函数 fscanf 和 fprintf，它们原型如下：

```
int fprintf (FILE *stream, const char *format[, argument ]…);
int fscanf (FILE *stream, const char *format[, argument ]…);
```

说明：

（1）参数 stream 用来指定要操作的文件指针。

（2）除文件指针参数外，fscanf 和 fprintf 与 scanf 和 printf 的使用完全一样。试比较：

```
scanf("%d", &d);
```

是从键盘中读取一个整型数据到变量 d 中。而

```
fscanf(fp, "%d", &d);
```

则是从当前打开的文件中读取一个整型数据到变量 d 中。

（3）fprintf 函数成功操作后返回写入到文件的字节数，若有错误产生则返回一个负数。

（4）fscanf 函数成功操作后返回读出的域的个数，当文件操作达到末尾时返回 EOF（–1）。

示例：定义一个学生信息记录结构类型，其成员有学号、3 门课程成绩以及总成绩和平均成绩；从键盘中输入 3 条记录，每条记录仅输入学号和 3 门课程成绩，总成绩和平均成绩通过程序计算；然后将这 3 条记录写到文件 stu.dat 中；最后将文件中的数据读出并列表显示。

【例 Ex_Fstu.c】 文件格式化读/写

```c
#include <stdio.h>
typedef struct    student
{
    int     no;                          /* 学号 */
    float   score[3];                    /* 3 门课程成绩 */
    float   total, ave;                  /* 总成绩和平均成绩 */
}STUDENT;
STUDENT        input( void )
{
    STUDENT one;
    printf("Input student data\n");
    printf("NO.     : ");        scanf("%d", &one.no);
    printf("Score1 : ");         scanf("%f", &one.score[0]);
    printf("Score2 : ");         scanf("%f", &one.score[1]);
    printf("Score3 : ");         scanf("%f", &one.score[2]);
    one.total     = one.score[0] + one.score[1] + one.score[2];
    one.ave       = one.total / 3.0f;
    return one;
}
void   output( STUDENT one )
{
    printf("%10d", one.no);
    printf("%10.2f", one.score[0]);
    printf("%10.2f", one.score[1]);
```

```c
            printf("%10.2f", one.score[2]);
            printf("%10.2f", one.total);
            printf("%10.2f\n", one.ave);
}
void   writestu( FILE *fp, STUDENT one )
{
        fprintf(fp, "%10ld", one.no);
        fprintf(fp, "%10.2f", one.score[0]);
        fprintf(fp, "%10.2f", one.score[1]);
        fprintf(fp, "%10.2f", one.score[2]);
        fprintf(fp, "%10.2f", one.total);
        fprintf(fp, "%10.2f", one.ave);
}
int    readstu( FILE *fp, STUDENT *one )
{
        if ( fscanf(fp, "%ld", &((*one).no)) == EOF    ) return -1;
        if ( fscanf(fp, "%f", &((*one).score[0])) == EOF    ) return -1;
        if ( fscanf(fp, "%f", &((*one).score[1])) == EOF    ) return -1;
        if ( fscanf(fp, "%f", &((*one).score[2])) == EOF    ) return -1;
        if ( fscanf(fp, "%f", &((*one).total)) == EOF    ) return -1;
        if ( fscanf(fp, "%f", &((*one).ave)) == EOF    ) return -1;
        return 1;
}
int main()
{
        STUDENT one;
        FILE *fp = fopen( "stu.dat", "w" );          /* 打开文件用于写 */
        if (fp == NULL)
        {
             printf("The file stu.dat can't opened!\n");
             return 0;
        }
        one = input();            writestu( fp, one );
        one = input();            writestu( fp, one );
        one = input();            writestu( fp, one );
        fclose( fp );
        /* 重新打开文件用于读 */
        fp = fopen( "stu.dat", "r" );                /* 打开文件用于读 */
        if (fp == NULL)
        {
             printf("The file stu.dat can't opened!\n");
             return 0;
        }
        while ( readstu ( fp, &one ) > 0 )     output( one );
        fclose( fp );
        return 0;
}
```

分析：

（1）函数 input 和 output 分别用来从键盘输入一个学生信息以及将学生信息显示在屏幕上。

（2）函数 writestu 是将学生信息用库函数 fprintf 写入到当前文件中，而 readstu 函数是将文件当前位置中的学生信息用库函数 fscanf 来读取，一旦读取失败便返回–1，否则返回 1。

（3）在 main 函数中，先将 stu.dat 文件打开，并从键盘读取 3 个学生记录，然后写到文件中。文件关闭后，再以只读方式打开，然后读出所有的学生记录并显示到屏幕上。

程序运行的结果如下：

```
Input student data
NO.   :   1001↵
Score1 :   60↵
Score2 :   95↵
Score3 :   75↵
Input student data
NO.   :   1002↵
Score1 :   80↵
Score2 :   90↵
Score3 :   78↵
Input student data
NO.   :   1003↵
Score1 :   75↵
Score2 :   80↵
Score3 :   72↵
        1001    60.00    95.00    75.00    230.00    76.67
        1002    80.00    90.00    78.00    248.00    82.67
        1003    75.00    80.00    72.00    227.00    75.67
```

12.2.4　块数据读/写

头文件 stdio.h 中定义了两个用于文件块数据读/写的函数 fread 和 fwrite，它们的原型如下：

```
size_t fread (void *ptr, size_t size, size_t n, FILE *stream);
size_t fwrite (const void *ptr, size_t size, size_t n,FILE *stream);
```

说明：

（1）类型名 size_t 是 unsigned 类型的别名，参数 stream 用来指定要操作的文件指针。

（2）参数指针 ptr 用来指定数据块所在的内存空间，size 用来指定单位数据块的大小，n 用来指定单位数据块的个数。这就是说，每次读/写的数据大小为 size×n 字节。

（3）实际使用时，ptr 指向的内存空间大小一定不能小于 size×n 字节，否则会出现错误。

（4）函数 fread 和 fwrite 调用成功时返回数据块的字节数，否则返回 0。

（5）函数 fread 和 fwrite 不仅适用于单个类型数据和数组在文件中的读/写操作，而且更适用于结构数据的读/写。

当用于单个类型数据在文件中的读/写操作时，可有下列代码：

```
char        c;
int         n;
float       f;
double      d;
FILE        *fp;
/*写数据*/
fwrite(&c,sizeof(char),1, fp);
fwrite(&n,sizeof(int),1, fp);
fwrite(&f,sizeof(float),1, fp);
fwrite(&d,sizeof(double),1, fp);
/*读数据*/
fread (&c,sizeof(char),1, fp);
fread (&n,sizeof(int),1, fp);
fread (&f,sizeof(float),1, fp);
fread (&d,sizeof(double),1, fp);
…
```

当用于数组在文件中的读/写操作时，可有下列代码：

```
char        szText[50];
double      dArray[20];
FILE        *fp;
/*写数据*/
fwrite(szTexr,sizeof(char),50, fp);
fwrite(dArray,sizeof(double),20, fp);
/*读数据*/
fread (&c,sizeof(char),1, fp);
fread (szTexr,sizeof(char),50, fp);
fread (dArray,sizeof(double),20, fp);
```

当用于结构数据在文件中的读/写操作时，如下示例是在前面示例 Ex_Fstu.c 的基础上修改而成的。

【例 Ex_FBstu.c】　文件块数据读/写

```
#include <stdio.h>
typedef struct   student
{
    int     no;                      /* 学号 */
    float   score[3];                /* 3 门课程成绩 */
    float   total, ave;              /* 总成绩和平均成绩 */
}STUDENT;
STUDENT        input( void )
{
    STUDENT one;
    printf("Input student data\n");
    printf("NO.      : ");      scanf("%d", &one.no);
    printf("Score1 : ");        scanf("%f", &one.score[0]);
    printf("Score2 : ");        scanf("%f", &one.score[1]);
    printf("Score3 : ");        scanf("%f", &one.score[2]);
```

```
        one.total   = one.score[0] + one.score[1] + one.score[2];
        one.ave     = one.total / 3.0f;
        return one;
    }
    void  output( STUDENT one )
    {
        printf("%10d", one.no);
        printf("%10.2f", one.score[0]);
        printf("%10.2f", one.score[1]);
        printf("%10.2f", one.score[2]);
        printf("%10.2f", one.total);
        printf("%10.2f\n", one.ave);
    }
    int main()
    {
        STUDENT one;
        FILE *fp = fopen( "stu.dat", "w" );         /* 打开文件用于写 */
        if (fp == NULL)
        {
            printf("The file stu.dat can't opened!\n");
            return 0;
        }
        one = input();          fwrite( &one, sizeof(STUDENT),1, fp);
        one = input();          fwrite( &one, sizeof(STUDENT),1, fp);
        one = input();          fwrite( &one, sizeof(STUDENT),1, fp);
        fclose( fp );
        /* 重新打开文件用于读 */
        fp = fopen( "stu.dat", "r" );               /* 打开文件用于读 */
        if (fp == NULL)
        {
            printf("The file stu.dat can't opened!\n");
            return 0;
        }
        while ( fread(&one, sizeof(STUDENT),1, fp) > 0 ) output( one );
        fclose( fp );
        return 0;
    }
```

分析:

（1）与上例 Ex_Fstu.c 相比，自定义函数 readstu 和 writestu 分别由库函数 fread 和 fwrite 所替代，简化了代码。

（2）文件格式化函数 fscanf 和 fprintf 所操作的都是字符流，而 fwrite 和 fread 所操作的通常是二进制的数据流，两者有着较明显的区别。

12.3 随机文件和定位操作

文件处理有两种方式，一种称为文件的**顺序处理**，即从文件的第 1 个字符（字节）开始顺序处理到文件的最后 1 个字符（字节），文件指针也相应地从文件的开始位置到文件的结尾。如前面所讨论的都是顺序处理的方式。另一种称为文件的**随机处理**，即在文件中通过 C 语言相关库函数移动文件指针，重新定位并指向所要处理的字符（字节）位置。按照这两种处理方式，可将文件相应地称为**顺序文件**和**随机文件**。

12.3.1 随机文件

随机文件提供在文件中来回移动文件指针和随机读/写文件的能力，这样在读/写磁盘文件某一数据以前不用读/写其前面的数据，从而能快速地检索、修改和删除文件中的信息。

在 C 语言中顺序文件和随机文件间的差异不是物理的，这两种文件都是以顺序字符流的方式将信息写在磁盘等存储介质上的，其区别仅在于文件的访问和更新的方法。在以随机的方式访问文件时，文件中的信息在逻辑上组织成定长的记录格式。所谓**定长的记录格式**是指文件中的数据被解释成 C 语言的同一种类型的信息的集合，例如，都是整型数或者都是用户所定义的某一种结构的数据等。这样就可以通过逻辑的方法，将文件指针直接移动到所读/写的数据的起始位置，来读取数据或者将数据直接写到文件的这个位置上。

12.3.2 定位操作

在文件打开时，文件指针指向的是文件的第 1 个字符（字节）。当然，可根据具体的读/写操作情况，使用 C 语言提供的相应库函数将文件指针移动到指定的位置。这些库函数有 fseek, rewind 和 ftell 等。

1. 函数 fseek

头文件 stdio.h 中定义的库函数 fseek 是最重要的文件定位函数，其函数原型如下：

```
int fseek (FILE *stream, long offset, int whence);
```

其中，参数 stream 用来指定要操作的文件指针，offset 用来指定文件指针的**偏移量**，单位为字节数，whence 用来指定偏移的**起始位置**。函数调用成功后返回非零值，否则返回 0。

这样，就可通过 whence 和 offset 参数精确地计算文件的当前位置。其中，whence 指定的起始位置可以是：文件开始、当前位置和文件末尾，其具体含义如表 12.2 所示。

表 12.2　fseek 函数的起始位置

起始位置（whence）	含　义	数　字　表　示
SEEK_SET	从文件开头开始	0
SEEK_END	从文件末尾开始	2
SEEK_CUR	从文件当前位置开始	1

说明：

（1）SEEK_SET，SEEK_END 和 SEEK_CUR 是头文件 stdio.h 中预定义的标识符，可在程序中直接使用。

（2）offset 参数指定的偏移量可正可负。但当 whence 取 SEEK_SET 时，offset 值一定是正值，而当 whence 取 SEEK_END 时，offset 一定是负值。否则，一旦出现文件当前位置位于文件实际范围外，就会产生文件错误标志，此时必须使用 clearerr 函数清除这个错误标志，之后才可以继续读/写此文件。clearerr 函数的原型如下：

```
void   clearerr (FILE *stream);
```

（3）文件位置的起点是以 0（字节）开始计数的。也就是说，若当前文件位置为 10，则读/写的操作是从文件的第 11 字节开始的，前面的 10 字节内容将被跳过。

（4）由于 fseek 函数指定的当前位置是以字节为计算单位的，因此它常用于二进制数据文件。对于文本文件，虽也可以使用 fseek 函数进行定位，但要注意计算结果是否准确。

若将文件指针移动到文件开始位置，则有下列代码片断：

```
FILE *fp;
fseek(fp,0L,SEEK_SET);
```

若将文件指针移动到文件末尾位置，则有：

```
fseek(fp,0L,SEEK_END);
```

2. 函数 rewind

头文件 stdio.h 中定义的库函数 rewind 用来将文件指针的当前位置重新移动到文件的开始位置，其函数原型如下：

void rewind (FILE *stream);

其中，参数 stream 用来指定要操作的文件指针。该函数的作用相当于如下的程序，它不仅将文件指针的当前位置移动到文件头，而且还清除文件状态的错误标志：

```
clearerr(fp);
fseek(fp,0L,SEEK_SET);
```

3. 函数 ftell

头文件 stdio.h 中定义的库函数 ftell 用来获取文件指针的当前位置，它用相对于文件开头的偏移量的字节数来表示。函数 ftell 的原型如下：

long ftell (FILE *stream);

其中，参数 stream 用来指定要操作的文件指针。函数成功获取后，返回当前位置相对于文件开始的偏移量大小，否则返回 -1L。

4. 示例

下面来看一个示例：将 10 个英文大写字母写入文件 letter.dat 中，通过 fseek 使文件中的内容倒置，并将文件中的内容以及文件指针的当前位置值显示在屏幕上。

【例 Ex_Seek.c】 文件定位操作

```c
#include <stdio.h>
#include <string.h>
int    main()
{
    char  chs, che, str[]={"ABCDEFGHIJK"};
    long  nStart, nEnd, nPos = 0;
    FILE *fp = fopen("letter.dat", "w+" );          /* 打开文件读/写 */
    if (!fp)
    {
        printf("Can't open the file: letter.dat!\n");   return 1;
    }
    fwrite( str, strlen(str), 1, fp );              /* 将字符串 str 写入 letter.dat 文件 */

    fflush( fp );                                   /* 见分析 */
```

```
            fseek( fp, 0L, SEEK_SET );
            nStart      = ftell( fp );                          /* 获取文件流的最前面位置 */
            fseek( fp, 0L, SEEK_END );
            nEnd = ftell( fp );                                 /* 获取文件流的末尾位置 */
            while ( nStart < nEnd )
            {
                /* 从头开始向后读取 */
                fseek( fp, nPos, SEEK_SET );
                nStart      = ftell( fp );
                fread( &chs, sizeof(char), 1, fp );
                /* 从后往前读取 */
                fseek( fp, -nPos-1, SEEK_END );
                nEnd        = ftell( fp );
                fread( &che, sizeof(char), 1, fp );
                /* 交换 */
                fseek( fp, nStart, SEEK_SET );        fwrite( &che, sizeof(char), 1, fp );
                fseek( fp, nEnd, SEEK_SET );          fwrite( &chs, sizeof(char), 1, fp );
                nPos++;
            }
            fflush( fp );
            rewind( fp );
            /* 输出交换后文件的结果 */
            while (!feof( fp ))
            {
                nPos      = ftell( fp );
                if (( chs = fgetc( fp ) ) > 0)
                        printf("Current Pos : %4ld,  Char is : %c\n", nPos, chs);
            }
            fclose(fp);
            return 0;
        }
```

分析和说明：

（1）代码中，为了实现文件内容的倒置，使用了 nStart 变量和 nEnd 变量来存放文件指针的当前位置，nStart 用来表示从头开始向后的位置，nEnd 表示从文件流末尾开始向前的位置。由于从文件读取数据时是从文件指针当前位置处开始读取的，因此 nEnd 表示的位置要向前多移动一个位置，即"fseek(fp, -nPos-1, SEEK_END);"。

（2）在第一个 while 循环中，通过比较判断 nStart 和 nEnd 的位置来作为循环结束的条件。当 nStart 和 nEnd 的位置相等，文件的倒置操作完成。

（3）在进入第 2 个 while 循环前，先将文件指针位置定位到文件开头，然后遍历文件的内容。需要说明的是，当成员函数 get 读取到文件结尾符 0 时，文件内容显示应结束，在程序中用 if 语句来控制文件内容的显示。需要说明的是，该循环中的 feof 是 stdio.h 头文件中定义的一个库函数，用来判断文件指针的当前位置是否已超过文件末尾。若是，则返回 1，否则返回 0。

（4）函数 fflush 用来清除文件缓冲区，若文件以写方式打开时，还将缓冲区内容写入文件中。需要说明的是，由于 C 语言库函数所操作的文件是带有缓冲区的（称为**缓冲文件**），当向文件写数据时，数据首先进入文件自带的缓冲区中，当缓冲区满或文件关闭时，缓冲区中的数据才会全部写入到文件中。通过 fflush 函数可以强行将缓冲区中的内容写入到文件中，从而保证了文件数据的实时性。

程序运行的结果如下：

Current Pos :	**0,**	**Char is : K**
Current Pos :	**1,**	**Char is : J**
Current Pos :	**2,**	**Char is : I**
Current Pos :	**3,**	**Char is : H**
Current Pos :	**4,**	**Char is : G**
Current Pos :	**5,**	**Char is : F**
Current Pos :	**6,**	**Char is : E**
Current Pos :	**7,**	**Char is : D**
Current Pos :	**8,**	**Char is : C**
Current Pos :	**9,**	**Char is : B**
Current Pos :	**10,**	**Char is : A**

12.4　文件状态检测和错误处理

在文件输入/输出过程中，一旦发现操作错误，C 语言文件流就会将发生的错误记录下来。用户可以使用 C 语言提供的错误检测功能，检测和查明错误发生的原因和性质，然后再调用 clearerr 函数清除错误状态，使流能够恢复正常操作。

除 clearerr 函数外，用于跟踪、检测文件读/写状态和是否出现未知的错误的库函数有：feof 和 ferror，它们都是在头文件 stdio.h 定义的库函数，其原型如下：

> **int feof(FILE** *∗stream* **);**
> **int ferror(FILE** *∗stream* **);**

其中，参数 stream 用来指定要操作的文件指针。函数 feof 用来判断文件当前位置是否处于结束位置，如文件结束，则返回值为 1，否则为 0。而函数 ferror 用来检查文件在用各种输入/输出函数进行读/写时是否出错，若 ferror 返回值为 0 表示未出错，否则表示有错。

可以利用前面的函数来检测输入/输出流是否错误，然后进行相关处理。例如：

【例 Ex_Err.c】　输入错误处理

```
#include <stdio.h>
int    main()
{
        int i, s;
        printf("Input an integer: ");
        s = fscanf(stdin, "%d", &i);
        while (ferror( stdin ) || !s)
        {
                clearerr( stdin );
                fflush( stdin );
                printf("Input Data Error! Redo to input an integer: ");
                s = fscanf(stdin, "%d", &i);
```

```
        }
        printf("Result = %d\n", i);
        return 0;
    }
```

分析：

（1）该程序检测输入的数据是否为整数，若不是，则要求重新输入。需要说明的是，当输入一个浮点数时，因自动进行类型转换，故不会发生错误。只有输入首字符非数字或字符串时，才会产生输入错误，但这个输入错误并不能由 ferror 来获取，而是通过 fscanf 所返回的实际转换的域个数来确定。

（2）键盘输入标准指针 stdin 本身是有缓冲区的，是一个缓冲流，输入的字符或字符串会暂时保存到它的缓冲区中。为了继续提取用户的输入，必须先清空缓冲区，语句"fflush(stdin);"就起到了这样的作用。若没有这条语句，就会导致输入流不能正常工作，如产生死循环等。

程序运行的结果如下：

```
Input an integer: asd↵
Input Data Error! Redo to input an integer: 123↵
Result = 123
```

12.5　综合实例：学生信息的文件存取

本实例通过文件操作来存取学生信息数据。要求如下：

（1）学生信息用结构类型 STUDENT 来描述，其成员有：姓名、学号、3 门课的成绩以及总分和平均分。

（2）函数 output 用来按相应对齐格式在一行中输出一个学生记录的所有数据。

（3）函数 Add 用来向打开的文件写入一条学生信息记录。

（4）函数 SeekByName 用来按姓名在文件中查找学生信息。

（5）函数 ListAll 用来列表显示文件中所有学生的数据。

（6）编写一个完整的程序并测试。

根据上述描述和要求，可编写下列程序。

【例 Ex_File.c】　学生信息的文件存取

```c
#include <stdio.h>
#include <conio.h>
#include <string.h>
typedef struct   student
{
    char    name[20];              /* 姓名 */
    char    no[20];                /* 学号 */
    float   score[3];              /* 3 门课程成绩 */
    float   total, ave;            /* 总成绩和平均成绩 */
}STUDENT;
void  output( STUDENT one, int index )
{
```

```c
        printf("%6d", index + 1);
        printf("%10s", one.name);
        printf("%10s", one.no);
        printf("%10.2f", one.score[0]);
        printf("%10.2f", one.score[1]);
        printf("%10.2f", one.score[2]);
        printf("%10.2f", one.total);
        printf("%10.2f\n", one.ave);
}
void Add( FILE *fp, STUDENT one )
{
        one.total    = one.score[0] + one.score[1] + one.score[2];
        one.ave      = one.total / 3.0f;
        fwrite( &one, sizeof(STUDENT), 1, fp );
}
/* 非 0 表示从开头开始查找；0 表示从当前位置开始查找 */
/* 函数返回查找到的记录在文件中的位置，-1 表示没有找到 */
long SeekByName( FILE *fp, const char *strName, int bStart )
{
        STUDENT    one;
        long  pos;
        if ( bStart ) rewind( fp );
        while ( !feof( fp ) )
        {
                pos    = ftell( fp );
                fread( &one, sizeof(STUDENT), 1, fp );
                if (strcmp( one.name, strName ) == 0 )
                        return pos;
        }
        clearerr( fp );
        return -1;
}
void ListAll( FILE *fp )
{
        char *strHead[] = { "Rec.", "Name", "Stu NO.", "S1", "S2", "S3", "Total", "Ave" };
        int            i, index = 0;
        STUDENT one;
        printf("%6s",strHead[0] );
        for (i=1; i<8; i++) printf("%10s",strHead[i] );
        printf("\n");
        rewind( fp );
        while ( !feof( fp ) )
        {
                fread( &one, sizeof(STUDENT), 1, fp );
                output( one, index );
                index ++;
        }
        clearerr( fp );
```

```
        }
        int main()
        {
            STUDENT stu1  = {"MaWenTao","99001",    88, 90, 75.5 };
            STUDENT stu2  = {"LiMing",    "99002",   92, 80, 81.5 };
            STUDENT stu3  = {"WangFang", "99003",    89, 70, 78 };
            STUDENT stu4  = {"YangYang", "99004",    90, 80, 90 };
            STUDENT stu5  = {"DingNing", "99005",    80, 78, 85 };
            FILE *fp = fopen( "student.dat", "w+" );        /* 打开文件用于读写 */
            if (!fp)
            {
                printf("Can't open student.dat!\n");        return 0;
            }
            Add( fp, stu1 );   Add( fp, stu2 );   Add( fp, stu3 );   Add( fp, stu4 );   Add( fp, stu5 );
            ListAll( fp );
            /* 查找 */
            {
                STUDENT one;
                long  pos;
                pos = SeekByName( fp, "LiMing", 1 );
                printf("The seeked result : \n");
                if ( pos >= 0 )
                {
                    fseek( fp, pos, SEEK_SET );
                    fread( &one, sizeof(STUDENT), 1, fp );
                    output( one, pos / sizeof(STUDENT) );
                } else
                    printf("\tNo Find! \n");
            }
            fclose( fp );
            getch();
            return 0;
        }
```

程序运行的结果如下：

Rec.	Name	Stu NO.	S1	S2	S3	Total	Ave
1	MaWenTao	99001	88.00	90.00	75.50	253.50	84.50
2	LiMing	99002	92.00	80.00	81.50	253.50	84.50
3	WangFang	99003	89.00	70.00	78.00	237.00	79.00
4	YangYang	99004	90.00	80.00	90.00	260.00	86.67
5	DingNing	99005	80.00	78.00	85.00	243.00	81.00
6	DingNing	99005	80.00	78.00	85.00	243.00	81.00
The seeked result:							
2	LiMing	99002	92.00	80.00	81.50	253.50	84.50

　　总之，在 C 语言的头文件 stdio.h 中定义了与文件流操作相关的大量库函数，使应用程序不仅可以在程序中处理数据，而且还可以使数据具有持久性。另外，文件和动态内存也是

C 语言开发应用程序的最基本模型，在最后的实验实例中还会对此进一步讨论。

习题 12

一、程序填空题

1. 以下程序的功能是将文件 file1.c 的内容输出到屏幕上并复制到文件 file2.c 中，请填空使程序完整。

```
#include <stdio.h>
int main ( )
{
        FILE [                    ];
        fp1=fopen("file1.c", "r");    fp2=fopen("file2.c", "w");
        while (!feof(fp1))    putchar(getc(fp1));
        [                    ];
        while (!feof(fp1))    putc([                    ]);
        fclose(fp1);    fclose(fp2) ;
        return 0;
}
```

2. 以下程序的功能是将文件 stud.dat 中第 i 个学生的姓名、学号、年龄和性别输出，请填空使程序完整。

```
#include <stdio.h>
struct student_type
{
        char name[10] ; int num ; int age ; char sex ;
} stud[10] ;
int    main ( )
{        int i ; FILE [                    ];
        if ((fp1=fopen("stud_data","rb"))==NULL)
        {    printf("error!\n"); exit(0) ; }
        scanf("%d",&i); fseek([                    ]);
        fread([                    ],sizeof(struct student_type),1,fp);
        printf("%s%d%d%c\n",stud[i].name,stud[i].num,stud[i].age,stud[i].sex);
        fclose(fp); return 0;
}
```

3. 以下程序的功能是用变量 count 统计文件中的字符个数，请填空使程序完整。

```
#include <stdio.h>
int main ( )
{    FILE fp; long count=0;
    if ((fp=fopen("letter.dat",[                    ]))==NULL)
    {    printf("error!\n"); exit(0) ; }
    while (!feof(fp))
    {    [                    ];    [                    ];    }
    printf("count=%ld\n",count);    fclose(fp);    return 0;
}
```

4．以下程序的功能是从一个二进制码文件中读入结构体数据，并把结构体数据显示在屏幕上，请填空使程序完整。

```
#include <stdio.h>
struct rec
{   int num ; float total ;    }
void recout (                        )
{
        struct rec r ;
        while (!feof(f))
        {   fread(&r,                        ,l,f);
            printf("%d,%f\n",                        );
        }
}
int main ( )
{    FILE f; long count=0;
     f = fopen("bin.dat","rb");    recout(f);    fclose(f);
     return 0;
}
```

二、编程题

1．设计一个程序，实现整数和字符串的输入/输出，当输入的数据不正确时，要进行流的出错处理，要求重新输入数据，直到输入正确为止。

2．建立一个二进制码文件，用来存放自然数 1～20 及其平方根，然后输入 1～20 之内的任意一个自然数，查找出其平方根显示在屏幕上（求平方根时可使用 math.h 中的库函数 sqrt）。

3．在综合应用实例 Ex_File.c 的基础上，进行下列修改：

（1）添加 input 函数，用于通过键盘输入来建立数据，并对课程成绩数据进行流出错处理以及范围的检测。

（2）加 SeekByNo 函数，用于在文件中以学号来查找学生信息记录。

（3）添加 Sort 函数，用于按平均成绩从高到低排序，排序后另存储到文件 student.inx。

（4）添加 ListFile 函数，用于将 student.inx 或 student.dat 文件中的内容列表全部显示。

第二部分 实 验

实验 1 认识 Visual C++6.0 中文版开发环境

实验内容

（1）熟悉 Visual C++ 6.0（SP6）的开发环境。

（2）操作工具栏和项目工作区窗口。

（3）用应用程序向导创建一个控制台应用项目 Ex_Hello。

（4）输入并执行一个新的 C 程序 Ex_Sim.c。

实验步骤

1. 打开计算机，启动 Windows 2000 或 XP 操作系统

2. 创建工作文件夹

创建 Visual C++ 6.0 的工作文件夹"D:\C 程序\LiMing"（LiMing 是自己的名字），以后所有实验创建的应用程序都在此文件夹下，这样既便于管理，又容易查找。在文件夹"LiMing"下再创建一个子文件夹"实验 1"，下一次实验就在"LiMing"文件夹下创建子文件夹"实验 2"，依次类推。

3. 启动 Visual C++ 6.0

选择"开始"→"程序"→"Microsoft Visual Studio 6.0"→"Microsoft Visual C++ 6.0"，运行 Visual C++ 6.0。第一次运行时，将显示如图 T1.1 所示的"每日提示"对话框。单击"下一条"按钮，可看到有关各种操作的提示。单击"关闭"按钮关闭此对话框，进入 Visual C++ 6.0 开发环境，如图 T1.2 所示。

4. 创建一个控制台应用项目

Visual C++ 6.0 提供了应用程序向导 AppWizard 为用户快速生成许多应用程序类型框架，但这些框架多数是基于 Windows 应用程序而设计的。对于 C 编程来说，使用"控制台应用程序"框架可以较好地满足学习和使用 C 程序进行各种应用的需要。

所谓"控制台应用程序"，是指那些需要与传统 DOS 操作系统保持程序上的某种兼容，同时又不需要为用户提供完善界面的程序。简单地讲，就是指在 Windows 环境下运行的 DOS 程序。在 Visual C++ 6.0 中，用 AppWizard 创建一个控制台应用程序可按下列步骤进行：

（1）选择"文件"→"新建"菜单命令，显示出"新建"对话框，选择"工程"标签，并从列表框中选中"Win32 Console Application"项。在"工程"编辑框中输入控制台应用程序项目名称 Ex_Hello，并将项目文件夹定位到"D:\C++程序\LiMing\实验 1"，如图 T1.3 所示。

图 T1.1 "每日提示"对话框

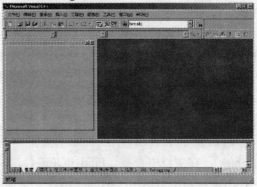

图 T1.2 Visual C++开发环境（无项目）

图 T1.3 新建一个工程

（2）单击"确定"按钮，显示 Win32 应用程序向导对话框。第 1 步是询问项目类型，如图 T1.4 所示。

（3）选中"一个'Hello，World!'程序"。单击"完成"按钮，系统将显示向导创建的信息，如图 T1.5 所示，单击"确定"按钮将自动创建此应用程序。

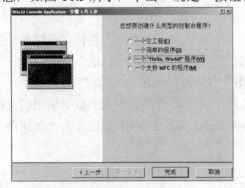

图 T1.4 控制台应用程序的第 1 步

图 T1.5 工程信息对话框

5. 认识开发环境界面

项目创建后，Visual C++ 6.0 开发环境如图 T1.6 所示。它由标题栏、菜单栏、工具栏、项目工作区窗口、文档窗口、输出窗口、输出窗口标签以及状态栏等组成。

标题栏一般有"最小化"（ ▬ ）、"最大化"（ ▢ ）或"还原"（ ▣ ）以及"关闭"（ ✖ ）按钮，单击"关闭"按钮将退出开发环境。标题栏上还显示出当前文档窗口中显示的文档的文件名。

菜单栏包含了开发环境中几乎所有的命令，它为用户提供了文档操作、程序的编译、调试、窗口操作等一系列的功能。菜单中的一些常用命令还被排列在相应的工具栏上，以便用户更好地操作。

项目工作区窗口包含用户项目的一些信息，包括类（ClassView 页面）、项目文件（FileView 页面）等。在项目工作区窗口中的任何标题或图标处单击鼠标右键，都会弹出相应的快捷菜单，包含当前状态下的一些常用操作。

文档窗口一般位于开发环境中的右边，各种程序代码的源文件、资源文件、文档文件等都可以通过文档窗口显示出来。

输出窗口一般出现在开发环境窗口的底部，它包括了编译（Build、组建）、调试（Debug）、在文件中查找（Find in Files）等相关信息的输出。这些输出信息以多页面标签的形式出现在输出窗口中，例如"组建"页面标签显示的是程序在编译和连接时的进度及出错信息。

状态栏一般位于开发环境的最底部，它用来显示当前操作状态、注释、文本光标所在的行列号等信息。

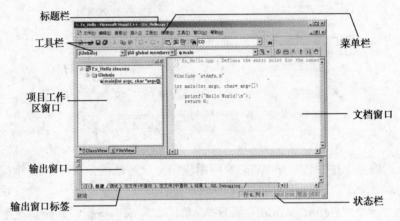

图 T1.6　Visual C++ 6.0 中文版开发环境（有项目）

6. 认识工具栏

菜单栏下面是工具栏。工具栏上的按钮通常和一些菜单命令相对应，提供了经常使用的命令的一种快捷方式。Visual C++ 6.0 开发环境默认显示的工具栏有："标准"（Standard）工具栏、"向导"（WizardBar）工具栏及"编译微型条"（Build MiniBar）工具栏。

（1）标准工具栏。如图 T1.7 所示，标准工具栏中的工具按钮命令大多数是常用的文档编辑命令，如 New Text File、Save、Undo、Redo 和 Find 等，表 T1.1 列出了各个按钮命令的含义。

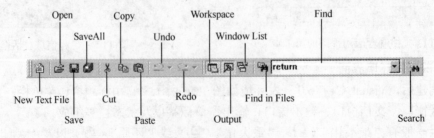

图 T1.7　标准工具栏

按 钮 命 令	功 能 描 述	按 钮 命 令	功 能 描 述
New Text File	新建一个文本文件	Redo	恢复被撤销的操作
Open	打开已存在的文件	Workspace	显示或隐藏项目工作区窗口
Save	保存当前文件	Output	显示或隐藏输出窗口
Save All	保存所有打开的文件	Window List	文档窗口操作
Cut	将当前选定的内容剪切掉，并移至剪贴板中	Find in Files	在指定的多个文件（夹）中查找字符串
Copy	将当前选定的内容复制到剪贴板中	Find	指定要查找的字符串，按 Enter 键进行查找
Paste	将剪贴板中的内容粘贴到光标当前位置处	Search	在当前文件中查找指定的字符串
Undo	撤销上一次操作		

（2）向导工具栏。向导工具栏是 Visual C++ 6.0 中使用频率最高的工具之一，它由 3 个相互关联的组合框和一个 Actions 控制按钮组成，如图 T1.8 所示。

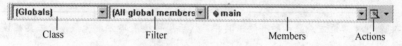

图 T1.8　向导工具栏

3 个组合框分别表示类信息（Class）、选择相应类的过滤器（Filter）和相应类的成员函数（Members）等。单击 Actions 控制按钮可以将文本指针移动到指定类成员函数在相应的源文件的定义和声明的位置处，单击 Actions 向下按钮（▼）会弹出一个快捷菜单，从中可以选择要执行的命令。

（3）编译微型条工具栏。编译微型条工具栏提供了常用的编译、连接操作命令，如图 T1.9 所示。表 T1.2 列出了各个按钮命令的含义。

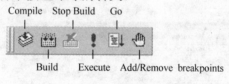

图 T1.9　编译微型条工具栏

表 T1.2　编译微型条工具栏按钮命令及功能描述

按 钮 命 令	功 能 描 述	按 钮 命 令	功 能 描 述
Compile	编译 C 或 C++源代码文件	Execute	执行应用程序
Build	生成应用程序的 EXE 文件	Go	单步执行
Stop Build	停止编连	Add/Remove breakpoints	插入或消除断点

需要说明的是，上述工具栏上的按钮有时是处于未激活状态的，例如，标准工具栏的"Copy"按钮在没有选定对象前是灰色的，这时用户无法使用它。

7. 工具栏的显示和隐藏

显示或隐藏工具栏可以使用"定制"对话框或快捷菜单两种方式进行操作。

（1）选择"工具"菜单→"定制"命令项。

（2）弹出"定制"对话框，如图 T1.10 所示；单击"工具栏"页面标签，将显示出所有的工具栏名称，那些显示在开发环境上的工具栏名称前面将带有选中标记（✔）。

如果觉得上述操作不够便捷，那么可以在开发环境的工具栏处单击鼠标右键，这时就会弹出一个包含工具栏名称的快捷菜单，如图 T1.11 所示。

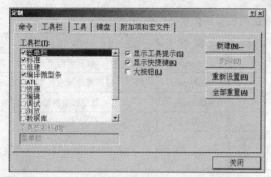

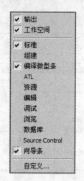

图 T1.10 "定制"对话框　　　　　　　　图 T1.11 工具栏的快捷菜单

若要显示某工具栏，只要单击该工具栏名称，使前面的复选框带有选中标记即可。同样的操作再进行一次，工具栏名称前面的复选框的选中标记将消失，该工具栏就会从开发环境中消失。

> 用"定制"对话框方式显示所有的工具栏，然后用快捷菜单方式隐藏，使工具栏恢复到默认的界面。

8. 工具栏的浮动与停泊

Visual C++ 6.0 的工具栏具有"浮动"与"停泊"功能。当 Visual C++ 6.0 启动后，系统默认将常用工具栏"停泊"在主窗口的顶部。若将鼠标指针移至工具栏的"把手"（▮）处或其他非按钮区域，然后按住鼠标左键，可以将工具栏拖动到主窗口的四周或中央。如果拖动到窗口的中央处松开鼠标左键，则工具栏成为"浮动"的工具窗口，窗口的标题就是该工具栏的名称。拖动工具栏窗口的边或角可以改变其形状。例如，图 T1.12 所示是标准工具栏浮动的状态，其大小已被改变过。

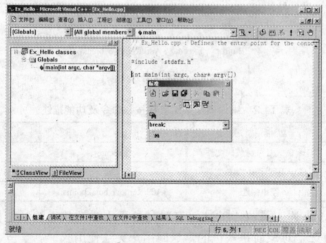

图 T1.12 浮动的标准工具栏

当然，浮动和停泊两种状态可以进行切换。在"浮动"的工具窗口标题栏处双击鼠标左键或将其拖放到主窗口的四周，都能使其停泊在相应的位置处。在"停泊"工具栏的非按钮区域双击鼠标左键，可切换成"浮动"的工具窗口。

> 将"标准"工具栏依次向窗口的四周"停泊"，然后恢复到默认的位置。

9. 项目工作区窗口

Visual C++在应用程序管理上是非常方便的，它不仅可以管理一个 Windows 应用程序的多种类型文件，而且还可以用于 C 应用程序的文件管理。项目工作区窗口就是用来进行文件管理的，它可用来显示、修改、添加、删除这些文件，并能管理多个项目。

对于 C 应用程序来说，项目工作区窗口包含两个页面：ClassView（类视图）和 FileView（文件视图），参见图 T1.6。

ClassView 页面用以显示项目中所有的类信息。若打开的项目名为 Ex_Hello，单击项目区窗口底部的 ClassView 页面标签，则显示出"Ex_Hello classes"的树状节点，在它的前面是一个图标和一个套在方框中的符号"+"，单击符号"+"或双击图标，Ex_Hello 中的所有类名将被显示。图 T1.6 中的 Globals 表示"全局"。

FileView 页面用来将项目中的所有文件（C 源文件、头文件等）分类显示。每类文件在 FileView 页面中都有自己的节点，例如，所有的 C 源文件都在 Source File（源文件）节点中。用户不仅可以在节点项中移动文件，而且还可以创建新的节点以将一些特殊类型的文件放在该节点中。

> 查看 Ex_Hello 项目的 FileView 页面，看看该项目有哪些文件。

切换到 FileView 页面，可以看到 AppWizard 自动生成了 Ex_Hello.cpp, StdAfx.cpp, StdAfx.h 以及 ReadMe.txt 4 个文件，如图 T1.13 所示。

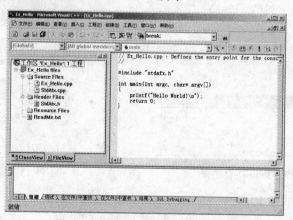

图 T1.13　Ex_Hello 项目工作区内容

其中，StdAfx.cpp 是一个只有一条语句（#include "stdafx.h"）的空文件，StdAfx.h 是每个应用程序所必有的预编译头文件，程序所用到的 Visual C++头文件包含语句均添加到这个文件中；ReadMe.txt 是 Visual C++ 6.0 为每个项目配置的说明文件，它包括对 AppWizard 产生文件类型的说明以及操作的一些技巧；而 Ex_Hello.cpp 是 AppWizard 产生的"真正"具有实际意义的程序源代码文件，几乎所有的代码都是添加在这个文件中的。

Ex_Hello.cpp 文件中，main 函数是程序的入口点，它是程序的主函数，每一个 C/C++控制台应用程序都必须且只能包含一个这样的主函数。printf 是一个 C 库函数，用来进行格式输出。"printf（"Hello World!\n"）；"是将"Hello World!"显示在屏幕上，' \n '是一个转义字符，它表示换行。

10. 编译运行

（1）单击编译工具条 上的生成工具按钮 或直接按快捷键 F7 或打开"编

译"菜单，选取"编译 Ex_Hello.exe"命令，系统就会开始对 Ex_Hello 进行编译、连接，同时在输出窗口中显示出编译的内容，当出现：

> Ex_Hello.ese – 0 error(s), 0 warning(s)

时，表示 Ex_Hello.exe 可执行文件已经正确、无误地生成了。

（2）单击编译工具条 上的运行工具按钮!或直接按快捷键 Ctrl+F5 或在"编译"菜单中选取"执行 Ex_Hello.exe"命令，就可以运行刚刚生成的 Ex_Hello.exe 了。结果如图 T1.14 所示，弹出的运行结果窗口就是控制台窗口。

需要说明：

① 默认的控制台窗口显示的字体和背景与图 T1.14 是不同的。单击窗口的标题栏最左边的按钮 ![C:\]，从弹出的菜单中选择"属性"，弹出如图 T1.15 所示的控制台属性对话框，在"字体"和"颜色"等页面中可设置控制台窗口显示的界面类型。

② 控制台窗口中，"Press any key to continue"是 Visual C++自动加上去的，表示 Ex_Hello 运行后，按任意键将返回到 Visual C++ 6.0 开发环境。

③ 上述控制台应用程序创建时所使用的是 C++程序框架，C 程序的建立通常需要执行以下介绍的步骤。

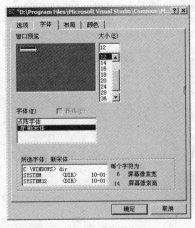

图 T1.14　Ex_Hello 运行结果　　　　　　图 T1.15　控制台属性对话框

11. 输入一个新的 C 程序

（1）选择"文件"→"关闭工作空间"，关闭原来的项目。

（2）单击标准工具栏上的"New Text File"按钮 ![图标]，打开一个新的文档窗口，在这个窗口中输入下列 C 程序代码：

```c
/* 一个简单的 C 程序 */
#include <stdio.h>
int main()
{
    double r, area;                    /* 定义变量 */
    printf("输入圆的半径：");           /* 输出提示信息 */
    scanf("%lf", &r );                 /* 获取从键盘中输入 r 的值 */
    are = 3.14159 * r * r;             /* 计算面积 */
    printf("圆的面积为：%f\n", area);   /* 输出面积 */
    return 0;                          /* 指定返回值 */
}
```

这段代码是有**错误**的，下面将会通过开发环境来修正它。注意：在输入字符和汉字时，要切换到相应的输入方式中，除了字符串和注释可以使用汉字外，其余一律用英文字符输入。

（3）选择"文件"→"保存"菜单或按快捷键 Ctrl+S 或单击标准工具栏的 Save 按钮█，弹出"保存为"文件对话框。将文件定位到"D:\C程序\LiMing\实验 1"并保存，文件名为"Ex_Sim.c"（注意扩展名".c"不能省略），结果如图 T1.16 所示。

（4）单击"保存"按钮，此时在文档窗口中部分代码的颜色发生了变化，这是 Visual C++ 6.0

图 T1.16　保存代码

的文本编辑器所具有的语法颜色功能，绿色表示注释，蓝色表示关键字，如图 T1.17 所示。

图 T1.17　Ex_Simple.cpp 编译后的开发环境

（5）单击编译工具条 █████████ 上的生成工具按钮█或直接按快捷键 F7，出现一个对话框，询问是否为该应用程序创建一个活动的工作文件夹，单击"是"按钮。系统开始对 Ex_Simple 进行编译、连接，同时在输出窗口中显示出编连的内容。由于这段代码有错误，所以会在输出窗口的"编译"页面中出现"Ex_Sim.exe - 1 error(s), 0 warning(s)"字样，如图 T1.17 所示。

12．修正语法错误

（1）移动"组建"页面窗口的滚动条，使窗口中显示出第 1 条错误信息"xxx(8)：error C2065: 'aea'：undeclared identifier"，其含义是："aea"是一个未定义的标识，错误发生在第 8 行上。双击该错误提示信息，光标将自动定位在发生该错误的代码行上，如图 T1.18 所示。

（2）将"aea"改成"area"，重新编译和连接。编译后，"Build"页面窗口给出的第 1 条错误信息是

xxx (9)：error C2001: newline in constant

指明第 9 行处在新行之前有一些常量符（constant）出错。

（3）将"圆的面积为：%f\n"中的汉字引号"改为字符"，再次单击编译工具条上的运行工具按钮█或直接按快捷键 Ctrl+F5 运行程序，结果将显示在控制台窗口中，如图 T1.19 所示。

图 T1.18　显示第 1 个语法错误

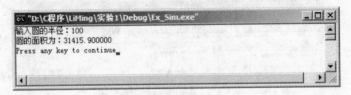

图 T1.19　Ex_Simple.exe 运行结果

13. 退出 Visual C++ 6.0

退出 Visual C++ 6.0 有两种方式：一种是单击主窗口右上角的"关闭"按钮（X），另一种是在菜单中选择"文件"→"退出"命令。

14. 写出实验报告

结合思考与练习题，写出实验报告。

思考与练习

（1）除工具栏可以浮动和停泊外，还有哪些窗口可以这样操作？

（2）经过创建项目文件的实验，试总结创建一个 C 应用程序有哪些方法。你认为哪种方法最适当？

实验 2 数据类型、运算符和表达式

实验内容

（1）测试前缀和后缀自增自减运算符。

（2）测试 printf 和 scanf 的基本输入和输出用法。

（3）编写程序 Ex_CAB.c，求圆的周长、圆面积、圆球体积、圆柱体积。要求用 const 设定 PI 常量，定义适当数据类型的变量，并设圆或球半径和圆柱的高的初值分别为 2.5，4，依次计算上述结果并输出，输出时要有相应的文字提示。

（4）从键盘输入一个 3 位数，从左到右用 a，b，c 表示各位的数字，记为 abc，现要求依次输出从右到左的各位数字，即输出另一个 3 位数 cba。例如，输入 123，输出 321。试设计程序 Ex_Abc.c。

实验步骤

1. 创建工作文件夹

打开计算机，在"D:\C 程序\LiMing"文件夹中创建一个新的子文件夹"实验 2"。

2. 创建测试应用程序项目 Ex_Test

（1）启动 Visual C++ 6.0。

（2）单击标准工具栏上的"New Text File"按钮 📄，打开一个新的文档窗口。

（3）选择"文件"→"保存"菜单命令或按快捷键 Ctrl+S 或单击标准工具栏的 Save 按钮 💾，弹出"保存为"文件对话框。将文件定位到"D:\C 程序\LiMing\实验 2"并保存，文件名为 Ex_Test.c （注意扩展名".c"不能省略）。

3. 添加自增自减的表达式测试代码

（1）在文档窗口中输入下列代码：

```
#include <stdio.h>
int main()
{
    int i = 8, j = 10, m = 0, n = 0;

    m += i++;
    n -= --j;
    printf("i = %d, j = %d, m = %d, n = %d\n", i, j, m, n);

    i = 8;    j = 10;
    printf("%d, %d, %d, %d\n", i++, i++, j--, j--);
    printf("i = %d, j = %d\n", i, j);
```

```
        i = 2;      j = 3;
        printf("%d, %d\n", i++ * i++ * i++, j++ * --j * --j);        /* C */
        printf("i = %d, j = %d\n", i, j);

        return 0;
    }
```

（2）编译运行后，写出其结果，并加以分析。

（3）若将 C 行修改为下列代码，则结果又将如何？请分析之。

```
    i = j = 3;
    printf("%d, %d\n", ++i * ++i * --i * --i * ++i,  ++j * --j * --j * ++j * ++j);
```

（4）编译运行后，写出其结果，并加以分析。

4. 修改并添加 scanf 和 printf 的测试代码

（1）将 main 函数修改成下列的代码：

```
    int main()
    {
        char   c1, c2, c3;
        scanf("%c%c%c", &c1, &c2, &c3);
        return 0;
    }
```

若在执行过程中，输入：

```
    'a'  'b'  'c' ↵
```

则 scanf 执行后，c1, c2, c3 的值分别是什么？若输入：

```
    abcdef ↵
```

则 scanf 执行后，c1, c2, c3 的值分别又是什么？

（2）将 main 函数修改成下列的代码：

```
    int main()
    {
        int   a, b, c;
        scanf("%x%o%d", &a, &b, &c);
        printf("%x,  %o,  %d", a, b, c);
        return 0;
    }
```

若在执行过程中，输入：

```
    12   12   12↵
```

指出 scanf 执行后，a, b, c 的值分别是什么？输出的结果是什么？

5. 输入并运行程序 Ex_CAB.c

（1）选择"文件"→"关闭工作空间"命令，关闭原来的项目。

（2）单击标准工具栏上的"New Text File"按钮 📄，在新打开的文档窗口中输入下列程序代码：

```
    #include <stdio.h>
    int main()
    {
        const double PI = 3.14159265;
```

```
        double r = 2.5, h = 4.0, dResult;
        dResult = PI*r*2.0;
        printf("圆周长为：%g\n", dResult);
        dResult = PI*r*r;
        printf("圆面积为：%g\n", dResult);
        dResult = PI*r*r*r*4.0/3.0;
        printf("圆球体积为：%g\n", dResult);
        dResult = PI*r*r*h;
        printf("圆柱体积为：%g\n", dResult);

        return 0;
    }
```

（3）将上述代码保存为 Ex_CAB.c，然后编译运行，写出其运行结果。

6. 输入并运行程序 Ex_Abc.c

（1）选择"文件"→"关闭工作空间"命令，关闭原来的项目。

（2）单击标准工具栏上的"New Text File"按钮 📄，在新打开的文档窗口中输入下列
程序代码：

```
    #include <stdio.h>
    int main()
    {
        int n;
        int m = 0, a, nBak;
        printf("请输入一个 3 位数整数：");
        scanf("%d", &n);
        nBak = n;
        /* 将个位变成百位 */
        a = n%10;   m += 100 * a;
        /* 获取十位的值 */
        n /= 10;      a = n%10;   m += 10 * a;
        /* 将百位变成个位 */
        n /= 10;      a = n%10;   m += a;
        printf("原有整数：%d, 转变后为：%d\n", nBak, m);
        return 0;
    }
```

（3）将上述代码保存为 Ex_Abc.c。

（4）编译运行，写出并测试其运行结果。

7. 退出 Visual C++ 6.0

8. 写出实验报告

结合上述分析、修改、练习以及下面的思考与练习内容，写出实验报告。

思考与练习

（1）前缀或后缀的自增和自减运算符有什么不同？在 Visual C++中，多个自增和自减运
算符与算术运算符混合运算时有什么规律？

（2）用 sizeof 运算符编写一个测试程序，用来测试本机中各基本数据类型或字符串所占

的字节数，并将其结果填写于表中，然后分析。

基本数据类型或字符串	所占字节数	基本数据类型或字符串	所占字节数
char		float	
short		double	
int		long double	
long		"\nCh\t\v\0ina"	

实验 3 分支语句

实验内容

（1）程序 Ex_If.c：计算下列数学函数：

$$y = \begin{cases} x-1 & (x \geqslant 10) \\ 2x+2 & (1 < x < 10) \\ 3x^2 + 3x - 1 & (x \leqslant 1) \end{cases}$$

当输入 x 后，输出 y 的值。

（2）程序 Ex_Switch.c：给出一个百分制成绩，要求输出成绩等级 A, B, C 和 D。其中，85 分以上为 A，75～84 分为 B，65～74 分为 C，65 分以下为 D。

（3）程序 Ex_Root.c：求解一元二次方程 $ax^2 + bx + c = 0$ 的根。当 $a=0$ 且 $b=0$ 时，方程无根；当 $a=0$ 且 $b \neq 0$ 时，方程有一个根；当 $a \neq 0$ 时，根据 $\Delta = b^2 - 4ac$ 确定方程的根，若 $\Delta > 0$，有两个不同的实根，当 $\Delta = 0$，有两个相同的根，当 $\Delta < 0$，有两个不同的复根。输入参数 a,b,c，输出相应的结果。（要用到 math.h 定义的求绝对值库函数 fabs 和求平方根库函数 sqrt）。

实验步骤

1. 创建工作文件夹

打开计算机，在 "D:\C 程序\LiMing" 文件夹中创建一个新的子文件夹 "实验 3"。

2. 输入并运行程序 Ex_If.c

（1）启动 Visual C++ 6.0。

（2）单击标准工具栏上的 "New Text File" 按钮 📄，在新打开的文档窗口中输入下列程序代码：

```c
#include <stdio.h>
int main()
{
    double x, y;

    printf("输出 x 的值：");
    scanf("%lf", &x);

    if (x>=10.0)
        y = x - 1.0;
    else if ((x>1.0)&&(x<10.0))
        y = 2.0*x + 2.0;
    else if (x<=1.0)
```

```
                y = 3.0*x*x + 3.0*x - 1.0;

        printf("y 的值为：%f\n", y);
        return 0;
    }
```

（3）选择"文件"→"保存"菜单命令或按快捷键 Ctrl+S 或单击标准工具栏的"Save"
按钮，弹出"保存为"文件对话框。将文件定位到"D:\C 程序\LiMing\实验 3"并保存，
文件名为 Ex_If.c。

（4）编译运行。输入测试数据：0, 5, 10，分析并记录运行结果。

3. 输入并运行程序 Ex_Switch.c

（1）选择"文件"→"关闭工作空间"命令，关闭原来的项目。

（2）单击标准工具栏上的"New Text File"按钮，在新打开的文档窗口中输入下列
程序代码：

```c
#include <stdio.h>
int main()
{
    float  fScore = 80;
    char   chGrade;
    int    n;

    printf("请输入百分制分数: ");
    scanf("%f", &fScore );

    /* 分成等级 */
    n = ((int)fScore + 5 ) / 10;
    switch(n)
    {
        case 10:
        case 9:         chGrade = 'A';
                        break;
        case 8:         chGrade = 'B';
                        break;
        case 7:         chGrade = 'C';
                        break;
        case 6:         chGrade = 'D';
                        break;
        default:    chGrade = 'D';
    }
    printf("相应的等级为：%c\n", chGrade);
    return 0;
}
```

（3）保存文件，将文件定位到"D:\C 程序\LiMing\实验 3"并保存，文件名为 Ex_Switch.c。

（4）编译运行。输入测试数据：90, 75, 60，分析并记录运行结果。

4. 输入并运行程序 Ex_Root

（1）选择"文件"→"关闭工作空间"命令，关闭原来的项目。

（2）单击标准工具栏上的 "New Text File" 按钮 🗐，在新打开的文档窗口中输入下列程序代码：

```
#include <stdio.h>
#include <math.h>
int main()
{
        double a, b, c;
        printf("请输入方程的系数 a,b,c: ");
        scanf("%lf%lf%lf", &a, &b, &c);

        if (( 0.0 == a) && (0.0 == b))
            printf("方程无根！\n");
        else if ( 0.0 == a)
            printf("方程有一个实根：%f\n", -c/b);
        else
        {
            double delta, real, image;
            delta = b*b - 4.0*a*c;
            real  = -b / (2.0*a);
            image = sqrt( fabs( delta ) )/ (2.0 * a);
            if (delta>0.0)
                printf("方程有两个不同的实根：%f, %f\n", real + image, real - image);
            else if (0.0 == delta)
                printf("方程有两个相同的实根：%f\n", real );
            else
                printf("方程有两个不同的复根：%g+%gi, %g-%gi\n", real, image, real, image);
        }
        return 0;
}
```

（3）选择 "文件" → "保存" 菜单命令或按快捷键 Ctrl+S 或单击标准工具栏的 "Save" 按钮 💾，弹出 "保存为" 文件对话框，将程序保存为 Ex_Root.c。

（4）编译运行。测试的数据有：

2	30	4
55	3	4
38.3	91	4

（5）修改程序：要求输入方程的 3 个系数后，输出完整的方程式；添加适当的注释、空行，提高其可读性。

5．退出 Visual C++ 6.0

6．写出实验报告

结合上述分析、修改、练习以及下面的思考与练习的内容，写出实验报告。

思考与练习

（1）在例 Ex_If.c 中，若用 switch 有什么困难？

（2）程序中应如何处理不在条件范围内的数据输入？

实验内容

（1）程序 Ex_Fib.c：斐波那契（Fibonacci）数列中的头两个数是 1 和 1，从第 3 个数开始，每个数等于前两个数的和。编程计算并输出此数列的前 30 个数，且每行输出 5 个数。

（2）程序 Ex_Taylor.c：用泰勒（Taylor）级数求 e 的近似值，直到最后一项小于 10^{-6} 为止。

$$e = 1 + \frac{1}{1!} + \frac{1}{2!} + ... + \frac{1}{n!}$$

（3）程序 Ex_Graph.c：打印下列菱形图案：

```
    *
   * * *
  * * * * *
 * * * * * * *
  * * * * *
   * * *
    *
```

实验步骤

1．创建工作文件夹

打开计算机，在"D:\C 程序\LiMing"文件夹中创建一个新的子文件夹"实验 4"。

2．输入并运行程序 Ex_Fib.c

（1）启动 Visual C++ 6.0。

（2）单击标准工具栏上的"New Text File"按钮 📄，在新打开的文档窗口中输入下列程序代码：

```c
#include <stdio.h>
int main()
{
    const int nMax = 30;
    long n1, n2, n;
    int i;
    for ( i = 0; i<nMax; i++)
    {
        if (( 0 == i) || (1 == i))
        {
            n = 1;
```

```
                n1 = n2 = 1;
            }
            else
            {
                n = n1 + n2;
                n1 = n2;        n2 = n;
            }
            if ((i%5 == 0) && (i!=0))
                printf("\n");
            printf("%ld\t", n );
        }
        printf("\n");
        return 0;
}
```

（3）单击标准工具栏的"Save"按钮 ，弹出"保存为"文件对话框。将文件定位到
"D:\C 程序\LiMing\实验 4"并保存，文件名为 Ex_Fib.c。

（4）编译运行。

> 如果要输出前 50 项，会出现什么问题？为什么？如何解决？

3. 输入并运行程序 Ex_Taylor.c

（1）选择"文件"→"关闭工作空间"命令，关闭原来的项目。

（2）单击标准工具栏上的"New Text File"按钮 ，在新打开的文档窗口中输入下列
程序代码：

```
#include <stdio.h>
int main()
{
    double    eSum = 0.0, e = 1.0;
    int       n = 1;
    while ( e > 10e-6 )
    {
        eSum += e;
        e /= (double)n;
        n++;
    }
    printf("结果为：%f\n", eSum);
    return 0;
}
```

（3）单击标准工具栏的"Save"按钮 ，弹出"保存为"文件对话框，将文件保存为
Ex_Taylor.c。

（4）编译运行。

> 分析这里给出的程序：与公式相对应，为什么程序中没有 $n!$ 的计算，程序中是靠什么来
> 实现的？

4．输入并运行程序 Ex_Graph.c

（1）选择"文件"→"关闭工作空间"命令，关闭原来的项目。

（2）单击标准工具栏上的"New Text File"按钮 📄，在新打开的文档窗口中输入下列程序代码：

```c
#include <stdio.h>
int main()
{
    int nSize = 7;                  /* 大小 */
    int nRow;                       /* 行 */
    int nSpace;                     /* 空格 */
    int nStar;                      /* 星号 */

    for (nRow = 0;   nRow<nSize;   nRow += 2)                    /* 绘制上部分形状 */
    {
        for (nSpace = 0; nSpace<nSize-nRow; nSpace += 2)        /* 输出前面的空格 */
            printf(" ");
        for (nStar = 0; nStar<=nRow; nStar++)                   /* 输出星号 */
            printf("*");
        printf("\n");
    }
    for (nRow = 0;   nRow<nSize-2;   nRow += 2)                 /* 绘制下部分形状 */
    {
        for (nSpace = 0; nSpace<nRow+4; nSpace+=2)
            printf(" ");
        for (nStar = 2; nStar<nSize-nRow; nStar++)
            printf("*");
        printf("\n");
    }
    return 0;
}
```

（3）单击标准工具栏的"Save"按钮 💾，弹出"保存为"文件对话框，将文件保存为 Ex_Graph.c。

（4）编译运行，若将 nSize 改为 9，11，13，则运行的结果如何？

5．退出 Visual C++ 6.0

6．写出实验报告

结合上述分析、修改、练习以及下面的思考与练习的内容，写出实验报告。

思考与练习

（1）在 Ex_Fib.c 程序中，若每行输出的项是 10 个，则程序应如何修改？

（2）在 Ex_Graph.c 程序中，若循环变量的值的增量不是 2，而是 1，则程序应如何修改？

（3）画出例 Ex_Taylor.c 的 N-S 图。

实验 5 函 数

实验内容

（1）程序 Ex_Area.c：已知三角形的三边 a, b, c，则三角形的面积为
$$area = \sqrt{s(s-a)(s-b)(s-c)}$$

其中 $s = (a+b+c)/2$。需要说明的是，三角形的三边的边长由 cin 输入，需要判断三边是否能构成一个三角形，若可以，则计算其面积并输出，否则输出"错误：不能构成三角形！"。编写一个完整的程序，其中需要两个函数，一个函数用来判断，另一个函数用来计算三角形的面积。

（2）程序 Ex_Power.c：编程求下式值，其中 n^i 用函数来实现：
$$n^1 + n^2 + n^3 + n^4 + \cdots + n^{10} \qquad \text{其中 } n = 1, 2, 3。$$

（3）程序 Ex_Rev.c：设计一个函数，要求能将一个正整数 n 按反序输出，n 的位数不定。例如，123 输出 321。用递归函数来实现，编写完整的程序并测试。

实验步骤

1. 创建工作文件夹
打开计算机，在"D:\C 程序\LiMing"文件夹中创建一个新的子文件夹"实验 5"。

2. 输入程序 Ex_Area.c
（1）启动 Visual C++ 6.0。
（2）单击标准工具栏上的"New Text File"按钮 📄，在新打开的文档窗口中输入下列程序代码：

```
#include <stdio.h>
#include <math.h>

int Validate(double a, double b, double c);
void CalAndOutputArea(double a, double b, double c);

int main()
{
    double a, b, c;
    printf("请输入三角形的三边长度: ");
    scanf("%lf%lf%lf", &a, &b, &c);
    if (Validate(a, b, c))
        CalAndOutputArea(a, b, c);
    else
        printf("错误：不能构成三角形!\n");
```

```
        return 0;
    }

    int Validate(double a, double b, double c)
    {
        if ((a>0)&&(b>0)&&(c>0))
        {
            if ((a+b)<=c) return 0;
            if ((a+c)<=b) return 0;
            if ((b+c)<=a) return 0;
            return 1;
        } else return 0;
    }

    void CalAndOutputArea(double a, double b, double c)
    {
        double s = (a + b + c)/2.0;
        double area = sqrt(s*(s-a)*(s-b)*(s-c));
        printf("三角形( %f, %f, %f )的面积是:   %f\n", a, b, c, area);
    }
```

（3）单击标准工具栏的 Save 按钮🖫，弹出"保存为"文件对话框。将文件定位到 "D:\C 程序\LiMing\实验 5"并保存，文件名为 Ex_Area.c。

（4）编译运行。输入的测试数据有：

3	4	5
10	8	5
2	9	7

边练边试

> 上述函数 Validate 和 CalAndOutputArea 只能处理三角形的判断和面积计算，若还要使其能处理圆和矩形，则应如何对这些函数进行重载？

3. 输入并运行程序 Ex_Power.c

（1）选择"文件"→"关闭工作空间"命令，关闭原来的项目。

（2）单击标准工具栏上的"New Text File"按钮🗐，在新打开的文档窗口中输入下列程序代码：

```
#include <stdio.h>
long myPower(int i, int n )
{
    long  res = n;
    int        j;
    if ( 0 == i ) return 1;
    for ( j = 1;  j<i;  j++ )res *= n;
    return res;
}
int main()
{
```

```
        int i;
        long res = 0;
        for (i = 1; i<=10; i++)  res += myPower( i, 2 );
        printf("结果为：%ld\n", res);
        return 0;
    }
```

（3）单击标准工具栏的 Save 按钮■，弹出"保存为"文件对话框。将文件保存为 Ex_Power.c。

（4）编译运行并测试：取 myPower 的 n 值为 2,3,4，记录运行的结果。

4. 输入并运行程序 Ex_Rev.c

（1）选择"文件"→"关闭工作空间"命令，关闭原来的项目。

（2）单击标准工具栏上的"New Text File"按钮■，在新打开的文档窗口中输入下列程序代码：

```
    #include <stdio.h>
    void convert(int n)
    {
        int i;
        if ((i=n/10)!=0)
        {
            printf("%c", (char)(n%10+'0'));
            convert(i);
        } else
            printf("%c", (char)(n%10+'0'));
    }
    int main()
    {
        int nNum;
        printf("请输入一个整数: ");
        scanf("%d", &nNum);
        printf("输出的是: ");
        if (nNum<0)                        /* 负数的处理 */
        {
            printf("-");
            nNum = -nNum;
        }
        convert(nNum);
        printf("\n");
        return 0;
    }
```

（3）单击标准工具栏的 Save 按钮■，弹出"保存为"文件对话框。将文件保存为 Ex_Rev.c。

（4）编译运行并测试。当输入一个整数 1234 时，分析函数 convert 的递归过程。

5. 退出 Visual C++ 6.0

6. 写出实验报告

结合上述分析、修改、练习以及下面的思考与练习的内容，写出实验报告。

思考与练习

（1）若想输入一个整数 1234 后，程序正序输出字符序列 1 2 3 4，则递归函数 convert 的代码应如何修改？若用非递归函数应如何实现？

（2）根据教材中的递归程序设计步骤，说说你设计函数 convert 的过程。

实验 6　数　组

实验内容

（1）程序 Ex_Sort.c：采用插入排序的方法，将输入的 10 个整数按升序排序后输出。要求编写一个通用的插入排序函数 InsertSort，它返回当前数组中元素个数，并带有 3 个参数：第 1 个参数是含有 n 个元素的数组，这 n 个元素已按升序排序；第 2 个参数表示当前数组的大小，第 3 个参数是要插入的整数。该函数的功能是将一个整数插入到数组中，然后进行排序。另外还需要一个用于输出数组元素的函数 Print，要求每一行输出 5 个元素。

（2）程序 Ex_MatAdd.c：编程求下列两个矩阵的加法（结果矩阵的元素值是这两个矩阵相应元素之和）。要求：函数 MatAdd 用来求矩阵的加法，函数 Show 用来输出矩阵：

$$\begin{bmatrix} 1 & 2 & -1 \\ -2 & 1 & 0 \\ 1 & 0 & 3 \end{bmatrix} + \begin{bmatrix} 5 & 7 & 8 \\ 2 & -2 & 4 \\ 1 & 1 & 1 \end{bmatrix}$$

（3）程序 Ex_Strcpy.c：设计一个函数 void mystrcpy(char a[], char b[])，将数组 b 中的字符串复制到数组 a 中（要求不能使用 C 的库函数 strcpy）。编写完整的程序并测试。

实验步骤

1．创建工作文件夹

打开计算机，在"D:\C 程序\LiMing"文件夹中创建一个新的子文件夹"实验 6"。

2．输入并运行程序 Ex_Sort

（1）启动 Visual C++ 6.0。

（2）单击标准工具栏上的"New Text File"按钮 ，在新打开的文档窗口中输入下列程序代码：

```
#include <stdio.h>

int InsertSort(int data[], int n, int a)
{
    int i, j;
    for (i=0; i<n; i++)
    {
        if (a<=data[i]) break;
    }
    if (i == n) data[n] = a;
    else
    {
        for (j=n; j>i; j--)
```

```
                    data[j] = data[j-1];
                data[i] = a;
            }
            return (n+1);
    }
    void Print(int data[], int n)
    {
            int i;
            for (i=0; i<n; i++)
            {
                    printf("%d\t", data[i]);
                    if ((i+1)%5 == 0) printf("\n");
            }
            printf("\n");
    }
    int main()
    {
            int data[10], nNum = 0, m, i;
            for (i=0; i<10; i++)
            {
                    printf("输入第 %d 个整数: ", i+1 );
                    scanf("%d", &m );
                    nNum = InsertSort(data, nNum, m);
            }
            Print(data, nNum);
            return 0;
    }
```

代码中，插入排序函数 InsertSort 最需要考虑的是当一个整数 a 插入到数组 data（设数组元素个数为 n）中时满足下列几个条件：

① 要按升序确定该元素 a 要插入的位置；

② 当插入的位置 i 为最后的 n 时，直接令 data[n] = a，此时数组元素个数为 n+1；

③ 当插入的位置 i 不是最后的 n 时，则该位置后面的元素要依次后移一个位置，然后令 data[i] = a，数组元素个数为 n+1。

（3）单击标准工具栏的 Save 按钮![按钮]，弹出"保存为"文件对话框。将文件定位到"D:\C 程序\LiMing\实验 6"并保存，文件名为 Ex_Sort.c。

（4）编译运行。输入下列数据进行测试，看看结果是否正确，并分析函数 InsertSort。

| 25 | 78 | 90 | 12 | 10 | 100 | 33 | 44 | 22 | 55 |

3. 输入并运行程序 Ex_MatAdd.c

（1）选择"文件"→"关闭工作空间"，关闭原来的项目。

（2）单击标准工具栏上的"New Text File"按钮![按钮]，在新打开的文档窗口中输入下列程序代码：

```
#include <stdio.h>
void MatAdd( int a[3][3], int b[3][3], int res[3][3] )
{
    int nCol, nRow;
```

```
            for (nCol = 0; nCol < 3; nCol++)
                for (nRow = 0; nRow<3; nRow++)
                    res[nCol][nRow] = a[nCol][nRow] + b[nCol][nRow];
    }
    void Show( int a[3][3] )
    {
        int i, j;
        for (i=0; i<3; i++)
        {
            for (j=0; j<3; j++)
            printf("%d\t", a[i][j]);
        printf( "\n" );
        }
    }
    int main()
    {
        int a[3][3] = {{1,2,-1},{-2,1,0}, {1,0,3}};
        int b[3][3] = {{5,7,8},{2,-2,4}, {1,1,1}};
        int res[3][3];

        MatAdd( a, b, res );
        Show( res );

        return 0;
    }
```

（3）单击标准工具栏的 Save 按钮🔲，弹出"保存为"文件对话框，将文件保存为 Ex_MatAdd.c。

（4）编译运行，分析结果。

4. 输入并运行程序 Ex_Strcpy.c

（1）选择"文件"→"关闭工作空间"，关闭原来的项目。

（2）单击标准工具栏上的"New Text File"按钮📄，在新打开的文档窗口中输入下列程序代码：

```
    #include <stdio.h>
    void mystrcpy(char a[], char b[])
    {
        int i = 0;
        while (b[i] != '\0')
        {
            a[i] = b[i];  i++;
        }
        a[i] = '\0';   /* 添加字符串结尾符 */
    }
    int main()
    {
        char buf[20];
        mystrcpy( buf, "LIMING" );
```

```
        printf("%s\n", buf);
        return 0;
    }
```

（3）单击标准工具栏的 Save 按钮，弹出"保存为"文件对话框，将文件保存为 Ex_Strcpy.c。

（4）编译运行，分析结果。

边练边试

在函数 mystrcpy 中如何防止字符数组 a 越界?

5. 退出 Visual C++ 6.0

6. 写出实验报告

结合上述分析、修改、练习以及下面的思考与练习的内容，写出实验报告。

思考与练习

（1）若函数 MatAdd 和 Show 的形参都是一维数组，则相应的代码如何修改才能实现原有的功能?

（2）分析教材中的直接插入排序法与这里的排序法的实例代码，比较它们有什么不同。

实验 7　程序组织、预处理和调试

实验内容

（1）程序：按教材综合实例（数组模型）进行。

（2）学会使用 Visual C++ 6.0 的调试功能。

实验步骤

1. 创建工作文件夹

打开计算机，在"D:\C 程序\LiMing"文件夹中创建一个新的子文件夹"实验 7"。

2. 创建并运行综合实例程序

（1）启动 Visual C++ 6.0。

（2）单击标准工具栏上的"New Text File"按钮 📄，在新打开的文档窗口中输入 Ex_Arr.h 文件中的代码。单击标准工具栏的 Save 按钮 💾，弹出"保存为"文件对话框。将文件定位到"D:\C 程序\LiMing\实验 7"保存，文件名为 Ex_Arr.h。

（3）按上一步的过程，创建并保存 Ex_Arr.c 和 Ex_UserArr.c 文件的代码。

（4）调入 Ex_UserArr.c 文件或选择"窗口"→"Ex_UserArr.c"菜单命令，此时当前的窗口中显示的是 Ex_UserArr.c 文件内容，然后单击 🔳 按钮进行编连，遇到编译连接错误时暂且不要管它。

（5）选择"工程"→"添加到工程"→"文件"菜单命令，在弹出的对话框中，指定 Ex_Arr.c 文件。

（6）重新编连并运行。

3. 设置断点

在设置断点之前，首先要保证程序中没有语法错误。所谓断点，实际上就是告诉调试器在何处暂时中断程序的运行，以便查看程序的状态以及浏览和修改变量的值等。

（1）在项目工作区的 ClassView 页面中，展开所有节点。

（2）双击"♦ arr_ins(int pos, int data)"节点，这样就会在文档窗口中打开并定位到该函数代码处。在代码行"BUFFER[inspos] = data;"单击鼠标，使插入符处在该行上。

（3）用下列 3 种方式之一设置断点，这样就会在代码行"BUFFER[inspos] = data;"的最前面的窗口页边距上有一个深红色的实心圆块，如图 T7.1 所示。

① 按快捷键 F9。

② 在 Build 工具栏上单击按钮 🖐。

③ 在需要设置（或清除）断点的位置上单击鼠标右键，在弹出的快捷菜单中选择"Insert/Remove Breakpoint"命令。

需要说明的是，若在断点所在的代码行中再使用上述的快捷方式进行操作，则相应的位置断点将被清除。若此时使用快捷菜单方式进行操作时，菜单项中还会包含"Disable Breakpoint"命令，选择此命令后，该断点被禁用，相应的断点标志由原来的红色的实心圆变成空心圆。

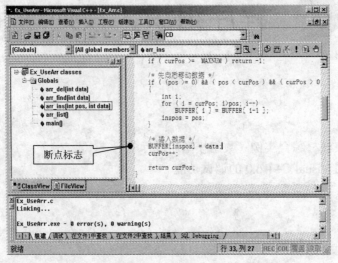

图 T7.1　设置的断点

4．控制程序运行

（1）选择"组建"（Build）菜单→"开始调试"子菜单上的"Go"命令，或单击"编译微型条"中的按钮，或直接按快捷键 F5，启动调试器。

（2）程序运行后，流程进行到代码行"BUFFER[inspos] = data;"处就停顿下来，这是断点的作用。这时可以看到有一个黄色小箭头，它指向即将执行的代码，如图 T7.2 所示。

（3）原来的组建（Build）菜单会变成调试（Debug）菜单，如图 T7.3 所示。其中有 4 条命令：Step Into, Step Over, Step Out 和 Run to Cursor 分别用来控制程序运行，其含义是

① Step Over 的功能是运行当前箭头指向的代码（只运行一条代码）。

② Step Into 的功能是如果当前箭头所指的代码是一个函数的调用，则用 Step Into 进入该函数进行单步执行。

③ Step Out 的功能是如果当前箭头所指向的代码在某一函数内，用它使程序运行至函数返回处。

④ Run to Cursor 的功能是使程序运行至光标所指的代码处。

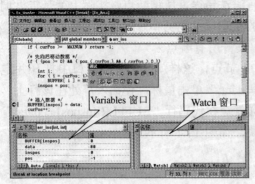

图 T7.2　启动调试器后的界面

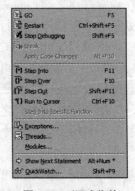

图 T7.3　调试菜单

分别执行 Step Into, Step Over, Step Out 和 Run to Cursor 命令，看看程序运行结果和流程是怎样的？

（4）选择"调试"（Debug）菜单中的"Stop Debugging"命令或直接按快捷键 Shift+F5 或单击"编译微型条"中的按钮 ，停止调试。

需要说明：

① 为了更好地进行程序调试，调试器还提供一系列的窗口，用来显示各种不同的调试信息。可借助"查看"菜单下的"调试窗口"子菜单访问它们。事实上，当启动调试器后，Visual C++ 6.0 的开发环境会自动显示出 Watch（查看）和 Variables（变量）两个调试窗口，如图 T7.2 所示。

② 除了上述窗口外，调试器还提供 QuickWatch（快看）、Memory（内存）、Registers（寄存器）、Call Stack（调用栈）以及 Disassembly（反汇编）等窗口。但对于变量值的查看和修改来说，通常可以使用 QuickWatch（快速查看）、Watch（查看）和 Variables（变量）等 3 个窗口。

5. 查看变量或数组的内容

可通过下面的步骤来使用这 3 个窗口查看 BUFFER 数组中的各元素的内容。

（1）启动调试器，程序运行后，流程在代码行"BUFFER[inspos] = data;"处停顿下来。此时若将鼠标移到变量 data 或 inspos 处，稍等片刻之后，将会弹出一个小窗口，显示出该变量在当前流程下的值。

（2）参看图 T7.3，可以看到 Variables 窗口有 3 个页面：Auto, Locals 和 This。Auto 页面用来显示出当前语句和上一条语句使用的变量，它还可显示使用 Step Over 或 Step Out 命令后函数的返回值。Locals 页面用来显示出当前函数使用的局部变量。This 页面用来显示出当前对象（C++概念）的信息。在这些页面内，均有"名称（Name）"和"值（Value）"两个域，调试器会自动填充它们。除了这些页面外，Variables 窗口还有一个"上下文（Context）"框，从该框的下拉列表中可以选定要查看的流程执行过的指令。

（3）在"调试"工具栏上，单击按钮 或按快捷键 F10，流程执行"BUFFER[inspos] = data;"后，转到下一句代码"curPos++;"。同时，在 Variables 窗口中的 BUFFER[inspos]的值变成红色数字 80（红色表示当前值发生更新）。

（4）在 Watch 窗口中，单击左边"名称（Name）"域下的空框，输入 BUFFER，然后按 Enter 键，相应的值就会自动出现在"值（Value）"域中，如图 T7.4（a）所示。同时，又在末尾处出现新空框。由于 BUFFER 是一个数组名（好比一个容器），所以数组名前有一个十字按钮，单击十字按钮，可以看出该数组各元素的内容，如图 T7.4（b）所示。

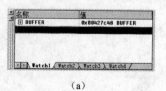

（a）

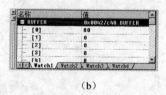

（b）

图 T7.4　Watch 窗口使用

需要说明的是，Watch 窗口有 4 个页面：Watch1, Watch2, Watch3 和 Watch4，在每一个页面中都有一系列用户要查看的变量或表达式，用户可以将一组变量或表达式的值显示在同一个页面中。

（5）选择"调试（Debug）"菜单→"QuickWatch"命令或按快捷键 Shift+F9 或在"调试（Debug）"工具栏上单击按钮 66°，将弹出如图 T7.5 所示的"QuickWatch"窗口。

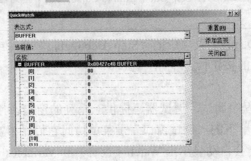

图 T7.5　"QuickWatch"窗口

其中，"表达式"框可以让用户输入变量名或表达式，如 BUFFER，然后按 Enter 键或单击"重置"按钮，就可以在"当前值"列表中显示出相应的值。若想要修改其值的大小，则可按 Tab 键或在列表项的"Value"域中双击该值，再输入新值按 Enter 键就可以了。

单击"添加监视"按钮可将刚才输入的变量名或表达式及其值显示在 Watch 窗口中，或单击"关闭"按钮关闭"QuickWatch"窗口。

边练边试

在"调试"工具栏上，单击按钮 ⋔ 或按快捷键 F10，依次执行语句，看看 Watch 窗口中 BUFFER 的值变化的结果。

从上述过程可以看出，调试一般按这样的步骤进行：修正语法错误→设置断点→启用调试器→控制程序运行→查看和修改变量的值。

6. 退出 Visual C++ 6.0

7. 写出实验报告

结合上述分析、边练边试以及思考与练习的内容，写出实验报告。

思考与练习

为什么要设置断点？说出启动调试器和停止调试的一般方法。

实验 **8** 指 针

实验内容

（1）程序 Ex_Find.c：编写函数 int find(int *data, int n, int x); 其功能是在 data 所指向的一维数组中查找值为 x 的元素，若找到，则函数返回该元素的下标，若找不到，则函数返回–1。其中 n 用来指定数组元素个数。编写完整的程序并测试。

（2）程序 Ex_Swap.c：使用 void*指针实现任意类型的数据的交换。

（3）程序 Ex_Num.c：由 17 个人围成一个圈，编号为 1～17，从第 1 号开始报数，报到 3 的倍数的人离开，一直循环数下去，直到最后只剩下 1 人。求此人的编号。（要求用 malloc 和 free 来分配、释放所需要的内存空间）

实验步骤

1. 创建工作文件夹

打开计算机，在"D:\C 程序\LiMing"文件夹中创建一个新的子文件夹"实验 8"。

2. 输入并运行程序 Ex_Find.c

（1）启动 Visual C++ 6.0。

（2）单击标准工具栏上的"New Text File"按钮 📄，在新打开的文档窗口中输入下列程序代码：

```c
#include <stdio.h>
int find(int *data, int n, int x);
int main()
{
    int data[] = { 1,8,12,7,21,-9 };
    int   n = sizeof(data) / sizeof(int);
    int res,x;

    printf("请输入要查找的元素的值: ");
    scanf("%d", &x);

    if (( res = find( data, n, x )) >=0 )
        printf("已找到元素 %d, 其下标号为：%d\n", x, res );
    else
        printf("数组中不存在元素 %d ！\n", x);
    return 0;
}
int find(int *data, int n, int x)
{
```

```
        int i;
        for (i=0; i<n; i++)
        {
                if ( data[i] == x ) return i;
        }
        return -1;
}
```

（3）单击标准工具栏的 Save 按钮▉，弹出"保存为"文件对话框。将文件定位到"D:\C 程序\LiMing\实验 8"并保存，文件名为 Ex_Find.c。

（4）编译运行，输入数据进行测试并记录结果。

3．输入并运行程序 Ex_Swap.c

（1）选择"文件"→"关闭工作空间"命令，关闭原来的项目。

（2）单击标准工具栏上的"New Text File"按钮▉，在新打开的文档窗口中输入下列程序代码：

```
#include <stdio.h>
#include <conio.h>
void swap(void *a, void *b, int size);
int main()
{
        char       str1[20] = "123456";
        char       str2[20] = "ABCDEF";
        int        an = 6, bn = 8;
        double     af = 2.0, bf = 3.0;
        /* 交换 str1 和 str2 */
        printf("Before: str1 = %s, str2 = %s\n", str1, str2 );
        swap(str1, str2, sizeof(str1));
        printf("After:  str1 = %s, str2 = %s\n", str1, str2 );
        /* 交换 an 和 bn */
        printf("Before: an = %d, bn = %d\n", an, bn );
        swap(&an, &bn, sizeof(an));
        printf("After:  an = %d, bn = %d\n", an, bn );
        /* 交换 af 和 bf */
        printf("Before: af = %g, bf = %g\n", af, bf );
        swap(&af, &bf, sizeof(af));
        printf("After:  af = %g, bf = %g\n", af, bf );
        return 0;
}
/*函数 swap 并非将两块内存空间的内容直接交换，而是将两块内存空间中相对应的每一个内
  存单元的值进行交换，可以实现任意数据类型的数值交换。size 用来确定 a 或 b 指向的内存空间
  的大小字节数 */
void swap(void *a, void *b, int size)
{
        char temp;
        int   i;
        for (i=0; i<size; i++)
        {
```

```
        temp = *((char *)a);
        *((char *)a) = *((char *)b);
        *((char *)b) = temp;
        a = (char *)a + 1;                        /* 使 a 指向下一个内存单元 */
        b = (char *)b + 1;                        /* 使 b 指向下一个内存单元 */
    }
}
```

（3）单击标准工具栏的 Save 按钮 💾，弹出"保存为"文件对话框，将文件保存为 Ex_Swap.c。

（4）编译运行，分析运行结果。

4．输入并运行程序 Ex_Num.c

（1）选择"文件"→"关闭工作空间"命令，关闭原来的项目。

（2）单击标准工具栏上的"New Text File"按钮 📄，在新打开的文档窗口中输入下列程序代码：

```
#include <stdio.h>
#include <stdlib.h>
int main()
{
    const int      nMax = 17;                     /* 人数 */
    const int      nOut = 3;                      /* 数到 3 离开 */
    int            *p, *pPerson = (int *)malloc(nMax * sizeof(int));
    int            i, num = nMax;                 /* 用 num 记录剩下的人数 */
    int            nRemain;                       /* 记数 */
    int            nLast;                         /* 最后 1 个人 */

    for (i=0; i<nMax; i++)
        pPerson[i] = i+1;                         /* 以 1 作为标记，0 表示离开 */
    p = &pPerson[0];                              /* p 指向第 1 个人 */
    nRemain = 0;
    while (num>1)
    {
        if (*p) nRemain++;
        if (nRemain == nOut)
        {
            *p = 0;                               /* 置为 0 */
            nRemain = 0;                          /* 计数重新开始 */
            num--;                                /* 留下的人减 1 */
        }
        p++;
        if (p>&pPerson[nMax-1]) p = &pPerson[0];  /* 当指针指向最后一个人时的处
        理 */
    }
    /* 寻找最后一个没有离开的人 */
    for(i=0; i<nMax; i++)
    {
```

```
                    if (pPerson[i])
                    {
                            nLast = pPerson[i];        break;
                    }
            }
            free(pPerson);
            printf("最后留下来的是：%d\n", nLast );
            return 0;
    }
```

（3）单击标准工具栏的 Save 按钮 ，弹出"保存为"文件对话框，将文件保存为 Ex_Num.c。

（4）编译运行，分析结果。

当指针 p 指向最后 pPerson（最后一个人）时，为什么要那么处理（即斜体代码）？

5. 退出 Visual C++ 6.0

6. 写出实验报告

结合上述分析、边练边想和下面的思考与练习等内容，写出实验报告。

思考与练习

（1）在 Ex_Swap.c 实现任意类型数据的基本原理是什么？如要将不同类型（字节数不一样）的数据进行交换，则应如何修改上述代码？

（2）在 Ex_Num.c 中，若直接用数组代替指针，则代码应如何修改？

实验 9 字符串和结构数组

实验内容

（1）构造描述学生信息的结构类型 student：姓名、学号、3 门课程成绩、总成绩、平均成绩。其中，姓名用字符指针描述，而学号用字符数组来描述。用 typedef 将其类型改为 STUDENT。

（2）定义 STUDENT 数组，大小暂取 10 个。学生信息的输入/输出函数为 Input 和 Output，其中，Input 函数的形参是 STUDENT 指针，而 Output 函数的形参是 STUDENT 变量。

（3）实现添加（Append）、排序和列表显示（Show）操作。其中，排序操作分为：按姓名排序 SortByName，按学号排序 SortByNo，按总成绩高低排序 SortByScore。

（4）组成一个可运行的完整程序 Ex_StuArr.c，并在 main 函数中用循环语句构造命令列表，如图 T9.1 所示。当按下命令前面的数字时，则执行相应的命令。

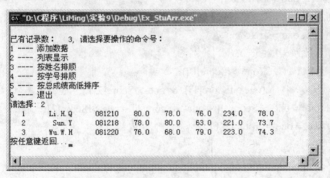

图 T9.1　Ex_StuArr.c 运行结果

实验步骤

1. 创建工作文件夹

打开计算机，在"D:\C 程序\LiMing"文件夹中创建一个新的子文件夹"实验 9"。

2. 设计 STUDENT 结构和 Input, Output 函数

（1）启动 Visual C++ 6.0。

（2）单击标准工具栏上的"New Text File"按钮 📄，在新打开的文档窗口中输入下列程序代码：

```
#include <stdio.h>
#include <stdlib.h>
#include <conio.h>
#include <string.h>
```

```
typedef struct    student
{
    char        *strName;              /* 姓名 */
    char        strNo[10];            /* 学号 */
    float       fScore[3];            /* 3 门课程成绩 */
    float       fTotal, fAve;         /* 总成绩和平均成绩 */
} STUDENT;
static STUDENT databuffer[10];

void Input( STUDENT *one );
void Output( STUDENT one );
/* 这里还要添加代码 */
int main()
{
    return 0;
}
/* 这里还要添加代码 */
void Input( STUDENT *one )
{
    printf("输入学生信息: \n");
    printf("姓名: ");
    scanf("%s", one->strName );
    printf("学号: ");
    scanf("%s", one->strNo );
    printf("3 门课程成绩: ");
    scanf("%f%f%f", &(one->fScore[0]),
                    &(one->fScore[1]), &(one->fScore[2]) );
    one->fTotal = one->fScore[0] + one->fScore[1] + one->fScore[2];
    one->fAve  = one->fTotal / 3.0f;
}
void Output( STUDENT one )
{
    printf("%12s%12s", one.strName, one.strNo );
    printf("%8.1f%8.1f%8.1f", one.fScore[0], one.fScore[1], one.fScore[2]);
    printf("%8.1f%8.1f\n", one.fTotal, one.fAve );
}
```

（3）单击标准工具栏的 Save 按钮🖫，弹出"保存为"文件对话框。将文件定位到"D:\C 程序\LiMing\实验 9"并保存，文件名为 Ex_StuArr.c。

3. 设计并添加操作函数的代码

（1）在"void Output(STUDENT one);"函数声明的下一行添加 Append、多种 Sort 和 Show 函数原型声明：

```
…
void Input( STUDENT *one );
void Output( STUDENT one );
int    Append( int index, STUDENT one );
```

```
        void  Show( int num );
        void  SortByName( int num );
        void  SortByNo( int num );
        void  SortByScore( int num );
        int main()
        …
        {
            return 0;
        }
        /* 这里还要添加代码 */
```

（2）在 main 函数之后添加上述操作函数的具体实现代码：

```
        …
        int main()
        {
            return 0;
        }
        /* 添加到指定索引号中 */
        int Append( int index, STUDENT one )
        {
            if ((( index<0 ) || (index>9)) return 0;
            databuffer[index] = one;
            return 1;
        }
        void Show( int num )
        {
            int i;
            for (i=0; i<num; i++)
            {
                printf( "%4d", i+1 );          Output( databuffer[i] );
            }
        }
        void SortByName( int num )
        {
            int             pos;                  /* 最小元素下标 */
            STUDENT        min;
            int             i, j;
            for (i=0; i<num-1; i++)
            {
                min = databuffer[i];    pos = i;
                for (j=i+1; j<num; j++)
                {
                    if (strcmp(databuffer[j].strName, min.strName) < 0 )
                    {
                        min = databuffer[j];    pos = j;
                    }
                }
                databuffer[pos] = databuffer[i];
```

```
                databuffer[i] = min;    /* 交换 */
            }
        }
        void SortByNo( int num )
        {
            /* 请自己添加 */
        }
        void SortByScore( int num )
        {
        int             pos;                    /* 最小元素下标 */
        STUDENT         m;
        int             i, j;
        for (i=0; i<num-1; i++)
        {
            m = databuffer[i];        pos = i;
            for (j=i+1; j<num; j++)
            {
                if ( databuffer[j].fTotal > m.fTotal )
                {
                    m = databuffer[j];      pos = j;
                }
            }
            databuffer[pos] = databuffer[i];
            databuffer[i] = m;        /* 交换 */
        }
    }
```

（3）编译，修正可能出现的错误。

 由于函数 SortByNo 与 SortByName 的代码基本一样，故请自行添加。

4．添加测试代码

（1）在 main 函数前，添加界面命令函数 menu 代码：

```
    int menu( int num )
    {
        int nSelect = 0;
        do {
            system("cls");                              /* 执行 DOS 下的清屏命令 */
            printf( "\n 已有记录数：%4d，请选择要操作的命令号：\n",  num );
            printf( "1 ---- 添加数据\n" );
            printf( "2 ---- 列表显示\n" );
            printf( "3 ---- 按姓名排顺\n" );
            printf( "4 ---- 按学号排顺\n" );
            printf( "5 ---- 按总成绩高低排序\n" );
            printf( "6 ---- 退出\n" );
            printf( "请选择: " );
            scanf( "%d", &nSelect );
            if ((nSelect>=1)&&(nSelect<=6))
```

```
                    return nSelect;
        } while (1);
        return 0;
    }
```

（2）修改 main 函数代码：

```
    int main()
    {
        int num = 0, iItem;
        STUDENT temp;
        while((iItem = menu( num )) != 6 )
        {
            switch( iItem )
            {
            case 0:        printf("命令错误，按任意键返回…");
                           break;
            case 1:        Input( &temp );
                           Append( num++, temp );
                           printf("学生信息已添加，按任意键返回…");
                           break;
            case 2:        Show( num );
                           printf("按任意键返回…");
                           break;
            case 3:        SortByName( num );
                           printf("按姓名排序已完成，按任意键返回…");
                           break;
            case 4:        SortByNo( num );
                           printf("按学号排序已完成，按任意键返回…");
                           break;
            case 5:        SortByScore( num );
                           printf("按总成绩排序已完成，按任意键返回…");
                           break;
            }
            getch();
        }
        return 0;
    }
```

（3）编译运行，输入命令号 1，输入姓名 LiMing，则程序立即显示出错信息。这是因为 scanf 将输入的内容转换并存储到 strName 字符指针所指向的内存空间时，会因其指向不明确而导致程序中断。解决此问题的最简单的办法是将 strName 字符指针改成字符数组，如 char strName[12]。

（4）修改后，再次编译运行。测试的数据有：

```
    Li.H.Q      081210      80      78      76
    Sun.Y       081218      78      80      63
    Wu.W.H      081220      76      68      79
    Liu.Y.M     081221      62      85      60
    Luo.L.L     081241      70      64      80
```

5. 退出 Visual C++ 6.0

6. 写出实验报告

结合上述分析、边练边想和下面的思考练习等内容，写出实验报告。

思考与练习

（1）若想使函数 Input 的输入数据不是通过指针形参来返回，而是直接通过函数返回，则如何修改该函数的代码？

（2）通过上述程序，你对字符指针和字符数组在描述字符串上有何不同的理解？

（3）若将数组 databuffer 换成动态数组（即使用 malloc 等库函数来建立），则上述程序应如何修改？若是输入的学生人数超过数组的大小，则应如何添加程序来增加 databuffer 的大小？

实验内容

如图 T10.1 所示，编写一个程序 Ex_StuList.c 用来实现学生的成绩管理。要求：

（1）构造描述学生信息的结构类型 student：姓名、学号、三门课程成绩、总成绩、平均成绩。用 typedef 将其类型改为 STUDENT。定义链表节点数据结构类型 NODE。

（2）用链表存储 STUDENT 数据，实现学生信息的输入（Input）、输出（Output）、添加（Add）、删除（Del，按学号查找到后删除）和列表显示（Show）。

（3）设计函数 RemoveAll，清除整个链表。

（4）编写完整的程序并测试。

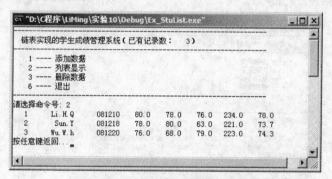

图 T10.1　Ex_StuList.c 运行结果

实验步骤

内容在电子工业出版社 http://www.hxedu.com.cn 处下载。

实验 11 文 件

实验内容

如图 T11.1 所示，编写一个程序 Ex_StuFile.c 用来实现学生的成绩管理。要求：

（1）构造描述学生信息的结构类型 student：姓名、学号、3 门课程成绩、总成绩、平均成绩。用 typedef 将其类型改为 STUDENT。定义链表节点数据结构类型 NODE。

（2）用文件存储 STUDENT 数据，实现学生信息的输入（Input）、输出（Output）、添加（Add）、删除（Del，按学号查找到后逻辑删除）和列表显示（Show）。

（3）记录删除后，实现 Zap 功能：进行物理删除。

（4）编写完整的程序并测试。

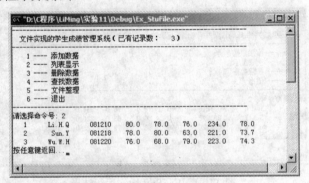

图 T11.1　Ex_StuFile.c 运行结果

实验步骤

1. 创建工作文件夹

打开计算机，在"D:\C 程序\LiMing"文件夹中创建一个新子文件夹"实验 11"。

2. 输入类型和函数声明代码

（1）启动 Visual C++ 6.0。

（2）单击标准工具栏上的"New Text File"按钮，在新打开的文档窗口中输入下列程序代码：

```
#include <stdio.h>
#include <stdlib.h>
#include <conio.h>
#include <string.h>

typedef struct    student
{
```

```
        int        nFlag;                      /* 标志 0—完好，1—被删除 */
        char       strName[12];                /* 姓名 */
        char       strNo[10];                  /* 学号 */
        float      fScore[3];                  /* 3 门课程成绩 */
        float      fTotal, fAve;               /* 总成绩和平均成绩 */
    }STUDENT;
    int main()
    {
        return 0;
    }
```

（3）单击标准工具栏的 Save 按钮🖬，弹出"保存为"文件对话框。将文件定位到"D:\C 程序\LiMing\实验 11"并保存，文件名为 Ex_StuFile.c。

（4）编译并运行，遇到错误暂不用管它。

3. 设计并添加各函数代码

（1）将上述 main 函数部分删除，添加下列代码：

```
    long menu( long num )
    {
        long nSelect = 0;
        do {
            system("cls");                      /* 执行 DOS 下的清屏命令 */
            printf("------------------------------------------------------------\n");
            printf( "   文件实现的学生成绩管理系统（已有记录数：%4d）\n",  num );
            printf("------------------------------------------------------------\n");
            printf( "      1 ---- 添加数据\n" );
            printf( "      2 ---- 列表显示\n" );
            printf( "      3 ---- 删除数据\n" );
            printf( "      4 ---- 查找数据\n" );
            printf( "      5 ---- 文件整理\n" );
            printf( "      6 ---- 退出\n" );
            printf("------------------------------------------------------------\n");
            printf( "请选择命令号: " );
            scanf( "%d", &nSelect );
            if ((nSelect>=1)&&(nSelect<=6))
                 return nSelect;
        } while (1);
        return 0;
    }
    int main()
    {
        long num = 0, iItem;
        int     res;
        STUDENT temp;
        char  strNo[10];

        FILE *fp = fopen( "student.dat", "r+" );        /* 判断该文件是否存在 */
        if (!fp)
```

· 311 ·

```
                {
                    fp = fopen( "student.dat", "w+" );              /* 创建该文件 */
                } else
                {
                    /* 获取文件中已有的记录个数 */
                    fseek(fp,0L,SEEK_END);
                    num = ftell(fp) / sizeof( STUDENT );
                    rewind( fp );
                }
                while((iItem = menu( num )) != 6 )
                {
                    switch( iItem )
                    {
                        case 1:    temp = Input( );
                                   Add( fp, temp );
                                   num++;
                                   printf("学生信息已添加，按任意键返回…");
                                   break;
                        case 2:    Show( fp );
                                   printf("按任意键返回…");
                                   break;
                        case 3:    if ( num > 0 )
                                   {
                                       printf("输入要删除的学号: " );
                                       scanf("%s", strNo );
                                       res = Del( fp, strNo );
                                       if (res)
                                           printf("学号[%s]记录已删除，按任意键返回…", strNo);
                                       else
                                           printf("没有学号[%s]记录，按任意键返回…", strNo);
                                   } else
                                       printf("目前没有记录，无法删除！按任意键返回…");
                                   break;
                        case 4:    if ( num > 0 )
                                   {
                                       printf("输入要查找的学号: " );
                                       scanf("%s", strNo );
                                       res = Find( fp, strNo );
                                       if (!res)
                                           printf("没有学号[%s]记录，按任意键返回…", strNo);
                                       else
                                           printf("按任意键返回…");
                                   } else
                                       printf("目前没有记录，无法删除！按任意键返回…");
                                   break;
                        case 5:    Zap( fp );
                                   fseek(fp,0L,SEEK_END);
                                   num = ftell(fp) / sizeof( STUDENT );
```

```c
                    rewind( fp );
                    printf("文件整理已完成，按任意键返回…");
                    break;
            default:  printf("命令错误，按任意键返回…");
                    break;
        }
        getch();
    }
    if (fp) fclose(fp);
    return 0;
}
void Add( FILE *fp, STUDENT one )
{
    rewind( fp );
    fseek(fp,0L,SEEK_END);
    fwrite( &one, sizeof(STUDENT), 1, fp );
    fflush(fp);
}
void Show( FILE *fp )
{
    STUDENT temp;
    int        num = 0;
    rewind( fp );
    while ( !feof( fp ) )
    {
        if ( fread( &temp, sizeof(STUDENT), 1, fp ) > 0 )
        {
            if ( temp.nFlag == 0 )
            {
                printf("%4d", ++num );
                Output( temp );
            }
        }
    }
    rewind( fp );
}
int   Find( FILE *fp, char *no )
{
    int res = 0;
    STUDENT temp;
    int        num = 0;
    rewind( fp );
    while ( !feof( fp ) )
    {
        if ( fread( &temp, sizeof(STUDENT), 1, fp ) > 0 )
        {
            if ( temp.nFlag == 0 )
            {
```

```
                                    if ( strcmp( temp.strNo, no ) == 0 )
                                    {
                                             printf("%4d", ++num );
                                             Output( temp );
                                             res    = 1;
                                    }
                           }
                  }
         }
         rewind( fp );
         return res;
}
int    Del( FILE *fp, char *no )
{
         int res = 0;
         /* 所谓删除就是将该记录设置一个删除标志 */
         STUDENT temp;
         rewind( fp );
         while ( !feof( fp ) )
         {
                  if ( fread( &temp, sizeof(STUDENT), 1, fp ) > 0 )
                  {
                           if ( temp.nFlag == 0 )
                           {
                                    if ( strcmp( temp.strNo, no ) == 0 )
                                    {
                                             temp.nFlag = 1;
                                             /* 重写 */
                                             fseek( fp, -((long)sizeof(STUDENT)), SEEK_CUR );
                                             fwrite( &temp, sizeof(STUDENT), 1, fp );
                                             res    = 1;
                                             break;
                                    }
                           }
                  }
         }
         rewind( fp );
         return res;
}


/* 先将文件的记录全部读取，然后清除文件内容，
最后将未删除的记录重写到文件中 */
void Zap( FILE *fp )
{
         long             num, i;
         STUDENT          *buffer;
         /* 获取文件中已有的记录个数 */
         fflush( fp );
```

```
        fseek(fp,0L,SEEK_END);
        num = ftell(fp) / sizeof( STUDENT );
        rewind( fp );
        if (num<1) return;
        buffer = (STUDENT   *)malloc( num * sizeof( STUDENT ) );
        fread( buffer, sizeof(STUDENT), num, fp );
        fclose(fp);
        fp = fopen( "student.dat", "w+" );            /* 重新打开写 */
        for ( i=0; i<num; i++ )
        {
            if ( buffer[i].nFlag == 0 )
            {
                fwrite( &buffer[i], sizeof(STUDENT), 1, fp );
            }
        }
        free( buffer );
        fflush( fp );
        rewind( fp );
    }
    STUDENT Input( void )
    {
        STUDENT one;

        printf("输入学生信息：\n");
        printf("姓名: ");
        scanf("%s", one.strName );
        printf("学号: ");
        scanf("%s", one.strNo );
        printf("3 门课程成绩: ");
        scanf("%f%f%f", &(one.fScore[0]),
                        &(one.fScore[1]), &(one.fScore[2]) );
        one.fTotal  = one.fScore[0] + one.fScore[1] + one.fScore[2];
        one.fAve    = one.fTotal / 3.0f;
        one.nFlag   = 0;

        return one;
    }
    void Output( STUDENT one )
    {
        printf("%12s%12s", one.strName, one.strNo );
        printf("%8.1f%8.1f%8.1f", one.fScore[0], one.fScore[1], one.fScore[2]);
        printf("%8.1f%8.1f\n", one.fTotal, one.fAve );
    }
```

（2）编译运行并测试。测试的数据如下：

Li.H.Q	081210	80	78	76
Sun.Y	081218	78	80	63
Wu.W.H	081220	76	68	79

| Liu.Y.M | 081221 | 62 | 85 | 60 |
| Luo.L.L | 081241 | 70 | 64 | 80 |

4．退出 Visual C++ 6.0

5．写出实验报告

结合上述分析、边练边想和下面的思考与练习等内容，写出实验报告。

思考与练习

（1）若要列出均分在某分数值分以上的记录函数 ListData(FILE *fp)，则应如何实现？（xx 通过键盘输入）

（2）说说函数 Zap 的实现原理。若有对姓名或成绩高低进行排序的函数 SortFile，则如何编程实现？

第三部分　综合应用实习

实习题目

创建一个 C 程序，用来对某班学生的课程成绩进行管理。

所需知识

教材第 1 章至第 12 章，实验 1 至实验 11。

界面要求

用循环语句构建程序主菜单框架，通过输入菜单项标识符（命令编号或菜单文本中的首字符）执行菜单项所关联的功能，如图 P1 所示。

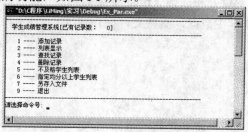

图 P1　Ex_Par 最初运行的主界面

结构模型

根据教学需要，可选择下列任一个或多个数据结构和模型。

（1）数据结构和模型（一）。

① 级别：2 级（最高 5 级），适用于 40～60 学时的课程设计或综合应用实习。

② 定义的结构类型 STUDENT 仅包含：状态标志（int 或 char 变量）、姓名（字符数组）、性别（字符）、学号（字符数组）、课程成绩（SCORE 数组）、总学分（float 变量）、平均成绩（float 变量）。SCORE 结构类型的成员有：课程号（字符数组）、学分（float 变量）和成绩（float 变量）。

③ 用数组来操作学生数据。

（2）数据结构和模型（二）。

① 级别：3 级（最高 5 级），适用于 50～70 学时的课程设计或综合应用实习。

② 定义的结构类型 STUDENT 仅包含：状态标志（int 或 char 变量）、姓名（字符数组）、性别（字符）、学号（字符数组）、课程成绩（SCORE 数组）、总学分（float 变量）、平

均成绩（float 变量）。SCORE 结构类型的成员有：课程号（字符数组）、学分（float 变量）和成绩（float 变量）。

③ 用动态数组（malloc 等）来操作学生数据，支持文件操作。初始时动态数组的大小设置为 10 个记录，当数组内存空间大小不够时，则增加 10 个记录的内存空间的大小，若再不够，则下次增加的内存空间的大小分别依次为 20 个、30 个、……。

（3）数据结构和模型（三）。

① 级别：3.5 级（最高 5 级），适用于 50～80 学时的课程设计或综合应用实习。

② 定义的结构类型 STUDENT 仅包含：状态标志（int 或 char 变量）、姓名（字符数组）、性别（字符）、学号（字符数组）、课程成绩（SCORE 数组）、总学分（float 变量）、平均成绩（float 变量）。SCORE 结构类型的成员有：课程号（字符数组）、学分（float 变量）和成绩（float 变量）。

③ 用简单链表来操作学生数据，支持文件操作。

（4）数据结构和模型（四）。

① 级别：4 级（最高 5 级），适用于 60～100 学时的课程设计或综合应用实习。

② 定义的结构类型 STUDENT 基本的成员有：状态标志（int 或 char 变量）、班级名（字符数组）、专业名称（字符数组）、学生基本信息（PERSON 变量）、课程成绩（SCORE 数组）、总学分（float 变量）、平均成绩（float 变量）。其中，PERSON 结构类型的成员有：姓名（字符数组）、性别（字符）、学号（字符数组），SCORE 结构类型的成员有：课程号（字符数组）、学分（float 变量）和成绩（float 变量）。

③ 用简单链表来操作学生数据，支持文件操作。

操作及其算法实现

用函数实现下列操作。

（1）添加记录：方式有两种，一是用键盘来输入，二是从文件读入。当从文件读入时，对于有班级和专业信息的数据，还要判断文件中的数据是否是本专业、本班级中的数据。

（2）显示单个记录：若记录中信息较少，则在一行中列出单个记录所有的数据成员。但若记录中信息较多时，由于在一行中可能显示不了这么多数据，因而可将此操作分为两个函数，一个用来在一行中显示主要数据，另一个用树状形式显示出单个记录的全部成员数据。所谓**树状形式**显示，就是每行仅显示一个成员数据值以及该成员的提示信息。

（3）显示全部记录：列表显示所有的记录信息，通常在这些信息的前面还有一个表头。并且，当一页显示不了时，还要实现暂停功能（使用库函数 getch）。

（4）查找记录：可实现按姓名、学号等来查找记录，若查找到则显示该记录并返回 1，否则返回 0。

（5）删除记录：通常是将按学号查找到的学生记录进行删除，删除时将学生记录的当前状态设置为"删除"标志（如置为–1 或 0 等）。

（6）不及格学生列表：统计并列表显示总课程的平均成绩在 60 分以下的学生。

（7）指定平均分以上学生列表：键盘输入总课程的平均分，统计并列表显示总课程的平均成绩在指定平均分以上的学生。

（8）另存入文件：键盘输入要保存的文件名，将所有未删除的已有的学生记录存储到文件中。当然，也可以在上述操作的基础上，增加下列一些操作以用于其他可能要求的教学需要。

（9）修改：将查找到的学生数据通过重新输入来修改。提示：输入时需要将原来的数据显示出来。

（10）排序：对班级学生的课程成绩可按平均分从高到低排序，或按学号、姓名等从小到大排序。

文档要求

实习程序上机完成后，须提交实习报告，主要要求如下。

（1）实习报告的封面：题目、指导教师、专业、班级、姓名、学号、起止日期以及其他内容。

（2）系统需求与功能分析，要求画出功能结构图。

（3）程序设计思路及其声明代码，创建的文件数目，它们的组织方法。

（4）主要功能的代码实现思路及测试过程的描述。

（5）程序设计中所遇到的问题以及解决方法。

（6）应用程序需要改进的地方有哪些以及其他感想和体会。

为提高学生 C 程序编制和思考能力，培养编程思想，由于实习题目的主要问题均可在实验和教材的实例代码中寻找到相应的的求解方法，故这里不再给出相应的程序代码。

运算符优先级和结合性

C 语言将表达式的求值中多种运算之间的先后关系用运算符的优先级表示，优先级的数值越小，优先级越高，优先级相同的运算符，则按它们的结合性进行处理，如表 A.1 所示。

表 A.1　C 运算符的优先级和结合性

优 先 级	运 算 符	描 述	目 数	结 合 性
1	()	圆括号		从左至右
	[]	数组（下标运算符）		
	·, ->	成员运算符		
2	++, --	前缀自增，前缀自减运算符	单目	从右至左
	&	取指针		
	*	引用内存空间		
	!	逻辑非		
	~	按位求反		
	+, -	正号运算符，负号运算符		
	(类型)	强制类型转换		
	sizeof	返回操作数的字节大小		
3	* / %	乘法，除法，取余	双目	从左至右
4	+ -	加法，减法		
5	<< >>	左移位，右移位		
6	< <= > >=	小于，小于等于，大于，大于等于		
7	== !=	相等于，不等于		
8	&	按位与		
9	^	按位异或		
10	|	按位或		
11	&&	逻辑与		
12	||	逻辑或		
13	?:	条件运算符	三目运算符	从右至左
14	= += -= *= /= %= &= ^= |= <<= >>=	赋值运算符	双目	从右至左
15	,	逗号运算符		从左至右

为便于记忆和教学，可用下列几句话来描述常用的运算符的优先级（从高到低）：

> 成员下标圆括号，单目乘除余加减；
> 左移右移位相移，大于小于不等于；
> 位与异或与逻辑，条件赋值逗号符。

对于结合性可有：**运算次序按等级，等级相同靠结合，结合左多右有三，单目赋值条件符。**

附录 B ASCII 码表

ASCII 码是"美国信息交换标准代码"（American Standard Code for Information Interchange）的缩写，该表由美国国家标准化协会（ANSI）制定。标准 ASCII 码表是 7 位码表，有 128 个字符，如表 B.1 所示。而扩展 ASCII 码表是 8 位码表，有 256 个字符，其中前 128 和标准 ASCII 码表相同，后 128 个字符如表 B.2 所示。

表 B.1　基本 ASCII 码字符（码值为十六进制）

码值	字符	码值	字符	码值	字符	码值	字符	码值	字符	码值	字符	码值	字符	码值	字符
00	NUL	10	DLE	20	SP	30	0	40	@	50	P	60	`	70	p
01	SOH	11	DC1	21	!	31	1	41	A	51	Q	61	a	71	q
02	STX	12	DC2	22	"	32	2	42	B	52	R	62	b	72	r
03	EXT	13	DC3	23	#	33	3	43	C	53	S	63	c	73	s
04	EOT	14	DC4	24	$	34	4	44	D	54	T	64	d	74	t
05	EDQ	15	NAK	25	%	35	5	45	E	55	U	65	e	75	u
06	ACK	16	SYN	26	&	36	6	46	F	56	V	66	f	76	v
07	BEL	17	ETB	27	'	37	7	47	G	57	W	67	g	77	w
08	BS	18	CAN	28	(	38	8	48	H	58	X	68	h	78	x
09	HT	19	EM	29	)	39	9	49	I	59	Y	69	i	79	y
0A	LF	1A	SUB	2A	*	3A	:	4A	J	5A	Z	6A	j	7A	z
0B	VT	1B	ESC	2B	+	3B	;	4B	K	5B	[	6B	k	7B	{
0C	FF	1C	FS	2C	,	3C	<	4C	L	5C	\	6C	l	7C		
0D	CR	1D	GS	2D	−	3D	=	4D	M	5D	]	6D	m	7D	}
0E	SO	1E	RS	2E	.	3E	>	4E	N	5E	^	6E	n	7E	~
0F	SI	1F	US	2F	/	3F	?	4F	O	5F	_	6F	o	7F	DEL

注：表中 BEL—响铃、BS—回格(BackSpace)、HT 和 VT 表示水平制表和垂直制表、LF—换行、CR—回车、SP—空格。

表 B.2　扩展 ASCII 码字符（码值为十六进制）

码值	字符	码值	字符	码值	字符	码值	字符	码值	字符	码值	字符	码值	字符	码值	字符
80	Ç	90	É	A0	á	B0	░	C0	└	D0	┴	E0	α	F0	≡
81	ü	91	æ	A1	í	B1	▒	C1	┴	D1	┬	E1	ß	F1	±
82	é	92	Æ	A2	ó	B2	▓	C2	┬	D2	┬	E2	Γ	F2	≥
83	â	93	ô	A3	ú	B3	│	C3	├	D3	└	E3	π	F3	≤
84	ä	94	ö	A4	ñ	B4	┤	C4	─	D4	└	E4	Σ	F4	⌠
85	à	95	ò	A5	Ñ	B5	┤	C5	┼	D5	┌	E5	σ	F5	⌡
86	å	96	û	A6	ª	B6	┤	C6	├	D6	┌	E6	µ	F6	÷
87	ç	97	ù	A7	º	B7	┐	C7	├	D7	┼	E7	τ	F7	≈
88	ê	98	ÿ	A8	¿	B8	┐	C8	└	D8	┼	E8	Φ	F8	°
89	ë	99	Ö	A9	⌐	B9	┤	C9	┌	D9	┘	E9	Θ	F9	·
8A	è	9A	Ü	AA	¬	BA	│	CA	┴	DA	┌	EA	Ω	FA	·

码值	字符	码值	字符	码值	字符	码值	字符	码值	字符	码值	字符	码值	字符	码值	字符
8B	ï	9B	¢	AB	½	BB	┐	CB	┬	DB	■	EB	δ	FB	√
8C	î	9C	£	AC	¼	BC	┘	CC	├	DC	▬	EC	∞	FC	ⁿ
8D	ì	9D	¥	AD	¡	BD	┘	CD	─	DD	▌	ED	φ	FD	²
8E	Ä	9E	Pts	AE	«	BE	┘	CE	┼	DE	▐	EE	ε	FE	■
8F	Å	9F	ƒ	AF	»	BF	┐	CF	┴	DF	▀	EF	∩	FF	

附录 C　常用 C 库函数

C 编译器自带了许多头文件，包含用于实现基本输入/输出、数值计算、字符串处理等方面的函数。这里仅列出最常用的一些 C 库函数，如表 C.1 至表 C.3 所示（表格标题后面括号中的是使用库函数时需要指定包含的头文件名）。

表 C.1　常用数学函数（math.h）

函 数 原 型	功 能 说 明
int abs(int n);	分别求整数 n 的绝对值，其结果由函数返回
long labs(long n);	分别求长整数 n 的绝对值，其结果由函数返回
double fabs(double x);	分别求双精度浮点数 x 的绝对值，其结果由函数返回
double cos(double x);	求余弦，x 用来指定一个弧度值，结果由函数返回
double sin(double x);	求正弦，x 用来指定一个弧度值，结果由函数返回
double tan(double x);	求正切，x 用来指定一个弧度值，结果由函数返回
double acos(double x);	求反余弦，x 用来指定一个余弦值（–1 到 1 之间），求得的弧度值由函数返回
double asin(double x);	求反正弦，x 用来指定一个正弦值（–1 到 1 之间），求得的弧度值由函数返回
double atan(double x);	求反正切，x 用来指定一个正切值，求得的弧度值由函数返回
double sinh(double x);	求 x 的双曲正弦函数值，结果由函数返回
double tanh(double x);	求 x 的双曲正切函数值，结果由函数返回
double log(double x);	求以 e 为底的对数，结果由函数返回
double log10(double x);	求以 10 为底的对数，结果由函数返回
double exp(double x);	求 e^x，结果由函数返回
double pow(double x, double y);	求 x^y，结果由函数返回
double sqrt(double x);	求 x 的平方根，结果由函数返回
double fmod(double x, double y);	求整除 x/y 的余数，结果由函数返回
double ceil(double x);	求不小于 x 的最小整数，结果由函数返回
double floor(double x);	求不大于 x 的最大整数，结果由函数返回

表 C.2　其他常用字符串函数（string.h）

函 数 原 型	功 能 说 明
char *strchr(const char *string, int c);	找出 string 中首次出现字符 c 的指针位置
Char *strstr(const char *string, const char *strCharSet);	找出 string 中首次出现子串 strCharSet 的指针位置，若不存在，函数返回 NULL
char *strlwr (char *s);	将 s 全部变成小写字母，函数返回 s 的结果（对于 V C++，该函数名前有一下画线）
char * strupr (char *s);	将 s 全部变成大写字母，函数返回 s 的结果（对于 V C++，该函数名前有一下画线）

表 C.3　其他常用函数（stdlib.h）

函 数 原 型	功 能 说 明
void abort(void);	立即结束当前程序运行，但不做结束工作
void exit(int status);	结束当前程序运行，做结束工作。当 status 为 0，表示正常退出

函 数 原 型	功 能 说 明
int system(const char *command);	执行 DOS 命令 command，函数返回命令的退出状态
double atof(const char *string);	将字符串 string 转换成浮点数，结果由函数返回
int atoi(const char *string);	将字符串 string 转换成整数，结果由函数返回
long atol(const char *string);	将字符串 string 转换成长整数，结果由函数返回
int rand(void);	产生一个随机数
void srand(unsigned int seed);	随机数种子发生器

附录 D 使用 Turbo C 2.0

当程序编写完成后，必须在计算机上进行调试。调试程序包括输入源程序清单，编辑修改源程序清单，编译和连接后生成可执行的目标程序，运行目标程序等一系列操作，最后从运行结果判断程序的正确性。

Turbo C 软件将上述操作过程集成在一起，提供了一个编辑、编译、连接、运行 C 程序的环境。本节将介绍利用 Turbo C 2.0 环境调试一个 C 程序的操作方法。

初学者可先用 Windows 系统中的**记事本**来编写程序，然后在 Turbo C 2.0 中进行调试和修改。下面来说明这种方式的一般过程（设 Turbo C 2.0 是安装在 D 盘上的，文件夹为 D:\TC）。

1．用 Windows 系统中的记事本输入程序

（1）选择"开始"→"程序"→"附件"→"记事本"菜单命令，弹出记事本窗口。

（2）在打开的的窗口中输入前面 Ex_Sim.c 中的 C 程序代码。

（3）按快捷键 Ctrl+S，弹出"保存为"文件对话框。将文件定位到"D:\C 程序\第 1 章"文件夹中并保存，文件名指定为"Ex_SimT.c"（注意扩展名.c 不能省略）。

2．启动 Turbo C 2.0 集成开发环境

双击安装 Turbo C 2.0 的文件夹中名为"TC.EXE"程序的图标，运行 Turbo C 2.0，如图 D.1 所示。按快捷键 Alt+X，退出 Turbo C 2.0。

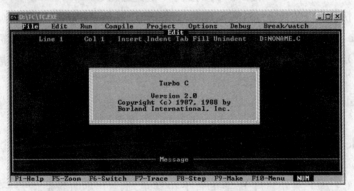

图 D.1　Turbo C 2.0 启动界面

在 Turbo C 2.0 环境中，出现了两个窗口，上面的称为**编辑区**（Edit），用于显示源程序清单。下面的称为**消息区**（Message），一般用于显示程序在编译连接过程中出现的错误。随不同的操作，**消息区**显示的内容可能有不同的变化。屏幕窗口上下部分的转换键是 F6，进入 Turbo C 主屏幕后，光标停在编辑区。按 F6 键后，光标将出现在信息区，再按 F6 键，光标回到编辑区。

按快捷键 F10 可以激活菜单栏，再按一次 F10 键又回到上一次被激活的窗口。在菜单栏中，每个菜单项名称中总有一个红色的字符，这个字符称为**助记符**，任何时候按 Alt 键，同时再按下助记符键，则可直接打开相应的菜单或执行相应的菜单项命令。（在 Windows 应用

程序中，菜单的助记符是指有下画线的那个字符）

下面简单介绍 8 个菜单及其常用的下拉菜单功能。

（1）File（文件）菜单。文件菜单常用的下拉菜单项名称及功能如下：

Load（快捷键 F3）　　　　向编辑区装载一个源程序清单。

Pick（快捷键 Alt+F3）　显示最近装入编辑区 8 个源程序文件名，供用户选取。

New　　　　　　　　　指定输入一个新程序，程序文件名暂定为"NONAME.C"。

Save（快捷键 F2）　　　将编辑区中的程序按原文件名存入磁盘。

Write to　　　　　　　将编辑区中的程序换一个名字存入磁盘，系统会询问新文件名。

Directory　　　　　　显示当前目录。

Change dir　　　　　　改变当前盘和当前目录。

OS shell　　　　　　　暂时退出 TC 返回 DOS。此后可用命令"EXIT"返回 TC。

Quit（快捷键 Alt+X）　退出 TC，返回 DOS。

其中的"快捷键"是对应菜单项的操作键，按快捷键和选择菜单项的作用是完全相同的。如果快捷键是由两个键组成的，操作时应按住第 1 个键，再按第 2 个键；如果快捷键是由 3 个键组成的，操作时应按住第 1 个键，再依次按第 2 个键、第 3 个键。

（2）Edit（编辑）菜单。编辑菜单列下拉菜单，功能是进入编辑状态，对编辑区中的源程序进行修改。

（3）Run（运行）菜单。运行菜单常用的下拉菜单项名称及功能如下：

Run（快捷键 Ctrl+F9）　　运行编辑区中已经编译连接好的目标程序。

　　　　　　　　　　　　若编辑区中运行程序尚未编译连接，则编译连接后再运行。

User screen（快捷键 Alt+F5）暂时退出 TC 返回 DOS（主要用于查看程序运行的结果）。

　　　　　　　　　　　　此后可按任何一键返回 TC。

Step Over（快捷键 F8）　每次仅运行一条语句。

（4）Compile（编译）菜单。编译菜单常用的下拉菜单项名称及功能如下：

Compile to OBJ　　　　　　对编辑区中源程序进行编译，生成扩展名为 OBJ 的中
　　　　　　　　　　　　　间代码文件。

Make EXE file（快捷键 F9）对编辑区中源程序进行编译和连接，生成扩展名为
　　　　　　　　　　　　　EXE 的目标程序。

Link EXE file　　　　　　　对编辑区中已编译过的中间代码文件进行连接，生成
　　　　　　　　　　　　　扩展名为 EXE 的目标程序。

（5）Project（工程）菜单。工程菜单有下拉菜单项，主要功能是将若干个 C 程序文件合并成一个工程文件，工程文件的扩展名规定为 PRJ。然后对工程文件进行编译连接生成可执行的目标程序。

（6）Options（项目）菜单。项目菜单有下拉菜单项，主要功能是设置存放系统文件、生成的可执行程序等目录。

（7）Debug（调试）菜单。Debuy 菜单的主要功能是调试程序、显示表达式的值、设置显示错误方式。

调试菜单常用的下拉菜单项名称及功能如下：

Evaluate（热键 Ctrl-F4）　　　　　　程序运行结束或到达断点后，输入表达式，将自动显
　　　　　　　　　　　　　　　　　示该表达式的值。

（8）Break/watch（断点/监视）菜单。Break/watch 菜单的主要功能是设置程序运行时暂

停的位置（称断点）；设置程序运行过程中反复显示其值的某些表达式（称监视表达式）。

断点/监视菜单常用的下拉菜单项名称及功能如下：

Add watch	添加监视表达式，在信息区将依次显示这些表达式及其当前值。
Delete watch	删除已经存在的监视表达式。
Toggle Breakpoint（快捷键 Ctrl+F8）	将当前光标所在行设为断点，程序运行到该处会自动停止。

3. 调入已有程序清单

如果不是调试一个新的程序，而是修改调试一个已存在的程序，步骤如下：

（1）可以选取菜单项"File/Load"，或按快捷键 F3，则弹出如图 D.2 所示的调入窗口。默认时，窗口的内容为"*.C"，按 Enter 键。

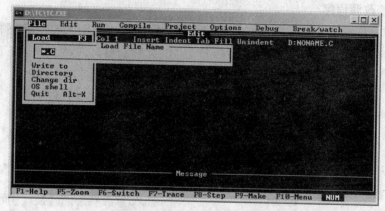

图 D.2　Turbo C 2.0 调入窗口

（2）出现如图 D.3 所示的列表窗口，显示出当前文件中的 C 程序文件和子文件夹，移动方向键，可以在窗口中定位要打开的 C 程序文件。需要说明的是，"..\" 表示回到上一级文件夹，而其他带有"\"的项则表示当前子文件夹。另外，凡是被选中的列表项，都是白色字体黑色背景的效果（称为**高亮显示**）。

（3）按键盘上的方向键，进行列表项选择，当使"..\"变为**高亮显示**时按 Enter 键，则回到上一级文件夹"D:\"，并显示该文件夹下所有的 C 程序文件和子文件夹，如图 D.4 所示。

需要说明的是，由于 Windows 系统下的控制台窗口（即模拟 DOS 窗口）不支持中文，因而在 Turbo C 列表窗口中的中文都是无法正确显示的，并且凡是超过 8 个字符的文件名或文件夹名也都是无法完整显示的。

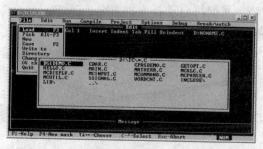

图 D.3　Turbo C 2.0 文件列表窗口

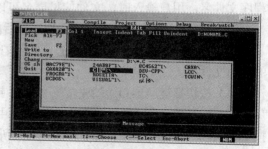

图 D.4　上一级文件夹的文件列表窗口

（4）图 D.4 中已将"C 程序"文件夹**高亮显示**（即选中了该列表项），按 Enter 键后，列表窗口会将该文件夹下的所有的 C 程序文件和子文件夹显示出来，再次选中"第 1 章"并按 Enter 键，出现前面保存的 EX_SIMT.C 文件，选中并按 Enter 键，结果如图 D.5 所示。

图 D.5　打开 EX_SIMT.C 文件后的窗口

4. 编辑修改源程序

进入编辑修改状态后，就可以输入或修改源程序清单。常用的编辑键如下。

（1）光标移动键：　　→、←、↓、↑　　　　光标右移、左移一列，下移、上移一行
　　　　　　　　　　　PgDn、PgUp　　　　　　光标下移、上移一页
　　　　　　　　　　　Home、End　　　　　　光标移到行首、行尾
（2）增删改键：　　　Delete　　　　　　　　删除光标处的一个字符
　　　　　　　　　　　←　　　　　　　　　　删除光标左边的一个字符
　　　　　　　　　　　Ctrl - Y　　　　　　　 删除光标所在行
　　　　　　　　　　　Ctrl - N　　　　　　　 插入一个新行
　　　　　　　　　　　insert　　　　　　　　 插入/修改状态的转换（初始状态为插入）
（3）字块处理键：　　Ctrl – K - B　　　　　设置字块首
　　　　　　　　　　　Ctrl – K – K　　　　　设置字块尾
　　　　　　　　　　　Ctrl – K – Y　　　　　删除字块
　　　　　　　　　　　Ctrl – K – V　　　　　移动字块
　　　　　　　　　　　Ctrl – K – C　　　　　复制字块
　　　　　　　　　　　Ctrl – K – W　　　　　字块写盘（系统会要求输入文件名）
　　　　　　　　　　　Ctrl – K – R　　　　　读磁盘文件（系统会要求输入文件名）
（4）源程序清单存盘。

方法一：选取菜单项"File/Save"，或按 F2 键，将以原文件名存盘。

方法二：选取菜单项"File/Write to"，将以新文件名存盘。

如果是一个新的源程序文件，采用方法二，就将弹出一个小方框，等待用户输入 C 源程序文件名，用户输入时，文件的扩展名可以省略，系统将自动补充扩展名为"C"。

5. 在 Turbo C 2.0 中设置编译和连接后的输出文件夹

例如：在"D:\"文件夹下创建一个子文件"C_out"，用来作为 C 程序的编译和连接后的输出文件夹。

（1）按快捷键 Alt+O（即先按下"Alt"键不松开，再按下 O 键，然后一起松开），打开"Options"菜单，按键盘的向下方向键，选中"Directories"（目录、文件夹）菜单项，然后按 Enter 键，弹出相应的子菜单，如图 D.6 所示。

（2）移动到"Output directory"（输出文件夹），然后按 Enter 键，在弹出的窗口中输入"D:\C_out"并按 Enter 键（注意：双引号不要输入），结果如图 D.6 所示。

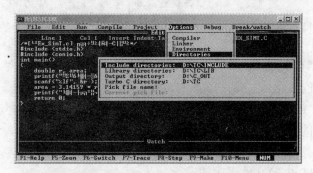

图 D.6 "Directories" 菜单项

（3）按 Esc 键回到"Options"菜单，选中"Save options"（保存选项）菜单，并按 Enter 键，弹出"Config File"（配置文件）窗口，并自动显示当前默认的配置文件名，如图 D.7 所示。按 Enter 键，菜单消失，又回到编辑窗口。

6. 在 Turbo C 2.0 中调试程序

（1）按快捷键 F9 或选择"Compile"→"Make EXE file"菜单命令，系统开始对 EX_SIMT.C 进行编译、连接，同时在"Link"（连接）窗口中显示编译连接的有关信息，当 出现如图 D.8 所示的结果时，表明 EX_SIMT.EXE 可执行文件已创建并保存到"D:\C_out" 文件夹中了。

图 D.7 "Save options" 菜单项

图 D.8 编译连接

（2）按快捷键 Ctrl+F9，或选择"Run"→"Run"菜单命令，就可以运行刚生成的 EX_SIMT.EXE 了。

（3）在窗口中输入 10 以后，还没等到看到输出的结果，就又回到了 Turbo C 2.0 开发环 境，此时须按快捷键 Alt+F5 或选择"Run"→"User screen"（用户屏幕）菜单命令，方可 看到最后的运行屏幕及其结果，按任意键又将回到 Turbo C 2.0 开发环境中。

如果程序运行有错，可以使用下列方法来查找错误。找到错误原因后，重新修改源程 序、存盘、编译、连接和运行。

检查程序运行错误的方法有下列两种。

方法一：设置断点，检查运行到断点处某些表达式的值，以确定运行错误的大致位置。

操作方法如下：

① 先将光标设置在程序清单的某行（即断点），选取菜单项"（Bread/watch）/Toggle Breakpoint"，或按快捷键 Ctrl+F8，该行将呈红色。

② 选取菜单项"Run / Run"，或按快捷键 Ctrl+F9，运行程序。

③ 选取菜单项"Debug / Evaluate"，或按快捷键 Ctrl+F4，在弹出的框中输入程序中某 个表达式，将立即显示该表达式的当前值。

可以通过校对某些表达式值的方法来确定错误的原因。

方法二：单步运行程序，反复显示某些表达式的当前值，以确定运行错误的大致位置。操作方法如下：

① 选取菜单项"（Break/watch）/Add watch"，输入要监视的某个表达式。可以重复操作，输入多个要监视的表达式。每个输入的监视表达式均出现在信息区。

② 选取菜单项"Run /Step Over"，或按快捷键 F8，将运行一条语句，在信息区将立即显示所有监视表达式的当前值。

③ 可以通过校对某些表达式值的方法来确定错误的原因。

7. 在 Turbo C 2.0 中多文件程序的运行

当 Turbo C 2.0 需要多文件时，需要使用工程进行组织。当 Turbo C 2.0 用于由多文件组成的工程时，按下列步骤进行（设组成该工程的源文件为 Ex_SS.c 和 Ex_SS1.c）：

（1）运行 Turbo C 2.0，选择"File"（文件）→ "New"（新建）菜单命令，在新建的窗口中输入两行不带分号的文件名：

> Ex_SS.c
> Ex_SS1.c

（2）按 F10 键，选择"File"（文件）→ "Save"（保存）菜单命令或按快捷键 F2，在弹出的窗口中，输入"D:\Ex_SST.prj"（.prj 是工程项目名的扩展名），然后按 Enter 键。

（3）利用 Windows 操作系统的文件操作，将"D:\C 程序\第 10 章"文件夹中的 Ex_SS.c 和 Ex_SS1.c 两个文件复制到 D 盘中。

（4）按 F10 键，选择"Project"→ "Project name"菜单命令，在弹出的窗口中，输入"D:\Ex_SST.prj"，然后按 Enter 键。

（5）按 F10 键，选择"File"（文件）→ "Chang dir"（更改工作文件夹）菜单命令，在弹出的窗口中，输入"D:\"，然后按 Enter 键。

（6）按快捷键 Ctrl+F9 运行该工程。

总之，对于 Turbo C 2.0 来说，首先要创建扩展名为".prj"的工程文件，内容为各个源文件名；其次，要将源文件复制到与工程文件同名的一个文件夹中；最后，通过"Project"→ "Project name"菜单命令选择工程文件，并通过"Chang dir"菜单命令使工作文件夹与工程文件名所在的文件夹相同。

Turbo C 2.0 有关调试和其他操作，请参阅有关手册！

《C 教程》读者意见反馈表

尊敬的读者:

感谢您购买本书。为了能为您提供更优秀的教材,请您抽出宝贵的时间,将您的意见以下表的方式(可从 http://www.hxedu.com.cn 下载本调查表)及时告知我们,以改进我们的服务。对采用您的意见进行修订的教材,我们将在该书的前言中进行说明并赠送您样书。

姓名: _____ 电话: _____

职业: _____ E-mail: _____

邮编: _____ 通信地址: _____

1. 您对本书的总体看法是:

　□很满意　　□比较满意　　□尚可　　□不太满意　　□不满意

2. 您对本书的结构(章节): □满意　□不满意　改进意见_____

_____

3. 您对本书的例题: □满意　□不满意　改进意见_____

_____

_____

4. 您对本书的习题: □满意　□不满意　改进意见_____

_____

_____

5. 您对本书的实训: □满意　□不满意　改进意见_____

_____

_____

6. 您对本书其他的改进意见:

_____

_____

_____

_____

7. 您感兴趣或希望增加的教材选题是:

_____

_____

_____

请寄: 100036　北京市万寿路 173 信箱职业教育分社　收

电话: 010-88254480　　E-mail: gaozhi@phei.com.cn

反侵权盗版声明

电子工业出版社依法对本作品享有专有出版权。任何未经权利人书面许可，复制、销售或通过信息网络传播本作品的行为；歪曲、篡改、剽窃本作品的行为，均违反《中华人民共和国著作权法》，其行为人应承担相应的民事责任和行政责任，构成犯罪的，将被依法追究刑事责任。

为了维护市场秩序，保护权利人的合法权益，我社将依法查处和打击侵权盗版的单位和个人。欢迎社会各界人士积极举报侵权盗版行为，本社将奖励举报有功人员，并保证举报人的信息不被泄露。

举报电话：（010）88254396；（010）88258888

传　　真：（010）88254397

E-mail：　dbqq@phei.com.cn

通信地址：北京市万寿路 173 信箱

　　　　　电子工业出版社总编办公室

邮　　编：100036